Peter Gürth

WER HAT DICH, DU SCHÖNER WALD

WER HAT DICH, DU SCHÖNER WALD

Peter Gürth

5000 Jahre Mensch und Wald in Baden-Württemberg

Der Autor:
Peter Gürth, geboren 1934 in Falkenau (im heutigen Tschechien), studierte an der Universität Freiburg im Breisgau Forstwissenschaft und wurde dort Ende der Siebzigerjahre außerplanmäßiger Professor für Waldbau. Überdies leitete er von 1972 bis 1998 drei Staatliche Forstämter im Schwarzwald. Sein besonderes Interesse gilt der Wald- und Forstgeschichte.

1. Auflage 2014

© 2014 by Silberburg-Verlag GmbH,
Schönbuchstraße 48, D-72074 Tübingen.
Alle Rechte vorbehalten.
Umschlaggestaltung: Christoph Wöhler, Tübingen.
Druck: Himmer, Augsburg.
Printed in Germany.

ISBN 978-3-8425-1333-4

Besuchen Sie uns im Internet und entdecken Sie die Vielfalt unseres Verlagsprogramms:
www.silberburg.de

INHALT

Zum Geleit 7 · Einleitung 9

DER WALD IN DER UR- UND FRÜHGESCHICHTE 14

Im Anfang war der Schachtelhalm 16 · Mensch und Wald in der Ur- und Vorzeit 26 · Unsere Vorfahren verändern den Wald 30 · Die Kelten und der mythische Wald 36 · Strotzt Germanien von Wäldern und Sümpfen? 42 Die Alamannen kommen! 46 · Vor der großen Rodung 50

DER WALD IM MITTELALTER 52

Die Eroberung der Mittelgebirge 54 · Forsten und Wälder im Mittelalter 65 · Ein Wald für Vieh und Mensch 71 · Hohe Holzzeit 75 Der Beginn des sachkundigen Waldbaus 81 · Im Wald, da sind die Räuber 83

DIE NEUERE ZEIT 86

Hohe Ansprüche an den Wald 88 · Glashütten, Bergwerke und Salinen 92 · Als die Wälder auf Reisen gingen 99 · Die landesherrlichen Forstordnungen 110 · Die höfische Jagd und ihre Folgen 114 Nichts Neues im Waldbau? 116 · Inventur im Forst 121

DAS 19. JAHRHUNDERT *124*

Schlechte Zeiten im Wald *126* · Nachhaltigkeit muss man lernen *131*
Der Wiederaufbau der Wälder *137* · Waldbau auf dem Schachbrett *141*
Der Erfolg der schlagweisen Wirtschaft *143* · Industrialisierung und
Waldwirtschaft *146* · Waldbau in Baden und Württemberg *151* · Waldarbeit
vor 100 Jahren *154* · Die goldene Zeit der Forstkulturen *156* · Bauernland in
»toter Hand« *158* · Der Nieder- und Mittelwald wird umgebaut *161*
Holz sägen pflegt den Wald *163* · Der Siegeszug von Fichte und Kiefer *165*

DAS 20. JAHRHUNDERT *170*

Schicksalsjahre für Mensch und Wald *172* · Waldbau von oben *175*
»Am schönsten hat's die Forstpartie, die Bäume wachsen ohne sie« *181*
Nach dem verlorenen Krieg *183* · Die Forstorganisation in Baden-
Württemberg *186* · Die gesetzlichen Grundlagen der Forstwirtschaft *188*
Der Wiederaufbau beginnt *189* · Aufbau und Umbau auch im Wald *192*
Neue Ziele für die Forstwirtschaft *196* · Schäden durch Wetterereignisse *199*
Das »Waldsterben« *202* · Der Weg zum Naturnahen Waldbau *205*
Wald und Wild *212* · Forstkulturen heute *215* · Moderne Durchforstung und
Jungbestandspflege *217* · Der Umbau der Mittel- und Niederwälder *219*
Die Entwicklung der Baumartenanteile *220* · Schlussbetrachtung *222*

ANHANG *225*

Flößer-, Waldmuseen und Waldlehrpfade *226* · Verzeichnis der
verwendeten Literatur *228* · Register *231*

ZUM GELEIT

Der Wald prägt unser Land und den Alltag vieler Menschen. Mehr als zwei Millionen Menschen erholen sich in Baden-Württemberg täglich im Wald. Zur gleichen Zeit werden über 27 000 Kubikmeter des natürlichen, nachwachsenden Rohstoffes Holz geerntet. Das sind rund 1000 Lkw-Ladungen voll Holz. Eine Menge, mit der rein rechnerisch rund 200 Einfamilienhäuser aus Holz gebaut werden könnten. Holz, das auch zur Herstellung von Möbeln, Papier, Brennstoff und anderem mehr eingesetzt wird. Gleichzeitig ist der Wald oftmals letzter Lebens- und Rückzugsraum für mehr als 20 000 Arten.

Seit Generationen liefern Waldbesitzende und Forstleute den Beweis, dass der Wald in einem so dicht besiedelten Land vielfältigsten Ansprüchen gleichzeitig gerecht werden kann. Mit einer anspruchsvollen, nachhaltig ausgerichteten Waldwirtschaft sorgen sie dafür, dass genug Holz nachwächst und unsere Wälder auch die steigenden ökologischen und sozialen Anforderungen erfüllen. Ein bewirtschafteter Wald kann auch ein ökologisch reichhaltiger und schöner Wald sein. Baden-Württemberg ist mit einem Waldanteil von knapp 40 Prozent der Landesfläche und einer ausgeprägten »Holzkultur« ein Waldland im besten Sinne. Unser Wald ist multifunktional und erfüllt viele verschiedene Funktionen auf der gleichen Fläche.

Zu dieser Zustandsbeschreibung gehört auch, dass der Wald weiter unter Druck steht, wie der aktuelle baden-württembergische Waldzustandsbericht belegt. Rund ein Drittel der Waldfläche ist deutlich geschädigt. Der Klimawandel bringt weitere, zusätzliche Belastungen für die Wälder. Deshalb ist es wichtig, die Energiewende und die ökologische Modernisierung der Wirtschaft weiter konsequent voranzutreiben. Das allein reicht aber nicht aus. Im Auftrag von ForstBW erstellt derzeit die Forstliche Versuchs- und Forschungsanstalt in Freiburg Prognosekarten für die Baumarteneignung unter den künftigen klimatischen Rahmenbedingungen. Dabei wird deutlich, dass ein klimabedingter Waldumbau aktiv angegangen werden muss. Die neugefasste Waldentwicklungstypen-Richtlinie trägt dazu bei, künftig stabile, klimatolerante und strukturreiche Wälder zu schaffen.

Die Bewirtschaftung des Staatswaldes hat eine gesetzlich verankerte Vorbildfunktion. Dabei ist das seit 300 Jahren gültige forstliche Urprinzip der Nachhaltigkeit ständig weiterzuentwickeln und an gesellschaftliche Anforderungen anzupassen. Heute berücksichtigt die forstliche Nachhaltigkeit die ökologischen, ökonomischen und sozialen Aspekte gleichrangig. Diese Ziele werden im Dialog mit der Gesellschaft festgelegt. Für den Staatswald ist dies mit einem strategischen Nachhaltigkeitsmanagement umgesetzt. 18 konkrete und messbare Ziele beschreiben Handlungsfelder und sind ein Beitrag zu mehr Transparenz. Dazu gehört die Zertifizierung der Waldbewirtschaftung nach international anerkannten Standards (PEFC, FSC) sowie die flächendeckende Erhaltung und Förderung der Biodiversität durch ein bundesweit vorbildliches Alt- und Totholzkonzept sowie eine eigenständige Gesamtkonzeption Waldnaturschutz. Damit leistet ForstBW einen Beitrag zur erfolgreichen Umsetzung der Biodiversitätsstrategie im Wald. Ökonomie und Ökologie sind keine Gegensätze – ganz im Gegenteil. Erfolgreiches Wirtschaften und Engagement für Naturschutz gehen Hand in Hand.

Das soll auch für die anderen Waldbesitzenden beispielgebend sein, diese Ziele oder zumindest Teilbereiche aufzugreifen und in eigener Verantwortung umsetzen. Das vorliegende Buch zeigt in beeindruckender Weise auf, wie sich die Ansprüche der Gesellschaft an den Wald im Laufe der Zeit wandeln und dass sich die Bewirtschaftung des Waldes unter Berücksichtigung der gesellschaftlichen Interessen laufend weiterentwickeln muss. Autor Peter Gürth, ein hervorragender Wald- und Forstexperte, beschreibt detail- und facettenreich, mit vielen geschichtlichen und gesellschaftlichen Querbezügen diesen Wandel im baden-württembergischen Wald.

MAX REGER
Landesforstpräsident

EINLEITUNG

Wer hat dich, du schöner Wald,
Aufgebaut so hoch da droben?

Das fragt der Dichter Joseph von Eichendorff in seinem Gedicht, das, vertont von Felix Mendelssohn-Bartholdy, als Lied längst volkstümlich geworden ist. Und er fährt fort:

Wohl den Meister will ich loben,
So lang' noch mein' Stimm' erschallt.

Für jeden, der, wie der Verfasser, sein Berufsleben dem Wald gewidmet hat, ist die Ehrfurcht vor dem Schöpfer des Waldes eigentlich selbstverständlich. Er weiß aber auch, wie eng Mensch und Wald miteinander verbunden waren und sind.
Dieses Buch erzählt die Geschichte von Wald und Mensch in unserem Land Baden-Württemberg. Man kann die eine Geschichte nicht ohne die andere erzählen und verstehen. Seit vielen Jahrhunderten ist der Wald eine Grundlage menschlichen Lebens. Und viele Jahrhunderte lang hat der Mensch den Wald genutzt und gestaltet.

Es begann mit den ersten Bauern, die vor 5000 Jahren Wald rodeten, um Ackerland zu gewinnen. Danach wurde immer mehr Land dem Wald abgerungen. Als schließlich die große mittelalterliche Rodungsperiode zu Ende ging, gab es weniger Wald als heute. Dabei trug der Wald im Mittelalter wesentlich zur Ernährung von Vieh und Menschen bei. Das Holz war unentbehrlich zum Heizen, Kochen und Backen und der wichtigste Rohstoff zum Bauen wie für die meisten Gebrauchsgegenstände.

In der neueren Zeit diente der Wald den aufkommenden Industrien, wie dem Bergbau, den Hüttenwerken und den Glashütten. Die Landesherren machten mit Hilfe des Floßholzhandels ihre Wälder zu Geld, das sie zum Bau prachtvoller Schlösser, aber auch für ihre Kriegszüge brauchten. Große Teile des Waldes waren ausgeplündert oder gar kahl, und das Gespenst der Holznot ging um.

Aus dieser Not heraus entstand in der Forstwirtschaft das Gesetz der Nachhaltigkeit. Es sagt, dass nie mehr Holz eingeschlagen werden darf als zuwächst. Im 19. Jahrhundert begann der Wiederaufbau der Wälder. Freilich bediente man sich dazu in erster Linie der Fichte und der Kiefer. So ent-

standen vielerorts reine Bestände, die sich als anfällig für Sturm, Schnee und Insekten erwiesen.

Das 20. Jahrhundert brachte mit zwei Weltkriegen neue Notzeiten für den Wald. Zu der Holzerzeugung traten andere, mindestens gleich wichtige Funktionen des Waldes: der Schutz von Boden, Wasser, Klima und Luft, die Vorsorge für die Erholung der Menschen in den großen Städten, der Schutz und die Pflege von unersetzlichen Biotopen für seltene Pflanzen und Tiere.

Noch nie war der Wald in unserem Land so ertragreich wie heute. Gesunde und stabile, ungleichaltrige Mischwälder überwiegen. Der größere Teil des Waldes wird natürlich verjüngt. Das moderne Konzept des Naturnahen Waldbaus ist eine Garantie dafür, dass unser Wald seine vielfältigen Funktionen auch in Zukunft erfüllen wird.

Baumwipfel auf dem Schauinsland bei Freiburg.

Nirgends in unserem Land gibt es noch vom Menschen unberührte Urwälder. Nicht wenige Menschen träumen aber von der Wiederkehr des Urwaldes, der vor dem Menschen da war. Sie begegnen den Nutzern der Natur mit tiefem Misstrauen. Wald soll wieder Wald sein dürfen! Es ist sicherlich wertvoll, auf begrenzter Fläche die Nutzung des Waldes zu unterlassen und daraus zu lernen.

Insgesamt stellt unser Wald aber eine großartige menschliche Kulturleistung dar, die es zu erhalten gilt. Holz ist ein unentbehrlicher Rohstoff, der nachwächst und ökologisch unbedenklich erzeugt wird. Nur ein planmäßig gepflegter und bewirtschafteter Wald vermag seine vielfältigen Funktionen in unserem dicht besiedelten und hoch entwickelten Land zu erfüllen. Das können wir aus der langen Geschichte von Mensch und Wald lernen, von der dieses Buch berichtet.

EINLEITUNG 11

Zwischen Heiligenberg und Bodensee breiten sich die für Oberschwaben typischen Waldinseln aus.

Unsere Geschichte von Mensch und Wald endet etwa mit dem Jahr 2000. Seitdem haben sich zwar wesentliche neue Entwicklungen ergeben, wie die völlige Umorganisation der Forstverwaltung und die Einrichtung des Nationalparkes Nordschwarzwald. Wie sich diese Entwicklungen auf den Wald auswirken, entzieht sich jedoch noch längere Zeit einer Bewertung.

Dieses Buch ist eine Frucht jahrzehntelanger Beschäftigung mit der Wald- und Forstgeschichte. Der Autor dankt allen Kolleginnen und Kollegen, die ihn dabei unterstützt haben. Sein Dank gilt den Studentinnen und Studenten, die unter seiner Anleitung auf dem Gebiet der Waldgeschichte gearbeitet haben. Besonders danken möchte der Autor seinen Freunden Forstpräsident a. D. Peter Weidenbach und Leitendem Forstdirektor a. D. Professor Helmut Brandl, die das Manuskript kritisch durchgesehen haben.

Der Autor dankt dem Silberburg-Verlag für sein Interesse an dem Thema und die Arbeit an dem Werk. Ein besonderer Dank gilt Herrn Martin Klaus und dem Lektor, Herrn Torsten Schöll, dessen Anregungen und kritische

Fragen dem Manuskript gutgetan haben. Ihm verdanke ich auch die Auswahl vieler historischer Bilder.

Meine Frau hat mich auf mehreren Studienreisen begleitet und für dieses Buch Fotos aufgenommen. Dafür danke ich ihr herzlich.

WALDLAND BADEN-WÜRTTEMBERG

Der Wald unseres Bundeslandes Baden-Württemberg umfasst 14 000 Quadratkilometer. Das sind 39 Prozent der Landesfläche. Damit ist Baden-Württemberg eines der waldreichsten Bundesländer. Den Gemeinden und sonstigen Körperschaften gehören 38 Prozent des Waldes, Privaten 37 Prozent und dem Land 25 Prozent. Die Nadelbäume nehmen insgesamt 58 Prozent der Waldfläche ein, 42 Prozent entfallen auf die Laubbäume.

Man unterscheidet, nach Landschaftsform und Grundgestein, sieben Wuchsgebiete des Waldes in Baden-Württemberg. In Bezug auf das Klima bestehen, je nach Höhenlage, erhebliche Unterschiede in und zwischen den Wuchsgebieten. Jedes Wuchsgebiet zerfällt in einzelne Wuchsbezirke, denen jeweils ein Regionalwald (potenzielle natürliche Waldgesellschaft, wie sie künftig ohne menschlichen Einfluss entstehen würde) zugeordnet ist:

Oberrheinisches Tiefland: Ebene Lagen und Hügelland, auf Flussablagerungen und Gesteinen der Vorbergzone, mildes Klima. Regionalwälder: Auewälder, Buchen-Eichenwälder.

Odenwald: Unteres Bergland, auf Buntsandstein und Muschelkalk, gemäßigtes Höhenklima. Regionalwälder: Buchenwälder, zum Teil mit Eichen.

Schwarzwald: Unteres Bergland und Bergland, im Norden Buntsandstein, im Süden Granit und Gneis, gemäßigtes und ausgeprägtes Höhenklima. Regionalwälder: Buchen-Tannenwälder und Tannen-Buchenwälder, im Norden und Osten mit Fichten, im Norden teilweise mit Kiefern.

Neckarland: Hügelland und unteres Bergland (Schwäbisch-Fränkischer Wald), Schichtstufenland vom Buntsandstein bis zum Braunjura, mildes Klima und gemäßigtes Höhenklima. Regionalwälder: Buchen-Eichenwälder, in mittleren Lagen Buchenwälder, zum Teil mit Eichen, im Schwäbisch-Fränkischen Wald in höheren Lagen Buchenwälder mit Tannen, teilweise mit Fichten.

Baar-Wutach: Hochebene, überwiegend Muschelkalk, raues Klima. Regionalwälder: Tannen-Fichten-Kiefernwälder mit Buche.

Schwäbische Alb: Bergland, gemäßigtes Höhenklima, auf der Albhochfläche raues Klima, Kalkgestein des Jura, vor allem des Weißen Jura. Regionalwälder: Buchenwälder, zum Teil mit Eiche (untere Lagen), im Westen mit Tanne.

Südwestdeutsches Alpenvorland: Hügelland, unteres Bergland und Bergland, mildes Klima, gemäßigtes und auf der Adelegg ausgeprägtes Höhenklima, eiszeitliche Ablagerungen. Regionalwälder: Im Norden auf der Altmoräne Buchen-Eichenwälder, im Süden auf der Jungmoräne Buchenwälder mit Eichen, Buchen-Tannenwälder mit Fichten, teilweise mit Kiefern.

DER WALD IN

DER UR- UND FRÜHGESCHICHTE

IM ANFANG WAR DER SCHACHTELHALM

Vorhergehende Doppelseite: Relikte der Urzeitwälder: Adlerfarn im Schönbuch.

Der Wald war lange vor den Menschen da. Aber die ersten Wälder sahen ganz anders aus als unsere heutigen Wälder.

Viktor von Scheffel schrieb 1876 ein Gedicht über einen liebeskranken Ichthyosaurus. Es spielt im Erdzeitalter des Schwarzen Jura und beginnt mit den Worten: »Es rauscht in den Schachtelhalmen …« Die ersten Wälder bestanden tatsächlich aus baumhohen Schachtelhalmen, Farnen und Bärlappgewächsen. Sie entstanden allerdings schon viel früher, vor etwa 320 Millionen Jahren, im Erdzeitalter des Karbons. Aus ihren Resten bildete sich die Steinkohle. Vor etwa 270 Millionen Jahren wuchsen die ersten Bäume, welche mit unseren heutigen Nadelbäumen verwandt waren. Sie ähnelten den Araukarien, die wir als Parkpflanzen aus Südamerika kennen. In unseren Breiten herrschte in jenem Zeitalter, dem sogenannten Rotliegenden, ein Wüstenklima.

Die ersten Laubbäume gab es in der Kreidezeit vor etwa 100 Millionen Jahren. Sie wuchsen in einer tropischen Zeit im Wasser, als Mangrovenwälder.

Das nun folgende Tertiär war eine Zeitalter gewaltiger Veränderungen: Vor 150 Millionen Jahren hatten die Alpen und die Mittelgebirge, wie der Schwarzwald, begonnen, sich zu erheben.

Vor 50 Millionen Jahren war der Oberrheintalgraben nach und nach eingebrochen, und im heutigen Kaiserstuhl oder Hegau waren vor 19 bis 16 Millionen Jahren Vulkane entstanden.

In der tertiären Braunkohle Nordwest- und Mitteldeutschlands, die vor etwa 60 Millionen Jahren entstand, sind Hunderte von Gehölzarten nachweisbar. Zunächst herrschte im Tertiär noch tropisches Klima, und bei uns wuchsen Palmen und andere tropische und subtropische Laubbäume. Aus der folgenden Zeit findet man die ersten Vorfahren unserer heutigen Laubbäume. Daneben Kiefern (aus deren Harz der Bernstein entstand), aber auch Nadelbaumarten, die es heute nur noch in Nordamerika gibt, wie Mammutbäume und Sumpfzypressen. Schließlich wurde es etwas kühler, war aber immer noch wärmer als heute.

In den Wäldern des späten Tertiärs gab es bei uns Laubbäume, wie Buchen und Eichen, und von den Nadelbäumen Tannen und Fichten, aber auch die nordamerikanischen Nadelbaumarten Douglasie, Thuja und Chamaecyparis (Scheinzypressen).

Waren es wirklich dieselben Baumarten wie heute? Die Frage, ob beispielsweise die Rotbuche aus dem Tertiär die gleiche Art wie unsere Rotbu-

che ist, ließe sich nur durch Kreuzung der beiden feststellen – was mit fossilen Pflanzen ja nicht möglich ist.

So viele Millionen Jahre – solche Zeiträume können wir uns natürlich nicht ohne Weiteres vorstellen. Vielleicht hilft aber folgende Metapher: Das Alter unserer Erde wird auf 4 bis 5 Milliarden Jahre geschätzt. Nehmen wir, der Einfachheit halber, einmal an, die Erde sei genau 3,65 Milliarden Jahre alt. Dann kann man sich ihre bisherige Lebenszeit als ein Jahr vorstellen. Die ersten Wälder der Steinkohlenzeit wären dann Ende November erschienen, die ersten Laubbäume hingegen am 21. Dezember, drei Tage vor Weihnachten.

Und der Mensch? Der war in jener Zeit noch nicht vorhanden. Sein allerältester Vorfahre, ein Urweltaffe mit dem vornehmen Namen Proconsul, erschien vor etwa 25 Millionen Jahren im späten Tertiär. Oder, um in unserem »geologischen Jahr« zu bleiben, am Nachmittag des 29. Dezember.

Die artenreichen Wälder am Ende des Tertiärs, die unseren heutigen Mischwäldern schon so ähnlich waren, fielen im folgenden Quartär einer Klimakatastrophe zum Opfer: der Eiszeit. Die mittlere Jahrestemperatur ging bei uns allmählich bis auf 0 Grad Celsius zurück. Norddeutschland bedeckte sich mit einer dicken Eisschicht, die von Norden her kam. Die Alpen und die oberen Lagen der Mittelgebirge, bis hinunter auf 500 bis 600 Meter über dem Meer, waren ebenfalls mit Gletschern überzogen. Der Eispanzer soll bis zu drei Kilometer dick gewesen sein. Zwischen den Gletschern blieb nur ein schmaler Streifen Landes von etwa 300 Kilometer Breite eisfrei.

Die quartäre Eiszeit (gemeinhin als Eiszeit bezeichnet; es gab aber auch in früheren Erdzeitaltern Eiszeiten) begann vor etwa 2,7 Millionen Jahren. Herkömmlicherweise unterscheidet man in Süddeutschland vier Stadien

In den ersten Wäldern vor mehr als 300 Millionen Jahren wuchsen baumhohe Schachtelhalme. Ihre heutigen Verwandten sind bedeutend kleiner.

> In den eisfreien Gebieten herrschte eine baumfreie Tundra wie heute in Grönland.

der Vereisung, die nach Flüssen im Voralpenland Günz, Mindel, Riß und Würm genannt werden. Neuere Untersuchungen ergaben, dass es sogar bis zu 40 Kälteperioden gegeben haben muss, die jeweils von interglazialen Wärmezeiten unterbrochen wurden, in denen es durchaus wärmer als heute sein konnte. Die Zeitdauer dieser Wärmeperioden wird auf mindestens 15 000 Jahre geschätzt. Daneben gab es auch noch kürzere Unterbrechungen der Vereisung, die sogenannten Interstadiale, in denen die heutigen Temperaturen nicht ganz erreicht wurden.

Für die Ursachen der Vereisung und der Wärmeperioden, die sie unterbrachen, gibt es keine anerkannte Erklärung, sondern nur einige widersprüchlich diskutierte Theorien. Vermutlich befinden wir uns heute in einer interglazialen Wärmezeit, die nach Tausenden von Jahren von einer erneuten Vereisung abgelöst werden wird.

Uns interessieren vor allem die Auswirkungen der Eiszeit auf die Wälder. Während der Vereisungsperioden gab es in unseren Breiten keinen Wald. In den eisfreien Zonen zwischen nördlichem Eis und Alpeneis muss man sich eine Tundra mit Zwergsträuchern, Stauden und einjährigen Pflanzen vorstellen. Wälder waren auf die wärmeren Gebiete am Atlantik, im Mittelmeerraum und auf dem Balkan beschränkt.

Die wärmeren Zwischenzeiten waren lang genug, um den Wäldern die Rückkehr in das ehemals vereiste Gebiet zu ermöglichen. Wieso die Wälder zu solchen Wanderungen befähigt waren, wird weiter unten erklärt.

Im Laufe dieser Wanderungen haben sich verschiedene Arten von Wanderern gebildet. Durch entsprechende Veränderungen des Erbgutes entstanden schnell wandernde, lichthungrige Pionierhölzer und langsamer wandernde, aber schattenertragende Baumarten. Welche Baumarten in einem Teilgebiet schließlich dominierten, hing davon ab, wie weit ihr Rückweg war und ob sie die Rückkehr vor ihren Konkurrenten schafften. In kürzeren Interstadialen folgten zum Beispiel auf Birken und Kiefern gleich Fichten, die empfindlicheren Laubbäume blieben dagegen zurück.

Leichte Samen, wie der abgebildete Fichtensamen, werden durch den Wind verbreitet.

WIESO KÖNNEN WÄLDER WANDERN?

Wir erleben Bäume als ortsfest. Wie kommt es, dass Wälder wandern können? Sie wandern natürlich nicht selbst, sondern mit Hilfe ihrer Vermehrungsorgane von Generation zu Generation.

Wälder wandern durch Samen:
- Leichte Samen (Aspe, Weide, Birke, Erle, Kiefer, Fichte) werden vom Wind verbreitet, wandern also schnell.
- Schwere Samen (Eiche, Buche, Hasel, Tanne) fallen in einem engen Kreis um den Mutterbaum zu Boden, wandern also langsam.
- Zur weiteren Verbreitung von schweren Samen und Früchten (Wildkirsche, Vogelbeere, Holunder) helfen die Vögel und Säugetiere, die sie fressen. Eichelhäher und Eichhörnchen legen Vorräte für den Winter an und vergessen einen Teil davon.
- Samen müssen einen Boden finden, der günstig für ihre Keimung ist. Der Boden sollte frei von verdämmenden Gräsern und Kräutern und nicht verdichtet sein, auch keine Auflage von Rohhumus tragen. Manche Samen keimen nur in Verbindung mit bestimmten Pilzen (Mykorrhiza). Frost, Trockenheit, Vogel- und Mäusefraß dezimieren die Samen oder die Keimlinge.

Manche Bäume (Weide, Pappeln) wandern durch Ausläufer (Wurzelbrut).

Zuerst kommen die Pionierbaumarten an. Sie fruchten früh, oft und reichlich. Pioniere haben Samen, die vom Wind verbreitet werden und auf Rohböden keimen. Sie benötigen viel Licht und ertragen Frost und Trockenheit. Sie wachsen schnell in die Höhe, werden aber nicht sehr alt. Typische Vertreter: Aspe, Weide, Birke, Kiefer.

Schlussbaumarten fruchten später und seltener. Schlussbaumarten haben schwere Samen und keimen gerne in der Streu der sie beschirmenden Pioniere. Sie sind frostempfindlich und ertragen viel Schatten. Sie wachsen langsam, sind aber langlebig und bilden schließlich ein dichtes Kronendach, unter dem andere Baumarten schwer oder gar nicht mehr hochkommen. Der Schlusswald dauert, bis er durch Alter oder Katastrophen zusammenbricht. Typische Vertreter: Buche, Tanne, Eibe.

DER WALD IN DER UR- UND FRÜHGESCHICHTE

Manche Baumarten schafften die »Flucht« vor dem Eis nicht, weil ihnen in Europa die Vereisung der von Westen nach Osten verlaufenden Gebirge im Wege stand. In Nordamerika, wo die großen Gebirge von Norden nach Süden verlaufen, konnten sie sich dagegen vor dem Eis zurückziehen. Deshalb sind unsere Wälder im Vergleich mit denen Nordamerikas arm an Baumarten.

Die Erkenntnisse der Paläobotaniker (das heißt der Wissenschaftler, die sich mit der Vorgeschichte der Pflanzen beschäftigen) bezüglich der Wälder

NACHEISZEITLICHE WALDENTWICKLUNG*

Ungefährer Zeitraum v. Chr	Waldentwicklung in den Ebenen	Waldentwicklung in den Gebirgen	Klima	Kulturstufe
14000–8400	Tundra mit Zwergbirke, Strauchweide, Sanddorn, etwas Kiefer	Kältesteppe	Tundra- und Dryaszeit, Allerödzeit, nur vorübergehend etwas wärmer	Altsteinzeit
8400–6800	Waldsteppe mit Kiefer, Birke, Aspe und Bergkiefer	Kältesteppe	Vorwärmezeit, Leichte Erwärmung	Mittelsteinzeit
6800–5500	Hasel, Vordringen des Eichenmischwaldes	Beginn der Fichtenausbreitung im Südosten	Frühe Wärmezeit, warm, trocken	Mittelsteinzeit
5500–2500	Mischwald aus Eiche, Linde, Ulme, Esche, in Niederungen Esche, Erle, Kiefer nach Osten abgedrängt	Fichtenausbreitung in höheren Lagen der Mittelgebirge, sonst Eichenmischwald	Mittlere Wärmezeit, warm, mäßig feucht, Klimaoptimum	Mittelsteinzeit, Jungsteinzeit
2500–800	Beginn der Buchenausbreitung	Verdrängung des Eichenmischwaldes durch Tanne und Buche	Späte Wärmezeit, noch warm, aber feuchter	Bronzezeit
800–0	Buche überwiegt im Westen, Kiefer im Osten; Eiche, Ulme, Linde auf Trockenhänge abgedrängt	Absinken der Baumgrenze um mehrere hundert Meter, Moorbildung, Vordringen der Fichte	Nachwärmezeit, kühl und feucht	Eisenzeit

* Übersicht nach Karl Hasel 1985 und Gerhard Mitscherlich 1982

zwischen den einzelnen Perioden der Vereisung geben uns wertvolle Hinweise für die Rückwanderung der Wälder nach der letzten Eiszeit, mit der die Waldgeschichte unseres Landes erst richtig beginnt.

Die letzte Kälteperiode erreichte ihren Höhepunkt vor etwa 20 000 Jahren; dann begann das Land sich wieder zu erwärmen. Die Gletscher schmolzen allmählich ab. In der Tabelle auf Seite 20 werden die »klassischen« Phasen der nacheiszeitlichen Waldentwicklung, wie sie aus der Pollenanalyse (siehe Kasten auf Seite 24) abgeleitet werden, aufgeführt.

Der Botaniker Professor Küster hat in seiner »Geschichte des Waldes« von 1998 die komplizierte Geschichte der Wiederbewaldung unseres Landes dargestellt. Auf das Eis folgte zunächst offene Landschaft, in der sich die Pflanzen, die in der Kältesteppe am Rande der Gletscher überlebt hatten, üppig entwickelten. Trockene Gebiete muss man sich als Grassteppe ohne Gehölze vorstellen. Diese fehlten auch in den Sümpfen. Überwiegend ähnelte die Vegetation des ersten Abschnitts der Nacheiszeit aber der heutigen Tundra in Skandinavien oder Sibirien: Heidekraut, Zwergsträucher und Beerkräuter. *Dryas octopetala*, die Silberwurz, kam zeitweise so häufig vor, dass sie den Namen für einen Zeitabschnitt lieferte.

Der Wald meldete sich in der Hauptsache mit Birken, Weiden und Kiefern zurück. Alle drei Baumarten sind Pioniere mit weit fliegenden Samen. Erste Kiefernwälder lassen sich in Mitteleuropa bereits vor etwa 12 000 Jahren feststellen. Dabei überwogen in kälteren Perioden und nach Waldbränden die Birken, Weiden und Aspen und dann wieder die Kiefern. Um 8000 v. Chr. wurden in etwa die heutigen Temperaturen erreicht. Gleichzeitig war es aber trockener als heute. Nun kamen auch andere Baumarten aus ihren Refugien zurück. Sie benutzten dieselben Wanderwege wie in den früheren Zwischeneiszeiten: Östlich um die Alpen herum, westlich um die Alpen herum und durch die Burgundische Pforte, und von Osten, von Russland her oder gar aus den asiatischen Rückzugsgebieten. In den lichten Kiefernwäldern samten sich die ersten Fichten an. Die Rückwanderung der Fichte kam aber etwa 6000 v. Chr. zwischen dem Bodensee und Nordostbayern zum Stillstand, weil das Klima nun warm und feucht wurde.

In der Frühen Wärmezeit, ab etwa 6800 v. Chr., breitete sich die Hasel massenhaft aus. Das ist nur schwer erklärbar, weil die schwerfrüchtige Hasel eigentlich langsam wandert. Unter den Haselsträuchern konnte sich die Fichte nicht halten. Kiefer und Hasel hingegen wuchsen über einen langen Zeitraum zusammen im gleichen Gebiet.

Etwa 5500 v. Chr. brach die Mittlere Wärmezeit an, in der es etwa 2 Grad wärmer als heute war. Es war die Zeit der Eichenmischwälder. Auf die Hasel waren im Laufe der Erwärmung die Eiche und andere Laubbaumarten, wie Ulme, Linde, Ahorn und Esche, gefolgt. Sie verdrängten die Kiefer nach Osten und in die Trockengebiete. Die Hasel hielt sich zunächst noch unter den neu angekommenen Laubbäumen. In Überschwemmungsgebieten bildeten sich Erlenbruchwälder.

Folgende Doppelseite: In den ersten Wäldern nach der Eiszeit spielten die Birken eine Hauptrolle.

Etwa um 2500 v. Chr. begann die Späte Wärmezeit, in der es allmählich etwas kühler und erheblich feuchter wurde. Das kam der Fichte, der Tanne und der Buche zugute. Diese Baumarten verdrängten allmählich den Eichenmischwald. Im Tiefland hielt sich der Eichenmischwald zunächst noch, bis er in der Nachwärmezeit ab 800 v. Chr. auch dort vielfach von der Buche verdrängt wurde. Auf den warmen, südlichen Hängen der Mittelgebirge blieb die Eiche, in feuchten Tälern blieben Esche, Ulme und Ahorn erhalten.

Die Buche war von der Eichenmischwaldzeit an, die Alpen an beiden Seiten umgehend, zunächst in die Mittelgebirge, vom Schwarzwald bis zum Bayerischen Wald, eingewandert.

Die Tanne hatte die Rückwanderung aus ihren Refugien im Mittelmeerraum noch in der Haselzeit begonnen. Den Schwarzwald erreichte sie vor der Buche auf dem Weg um die westlichen Alpen durch den Schweizer Jura und die Burgundische Pforte. In den Schwäbisch-Fränkischen Wald hingegen kam sie auf dem östlichen Weg um die Alpen und erst nach der Buche. Zuerst

Versteinerungen wir dieses rund drei Millionen Jahre alte Buchenblatt liefern uns Informationen über längst vergangenen Wald.

WOHER WEISS MAN, WIE DER WALD IN DER UR- UND VORZEIT AUSSAH?

Schriftliche Zeugnisse über den Wald in unserem Land gibt es erstmals bei den römischen Schriftstellern. Für die Zeit davor müssen die Forscher den Waldzustand aus Pflanzenresten rekonstruieren.

Dafür kommen Blätter, Holz, Früchte und Samen, sogenannte Makrofossilien, in Frage. Die ältesten derartigen pflanzlichen Überreste sind unter Luftabschluss und Druck zu Kohle geworden. Je nach dem Alter der Kohleschichten unterscheidet man Braunkohle, Steinkohle und Anthrazit. Jüngere Ablagerungen finden sich vor allem im Torf der Moore.

Im Moor blieben auch die Sporen der Farne und die Blütenstaubkörner (Pollen) erhalten. Sie stellen als Mikrofossilien den wichtigsten Schlüssel für die Vegetation der Vorzeit dar. Sporen und Pollen haben sich sehr lange, bis zu Sporen aus den ersten Wäldern im Karbon, erhalten. Die Pollen der einzelnen Bäume wurden freilich in verschiedener Menge erzeugt und vom Wind und Tieren oft weit vertragen, was zu Fehlinterpretationen führen kann. Bäume aus der unmittelbaren Umgebung des Moors werden überrepräsentiert.

Schließlich gibt die chemische Zusammensetzung der Sedimente in unseren Seen ebenso Hinweise auf ihre Umgebung wie die Analyse der einzelligen Kieselalgen (Diatomeen).

Das Alter der einzelnen Schichten in den Ablagerungen von Mooren und Seen wird mit der sogenannten C14-Methode an Hand der Zerfallszeiten dieses radioaktiven Kohlenstoff-Isotops bestimmt.

allein, dann zusammen mit der Buche, dominierte sie von der Späten Wärmezeit an im Bergland. Im Schwarzwald gab es reine Buchenwälder (ohne Beimischung von Tanne) vor allem im atlantischen westlichen Teil und in den oberen Lagen.

Man nimmt an, dass sich Baumarten, die auf verschiedenen Wanderwegen nach der Eiszeit zurückgekommen sind, in ihrem Erbgut unterscheiden. Bei der Tanne sind Unterschiede zwischen »Westtannen« und »Osttannen« bekannt, bei der Buche werden ebenfalls genetische Unterschiede vermutet.

Um 800 v. Chr. setzte die deutlich kühlere und feuchte Nachwärmezeit ein. Die Baumgrenzen im Gebirge sanken ab und die Fichte drang weiter vor. Man nimmt an, dass die Fichte in Oberschwaben und im Schwäbisch-Fränkischen Wald entlang der Alpen von Osten und dem Balkan her eingewandert ist. In den Schwarzwald könnte sie von südlich der Alpen über den Schweizer Jura gekommen sein. Während die Fichte in den Pollenprofilen der Baar, des Baarschwarzwaldes und des Feldberggebietes aus der Späten Wärmezeit häufig vertreten ist, fehlt sie in den tieferen Lagen des Nordschwarzwaldes und im Südschwarzwald westlich des Feldbergs. Das kann mit dem Grundgestein oder mit der starken Konkurrenz von Tanne und Buche zusammenhängen. Im westlichen Südschwarzwald kann die Fichte erst etwa ab 500 v. Chr. nachgewiesen werden, im Nordschwarzwald sogar noch 100 Jahre später. Wenn man ihre heutige starke Verbreitung im ganzen Schwarzwald betrachtet, wird klar, dass menschliche Einflüsse die klimatischen Gründe für die Verbreitung der Fichte unterstützt haben müssen. Neuere Erkenntnisse besagen, dass das auch bei der Buche weit früher, als wir bisher ahnen konnten, der Fall war. Höchste Zeit, dass wir uns dem prähistorischen Menschen und seinem Verhältnis zum Wald zuwenden.

MENSCH UND WALD IN DER UR- UND VORZEIT

Die Geschichte des Menschen in unserem Land beginnt mit einem Paukenschlag. Der älteste Mitteleuropäer kam aus der Kurpfalz. Bei Mauer, nur zehn Kilometer von Heidelberg entfernt, fand ein Arbeiter in einer Sand- und Kiesgrube 1907 seinen Unterkiefer. Dieser *Homo heidelbergensis,* wie er wissenschaftlich heißt, lebte vor etwa 550 000 Jahren (oder am Mittag des Silvestertages in unserem geologischen Vergleichsjahr). Er lässt sich auf Grund der anatomischen Befunde gegenüber den noch älteren Affenmenschen aus Java und China bereits als Urmensch ansprechen.

Auch Württemberg hat seinen Urmenschen, nämlich den »Steinheimer«, dessen Schädel 1933 ebenfalls in einer Kiesgrube gefunden wurde. Er lebte vor etwa 250 000 Jahren und erinnert bereits stärker an den kommenden *Homo sapiens* als der Heidelberger.

Der bekannteste Urmensch ist sicher der Neandertaler, der nach seiner ersten Fundstätte bei Düsseldorf benannt wurde. Diesem Fund im Jahr 1856 folgten zahlreiche weitere, so dass man ihn, der von 130 000 bis 35 000 vor unserer Zeitrechnung lebte, getrost als Weltbürger bezeichnen kann. Während der Neandertaler die Welt der letzten Eiszeit bevölkerte, traten bereits die unmittelbaren Vorläufer des modernen *Homo sapiens* auf die Bühne.

In Oberkassel im Rheinland fand man 1914 die Skelette eines älteren Cromagnon-Mannes und einer jungen Cromagnon-Frau mit einigen Grabbeigaben. Aus dem Cromagnon-Menschen entwickelt sich etwa mit Ende der Vereisung der moderne *Homo sapiens.* In unserem »geologischen Jahr« erscheint der moderne *Homo sapiens* an Silvester, Minuten vor Mitternacht.

Die Kulturgeschichte des Menschen beginnt mit den ersten Feuersteinfunden in Afrika, die auf ein Alter von 2,6 Millionen Jahren geschätzt werden. Nach den Waffen und Werkzeugen der frühen Menschen unterscheiden wir die Steinzeit, die Bronzezeit und die Eisenzeit. Die Steinzeit währte bis etwa 2200 v. Chr. Uns interessiert hier der letzte von den drei Teilabschnitten der Altsteinzeit, der etwa mit dem Erscheinen der Kiefern-Birkenwälder endete, und die Mittelsteinzeit, die von da an bis in die Eichen-Mischwaldzeit reichte.

Die Menschen der Urzeit lebten in erster Linie von der Jagd. Häufige Beutetiere waren Mammut, Wollnashorn, Wildpferd und das Ren, später auch Waldtiere wie Auerochse, Elch, Hirsch und Wildschwein. Daneben sammel-

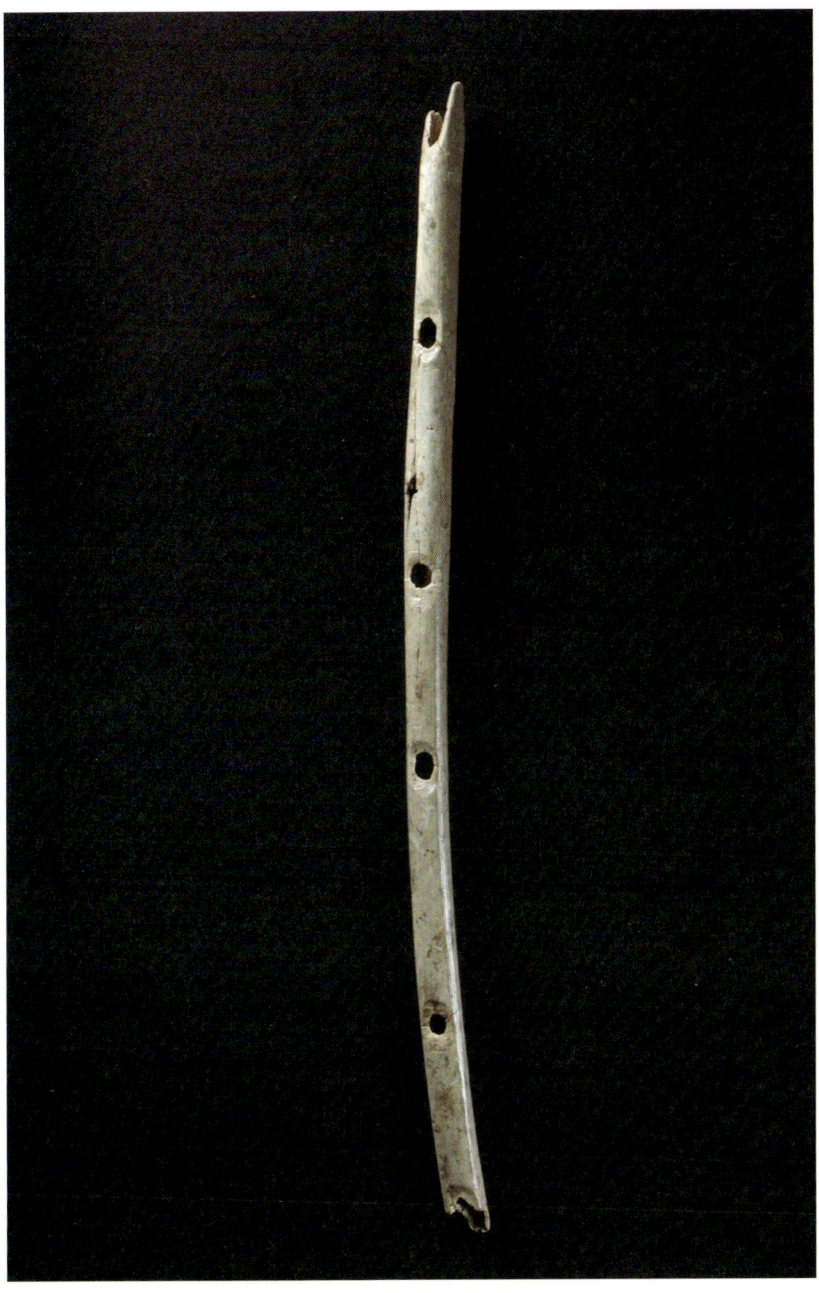

In der Höhle »Hohle Fels« bei Schelklingen fand man diese Flöte aus dem Speichenknochen eines Gänsegeiers. Ihr Alter wird auf 37 000 Jahre geschätzt.

ten die Menschen pflanzliche Nahrung (Blätter, Wurzeln, Früchte, Beeren und Pilze).

Unser Land ist reich an Fundorten aus der Altsteinzeit. In erster Linie sind es Höhlen, und hier wieder die Höhlen der Schwäbischen Alb. Es gibt buchstäblich Tausende von ihnen, und noch längst sind nicht alle erforscht. Die ältesten Spuren menschlicher Bewohner gehen mindestens 40 000 Jahre

zurück, also noch tief in die Eiszeit, in die Zeit des Neandertalers und seiner jüngeren Vettern. In den Höhlen der Schwäbischen Alb fand man nicht nur Knochen von Beutetieren und Feuersteinwerkzeuge, sondern auch erstaunliche Zeugnisse früher Kultur. Aus der Vogelherdhöhle bei Stetten im Lonetal stammt ein ganzer Schatz von eiszeitlichen Kunstwerken: eine kleine Figur eines Mammuts aus Elfenbein, die Miniatur eines Wildpferdes, ein etwas größerer Panther. Und im »Hohle Fels« bei Schelklingen hat man gar eine Flöte, die aus einem Gänsegeierknochen hergestellt wurde, gefunden.

Höhlenfunde beschränken sich nicht auf die Schwäbische Alb. Vom Petersfelsen bei Engen stammt die Figur eines weiblichen Idols und auch im Breisgau hat man beispielsweise Funde in den Wohnhöhlen von Rentierjägern am Ehrenstetter Ölberg gemacht.

Das Bild von den steinzeitlichen Jägern, die von ihrer Höhle aus die Beutetiere beobachten und ihnen nachstellen, ist trotzdem schief. Sie waren Nomaden, die hinter ihren Beutetieren herzogen. Es ist natürlich viel schwerer und in der Regel dem Zufall zu verdanken, ihre Rastplätze in der Ebene aufzufinden. Die Höhlen dienten ihnen wohl nur als zeitweiser Unterschlupf oder als Winterquartier. Je wärmer es wurde und je üppiger die Pflanzen- und Tierwelt gedieh, desto mehr muss es die Menschen der Altsteinzeit auch im Winter in die Ebenen gezogen haben. Bevorzugte Aufenthalte waren für sie die Höhen über der Rheinebene, wie Funde im Süden des Tunibergs oder am Isteiner Klotz zeigen, ähnliche Plätze am Hochrhein (Funde auf dem Dinkelberg bei Wyhlen und bei Bad Säckingen) und der Hegau. Die Funde von altsteinzeitlichen Werkzeugen, die man im Hochschwarzwald gemacht hat, zeigen aber, wie weit die Jäger und Sammler bei ihren sommerlichen Streifzügen auch in die Mittelgebirge vordrangen.

Zurück zur Waldgeschichte: Die Menschen der Altsteinzeit lebten überwiegend noch in der Zeit der Tundra. Die Menschen der Mittelsteinzeit können die ersten Wälder kaum verändert haben. Dazu war ihre Zahl in den nomadisierenden Gruppen zu gering. Man hat die Bevölkerung in unserem Land in der Altsteinzeit auf etwa 10 000 Menschen geschätzt. Der lichte Kiefern-Birkenwald und die Haselwälder in den auf die Tundra folgenden Perioden dienten ihnen vor allem als Ort ihres Jagens und Sammelns, als Nährwald. (Die Hasel lieferte »das Mehl der Urzeit« und wurde vielleicht auch durch den Menschen so schnell verbreitet.) Auch boten die Wälder den Jägern Deckung und Schutz bei ihren Streifzügen. Der Verbrauch an Holz für das Feuer, an dem sie sich wärmten und ihre Beute brieten, für ihre Zelte und Hütten und für ihre Werkzeuge war sicher gering.

In der Jungsteinzeit, die um 3000 v. Chr. begann, änderte sich das von Grund auf. Von Osten her kamen Menschen gezogen, die den Ackerbau und die Viehzucht mitbrachten. Das Zeitalter der Rodungen brach an.

Gegenüberliegende Seite: In der Vogelherd-Höhle im Lonetal bei Niederstotzingen wurden zahlreiche Funde aus der Altsteinzeit gemacht. Besonders berühmt sind kleine Tierfiguren aus Knochen oder Elfenbein, die vor 32 000 Jahren geschaffen wurden.

UNSERE VORFAHREN VERÄNDERN DEN WALD

Viele Leser dieses Buches waren selbst schon in der Jungsteinzeit oder im Neolithikum, wie die Wissenschaftler sagen. Allerdings nur in ihrer Phantasie. Nämlich alle Leser, die das rekonstruierte Pfahlbaudorf in Unteruhldingen am Bodensee oder das Federsee-Museum in Bad Buchau besucht haben. Nirgends in unserem Land kamen die Forscher der Zeit der ersten Ackerbauern so nahe wie am Federsee. Die vermeintliche Lebensweise der Steinzeitmenschen auf dem Wasser regte die Phantasie mächtig an. Friedrich Theodor Vischer dichtete:

Niemand soll die Nase rümpfen,
Daß wir zwischen Moor und Sümpfen,
Zwischen Schilf und Weidenstümpfen
Auf den Seen seßhaft sind.

Heute wird allerdings vielfach die Ansicht vertreten, dass die Pfahlbauten ursprünglich »ganz normale« Bauten waren, die in einer Zeit sinkender Wasserspiegel am morastigen Ufer auf Pfählen gegründet wurden, und dass seither der See sich wieder ausgebreitet habe, so dass ihre Reste nun im Wasser stehen.

Außer den besonders spektakulären Pfahlbaudörfern gibt es in unserem Land eine Fülle von weiteren Fundstellen und Ausgrabungen aus der Jungsteinzeit. Die Archäologen unterscheiden verschiedene Kulturen und benennen sie nach der gefundenen Keramik (Schnurkeramiker, Bandkeramiker, Trichterbecher- oder Glockenbechermenschen) oder nach den Fundorten (Michelsberger nach der Höhensiedlung auf dem Michaelsberg bei Bruchsal-Untergrombach, Rössener oder Horgener).

In der Jungsteinzeit muss ein reger Zuzug von Völkern, die von Osten kamen und alteingesessene Völker vertrieben oder sich mit ihnen vermischten, geherrscht haben. Die Rätselhaftesten unter ihnen waren die Schöpfer der sogenannten Megalithkultur mit ihren Dolmen und Menhiren.

Welches Volk den Ackerbau nach Mitteleuropa brachte, weiß man auch nicht. Vielleicht war es ein indogermanisches Volk aus dem Balkan oder aus den Steppen Russlands.

Der Ackerbau und die Viehzucht hatten sich vermutlich bereits um 9000 v. Chr. im »fruchtbaren Halbmond« (beginnend an der Mittelmeerküste und über Mesopotamien bis in den Iran reichend) und im östlichen Anato-

lien entwickelt. Primitive Getreidepflanzen wuchsen in der Steppe. Um sie zu kultivieren, musste man die Felder aber künstlich bewässern. Das bedurfte einer Organisation zur Verteilung des Wassers, und man musste Aufschriebe darüber machen. So könnte man erklären, warum die Völker im Orient unseren Vorfahren kulturell so weit voraus waren.

Die Bevölkerung hatte bei uns nach 3000 v. Chr. erheblich zugenommen. Das bevorzugte Jagdtier der Nacheiszeit, das Ren, hatte hingegen schon länger abgenommen. Höchste Zeit, die Lebensweise zu ändern und sesshaft zu werden. Die Zuwanderer aus dem Osten, die den Ackerbau und die Viehzucht zu uns brachten, mussten zuerst mühsam (auch wenn der damals herrschende Eichenmischwald lichter war als heutige Wälder) den Wald roden, um Platz für ihre Siedlungen und ihre Äcker zu gewinnen. Manche Wissenschaftler nahmen an, dass die ersten festen Siedlungen auf unbewaldeten, trockenen Standorten, den sogenannten Steppenheiden, errichtet worden seien, und dass die Steinzeitmenschen mit ihren primitiven Werkzeugen gar keine Bäume hätten fällen können. Wir wissen heute, dass es damals überall, außer auf siedlungsfeindlichen Extremstandorten, Wald gab. Versuche zeigten außerdem, dass man mit einer Steinaxt sehr wohl einen Baum fällen und mit einem Grabstock aus Holz den Boden bearbeiten kann. Wahrscheinlich

In der Jungsteinzeit wurden die Menschen sesshaft. Hier die Rekonstruktion eines Hauses im Federseemuseum in Bad Buchau.

wurden die Rodungen nach Einschlag der stärkeren Bäume noch »überbrannt«, das heißt, Reisig und Bodenbewuchs verbrannten. In die Asche säte man das Getreide. Auf einer Versuchsfläche im Staatswald »Klosterwald« auf der Hochfläche zwischen Kocher und Jagst wird das von den Forschern nachgemacht.

Die Steinzeitbauern konnten bald feststellen, dass ihre urtümlichen Getreidesorten im Schutz der umgebenden Waldbäume, die den Boden feucht hielten und das Feld vor heftiger Sonneneinstrahlung schützten, besser wuchsen als im Freiland.

Im Wald, der die gerodeten Plätze der Siedlungen und der primitiven Felder umgab, weidete das Vieh der Siedler: urtümliche Pferde, Rinder, Schafe und Ziegen. Die beweideten Waldflächen wurden immer lichter, der Unterwuchs wurde abgebissen, und die größeren Bäume vertrockneten schließlich. Neue Blößen entstanden. Der Wald versuchte seinerseits, das gerodete Ackerland durch Stockschläge, Wurzelbrut und Sämlinge zurückzuerobern.

Die Holzhäuser der Jungsteinzeit waren längst nicht so langlebig wie die Bauten aus Lehmziegeln im waldarmen Orient. Ausgrabungen zeigen, dass die Menschen der Jungsteinzeit in Mitteleuropa bereits Häuser mit mehreren Räumen, teilweise auch Langhäuser für mehrere Familien, bauten. Das Dach saß auf Pfosten, zwischen denen die Wände mit Stangen oder Zweigen durchzogen und mit Lehm abgedichtet waren. Der lange Dachfirst ruhte auf einer Pfostenreihe mitten im Haus.

Diese Häuser wurden relativ bald baufällig (bei den Pfahlbauten war das spätestens nach 30 Jahren der Fall). Wenn dann kein starkes Holz in der Nähe der Siedlung mehr vorhanden war, dann zog man einfach weiter und rodete neue Waldflächen. Untersuchungen in der neolithischen Siedlung Hornstadt – »Hörnle I« – auf der Höri/Bodensee zeigten, dass man bevorzugt Eiche und Esche als Bauholz benutzte. Das verwendete Eichenholz stammte zunächst aus Samen (Kernwuchs), das heißt aus der Rodung des Urwalds, und später von Bäumen aus Stockschlag, wenn die Stöcke (Stümpfe) der gefällten Eichen wieder ausschlugen. Als die Eichen noch knapper wurden, verwendete man auch Buchen als Bauholz. Das bestätigt unsere Vorstellungen über die Entwicklung der vom Menschen bereits genutzten Wälder.

Auf diese Weise wurden im Laufe der Jahrtausende in den bevorzugten Siedlungsgebieten weite Flächen gerodet und wieder aufgegeben. Der Wald, der nach der Rodung wuchs, war aber nicht mehr derselbe wie vorher. Unter dem lückigen Wirrwarr der Pioniere und Sträucher samten sich Eichen und schattenertragende Baumarten, insbesondere die Buche, an. Die Buchen schlossen sich zusammen und verdrängten die Pioniere und die Eichen. So entstanden in den Ebenen statt des ursprünglichen Eichenmischwalds reine Buchenwälder oder Mischwälder mit viel Buche. Die These des bereits erwähnten Botanikprofessors Küster lautet: Auf weiten Flächen im Altsiedlungsgebiet gab es schon seit der Jungsteinzeit keinen unberührten Urwald mehr. Der Folgewald nach der Rodung war anders zusammengesetzt als der

Wald vor der Rodung. Der Mensch hat also schon sehr frühzeitig in die natürliche Entwicklung der Wälder eingegriffen und die klimabedingte Tendenz zum Buchenwald verstärkt.

Diese These lässt sich tatsächlich aus pollenanalytischen Untersuchungen belegen: Zum Beispiel nimmt im Bodenseeraum der Anteil der Hasel mit den Rodungen in der Jungsteinzeit wieder zu. Hasel und andere Sträucher wuchsen im lichten Weidewald und waren die Ersten, die die aufgelassenen Felder zurückeroberten. In der Folge treten dann aber immer mehr Buchenpollen auf, dagegen verschwinden die Pollen von Ulme und Linde.

Wo siedelten die Menschen der Jungsteinzeit? Wir können die vielen Fundorte in unserem Land nicht im Einzelnen vorstellen. Eindeutig wurden die fruchtbaren, lockeren Böden, wie zum Beispiel die Sandböden der Hardt und die Lössböden am Oberrhein, im Kraichgau oder im Neckarland, zuerst besiedelt. Auch auf der Baar, im Alpenvorland, im Taubergrund, auf dem Lettenkeuper im Hohenlohischen, auf den Keuperhöhen und auf der Schwäbischen Alb wurden Siedlungsplätze der Jungsteinzeit gefunden. Mit weiter zunehmender Bevölkerung und mit der Entwicklung besserer Geräte zur Rodung und Bodenbearbeitung in der Bronze- und Eisenzeit ging man also auch auf die lehmigen und schließlich auf die tonigen Böden. Das Innere der Mittelgebirge – des Schwarzwaldes, des Odenwaldes, des Strombergs und des Schwäbisch-Fränkischen Waldes – mit ihren steilen Hängen und armen Böden blieb unberührt. Auch die Überschwemmungsgebiete der Flüsse wurden gemieden.

So dachte man wenigstens bisher. Die Aerosoluntersuchungen von Professor Frenzel aus Hohenheim und anderen Wissenschaftlern in den Seen des Nordschwarzwaldes hatten das überraschende Ergebnis, dass im oberen Murgtal auf den Höhen links der Murg bereits in der Jungsteinzeit geweidet wurde. Die Hinweise verdichten sich in der Bronze- und Eisenzeit.

Eine intensivere Rodungs- und Siedlungstätigkeit lässt sich zum Beispiel im Quellmoorbereich bei Klosterreichenbach um 600 v. Chr. nachweisen. Die Bodenversauerung, wie sie zum Beispiel im Bereich des Huzenbacher Sees bei Baiersbronn festgestellt wurde, liefert Hinweise auf einen frühen (vielleicht bronzezeitlichen) Bergbau in den Kupfererzen von Schönegründ. Der Bergbau war wohl mit Ackerbau verbunden.

An zahlreichen Streufunden von Waffen und Geräten erkennt man, dass andererseits nach wie vor Jäger und Sammler durch die Gebirge streiften. Vielleicht gab es auch nebeneinander Gruppen oder gar Völker von Ackerbauern und Viehzüchtern einerseits und Jägern andererseits. Die Geschichte von Jakob und Esau in der Bibel könnte man als eine Parabel auf die Konkurrenz der beiden Lebensformen verstehen. Selbst das Innere der Mittelgebirge blieb also vermutlich von der Jungsteinzeit an weder von der menschlichen Nutzung noch von der Siedlungstätigkeit völlig verschont. Angeblich gibt es im Hochschwarzwald auch megalithische Steinsetzungen, was aber wissenschaftlich nicht belegt ist.

Rekonstruierte Produkte von jungsteinzeitlichen Bauern im Federseemuseum.

Auf die Jungsteinzeit folgen eine Kupferzeit und die Bronzezeit zwischen etwa 2000 und 1000 v. Chr. Bronze ist bekanntlich eine Legierung von Kupfer und Zinn. Das Geheimnis der Bronzeherstellung muss bereits um 2500 v. Chr. in Ägypten bekannt gewesen sein. Bei uns fand man so gut wie kein Kupfer. Große Kupfervorkommen gab es beispielsweise in Spanien, Italien und im Salzkammergut. Das Zinn kam in erster Linie aus England. Es wurde also in der Bronzezeit Rohstoffhandel zwischen weit voneinander entfernten Gebieten getrieben. Dazu benutzte man Fernwanderwege, die vielleicht bereits aus der Steinzeit stammten. Andere Handelsgüter waren Bernstein und Salz, Felle, Leder und Schmuck.

Die Bronzezeit beginnt bei uns vermutlich mit den Menschen der sogenannten Streitaxtkultur. Typisch für die ältere Bronzezeit zwischen 1800 und 1200 v. Chr. sind die Beerdigungen in Hügelgräbern. Bis um 800 v. Chr., also bis zum Beginn der Eisenzeit, folgt die Urnenfelderzeit, in der die Toten verbrannt und auf Friedhöfen in Urnen beigesetzt wurden.

Die Funde aus der Bronzezeit sind zahlreich. Überwiegend kommen sie aus denselben Gegenden wie die Steinzeitfunde. Rodung und Siedlung erfolgten in der Bronzezeit also im Wesentlichen in denselben Gebieten, in denen schon in der Jungsteinzeit gesiedelt wurde. Die Siedlungstätigkeit war aber intensiver, die Rodungen nahmen zu. Die Mittelgebirge waren für intensive Besiedlung in der Bronzezeit wenig geeignet. Eine Ausnahme machten im Schwarzwald die unteren und mittleren Flusstäler von Elz und Kinzig. Überall sonst waren die Buchen-, Tannen- und Fichtenwälder im damaligen kühlen und feuchten Klima (in der Späten Wärmezeit) dafür zu dicht und unwegsam. Die steinigen Böden waren vor dem Aufkommen des eisernen Pfluges kaum zu bearbeiten. Umso rätselhafter sind die Felder von Steingrabhügeln, die man im Schwarzwald (bei Bräunlingen, Löffingen, Titisee-Neustadt, Hinterzarten) gefunden hat. Die Grabhügel werden in die Zeit zwischen 1700 und 1200 v. Chr. datiert. Dazu passen Funde von bronzenen Waffen und Schmuckstücken, wie man sie bei Unadingen und im Gauchachtal gemacht hat. Gab es im Hochschwarzwald vielleicht damals doch schon eine Besiedlung? Oder hat man die Toten weitab vom Siedlungsgebiet der Baar begraben? Über bronzezeitliche Siedlungsspuren im Nordschwarzwald wurde bereits weiter oben berichtet.

Die Einteilung der Vorzeit in Steinzeit, Kupferzeit, Bronzezeit und Eisenzeit richtet sich nach den Materialien der Waffen, Werkzeuge und Schmuckgegenstände. Damit tut man dem Holz Unrecht. Der wichtigste Roh- und Werkstoff der Menschen war bis ins hohe Mittelalter das Holz.

Das Holz diente den Menschen als Feuerholz zum Heizen, Kochen, Backen und Braten, zur Beleuchtung und zur Abwehr wilder Tiere; Holz benötigte man zum Bau der Häuser, Ställe, Einfriedungen und Zäune; für die Inneneinrichtung der Häuser; für alle möglichen Waffen, Werkzeuge und Geräte – vom Stiel der Axt und der Haue bis zum hölzernen Pflug, zu Boot, Wagen und Webstuhl; aus Weiden flocht man Körbe, der Bast mancher Baumarten, wie Birke, diente sogar als Bekleidung. Der Verbrauch an Holz pro Kopf der Bevölkerung war wesentlich höher als heute. Die Zahl der Menschen war aber entschieden geringer und Holz in Hülle und Fülle vorhanden.

DIE KELTEN UND DER MYTHISCHE WALD

Man muss annehmen, dass den ersten Ackerbauern und Viehzüchtern, die vor der mühevollen Arbeit des Rodens standen, der Wald zunächst nur als Hindernis, als mächtiger Gegner erschien. Der Barockphilosoph Giambattista Vico nennt folgende Reihenfolge, in der sich die menschliche Kultur entwickelte: »Zuerst die Wälder, danach die Hütten, dann die Dörfer, als nächstes die Städte und schließlich die Akademien.« Erst mit der Rodung wird, so meint er, der Blick des Menschen zum Himmel frei und er erkennt in Blitz und Donner angstvoll die Macht der Götter. Es entsteht eine immerwährende Feindschaft zwischen der Zivilisation und dem Wald, der ihre Grenzen markiert.

Wie anders stellen wir uns das Verhältnis von Mensch und Wald in grauer Vorzeit vor. Wir meinen, der Wald hätte den Menschen Zuflucht und Geborgenheit geschenkt. In ihm hätten sie die Kräfte der Natur verehrt, aus Bäumen wären Göttinnen und Götter geworden. Wir sind da von den späteren germanischen Überlieferungen beeinflusst.

Die Lieblingskinder moderner Waldmystik aber sind die wesentlich früher auftretenden Kelten. Es gibt Dutzende von Büchern, die sich mit vermeintlichen Steinsetzungen und Opferstätten der Kelten in unseren Wäldern und mit den geheimnisvollen Kräften, die heute noch von ihnen ausgehen, beschäftigen. An verschiedenen Plätzen, zum Beispiel in Achern-Oberachern, Grunern bei Staufen oder in Wald bei Ravensburg, hat man in neuerer Zeit sogenannte keltische Baumkreise gepflanzt. Es heißt, bestimmten Abschnitten des Jahres hätten die Kelten bestimmte Bäume und Sträucher zugeordnet, und wer im Zeichen dieser Bäume und Sträucher geboren wird, besäße deren Eigenschaften (das sogenannte keltische Baumhoroskop). Diese Vorstellung stammt jedoch aus unserer Zeit, genauer gesagt aus einem 1948 erschienenen Buch des britischen Schriftstellers Robert Graves.

Wie war nun das Verhältnis der Kelten zum Wald tatsächlich, was wissen wir überhaupt von ihnen?

Die Kelten waren kein einheitliches Volk. Sie haben sich, so nimmt man heute an, vielmehr aus den in der Region ansässigen Menschen der Urnenfelderzeit, unter Zuzug von Indoeuropäern aus dem Osten, entwickelt. Vom Oberrhein und der Oberen Donau aus besiedelten sie weite Gebiete Mitteleuropas. Wie sie sich selbst nannten, weiß man nicht, da sie unseres Wissens keine Schrift besaßen. Den Kelten (den Namen gaben ihnen die Griechen) ordnen wir zwei Kulturepochen innerhalb der Eisenzeit zu,

die Hallstattzeit, etwa von 800 bis 500 v. Chr., und die Latènezeit, etwa von 500 bis zur Zeitenwende.

Ihren Toten aus zwei Weltkriegen hat die frühere Forstdirektion Südwürttemberg-Hohenzollern ein Denkmal auf dem »Hohmichele« bei Riedlingen gesetzt. Der Hohmichele ist ein keltischer Grabhügel, angeblich der größte in Deutschland, der mit mehreren anderen zu dem keltischen Fürstensitz der Heuneburg gehörte. Die Heuneburg selbst ist einer der faszinierendsten vorgeschichtlichen Plätze unseres Landes. Ein mächtiger keltischer Herr (»Fürst«) muss dort gelebt haben. Die Funde bei mehreren Grabungskampagnen zeigen, dass er weitreichende Handelsbeziehungen bis an die Ostsee (Bernstein) und ans Mittelmeer (Gefäße für Wein) hatte. In der Regel waren die Siedlungen von ringförmigen Wällen aus Steinen und Holz umgeben. Die für die obere Donau absolut unübliche Umfassungsmauer der Heuneburg aus ungebrannten Lehmziegeln, die den hiesigen Witterungsverhältnissen nicht lange standhielt (etwa von 550 v. Chr.), ist eine Kulturtechnik aus dem Mittelmeerraum. Einen weiteren keltischen Fürstensitz, mit einer Fluchtburg, etwa aus der gleichen Zeit, fand man auf dem Hohenasperg mit den Fürstengräberhügeln Kleinaspergle und Hochdorf. In Hochdorf (Ortsteil

Die Heuneburg bei Hundersingen war ein bedeutender frühkeltischer Fürstensitz des 6. Jahrhunderts vor unserer Zeitrechnung. Im Bild die Rekonstruktion des Haupthauses.

von Eberdingen nahe Vaihingen an der Enz) war das Fürstengrab mit allen Beigaben noch vollständig erhalten. Auch auf dem Münsterberg in Breisach und auf dem »Bürgle« bei March-Buchheim im Breisgau lag jeweils ein keltischer Fürstensitz. Auf der anderen Seite des Schwarzwaldes sind es die Grabhügel auf dem Magdalenenberg bei Villingen (um 570 v. Chr.) und bei Bräunlingen wert, genannt zu werden. Auf dem Streifenberg bei Michelfeld/Schwäbisch Hall, auf dem Burgberg bei Frankenhardt/Hohenlohe, auf dem Ipf bei Bopfingen, auf dem Dreifaltigkeitsberg bei Spaichingen und auf dem Fürstenberg auf der Baar gab es keltische Höhensiedlungen. Am Beispiel des Heiligenberges bei Heidelberg und des Limbergs bei Sasbach am Kaiserstuhl sieht man, dass die keltischen Ringwälle oft am gleichen Ort errichtet wurden, wo vor ihnen jungsteinzeitliche Höhensiedlungen bestanden.

Aus etwas jüngerer Zeit kennt man die »Oppida«, ganze Keltenstädte, deren Größe diejenige der meisten mittelalterlichen deutschen Städte übertraf. Schöne Beispiele aus unserem Land sind »Tarodunum« beim heutigen Kirchzarten im Dreisamtal, die Siedlung auf dem Kegelriss bei Ehrenstetten im Breisgau, Altenburg bei Rheinau/Ortenau, die Elsachstadt bei Grabenstetten auf der Alb mit dem benachbarten Heidengraben bei Erkenbrechtsweiler und das Oppidum von Finsterlohr bei Creglingen. Die keltischen Oppida wurden spätestens in der Zeit der Kriege mit den Römern verlassen und nicht selten wieder von Wald bedeckt.

Die wichtigsten Fundstätten aus der Keltenzeit liegen außerhalb der Wälder. Es gibt aber auch Ringwälle am Anstieg des Schwarzwaldes (zum Beispiel bei Ehrenstetten) oder sogar auf seinen Höhen (Stockberg beim Blauen, um 1200 Meter ü. d. M., oder Altfürstenberg bei Hammereisenbach). Vielleicht handelte es sich dabei um Beobachtungsposten oder Fliehburgen. Merkwürdigerweise liegen auch die keltischen Grabhügel manchmal weitab von den keltischen Siedlungen mitten im heutigen Wald (Als Beispiel ist das Grab einer »Fürstentochter« bei Heimbach/Breisgau zu nennen.)

Die Kelten waren eifrige Bergleute. In ihren Bergwerken bauten sie Salz, Eisen und andere Erze ab. Keltischer Eisenbergbau ist bei Neuenbürg bereits etwa 500 v. Chr. nachweisbar. Im Zusammenhang mit dem Bergbau drangen die Kelten, wie schon erwähnt zum Beispiel im oberen Murgtal, weit in die Wälder der Mittelgebirge vor.

Obwohl es eine Kontinuität der Besiedlung seit der Steinzeit über die Bronzezeit hinweg gab, musste für die keltischen Siedlungen weiterer Wald gerodet werden. Die Oppida mit ihren Tausenden von Bewohnern haben sicher viel Holz verbraucht. Der Bergbau stellte neue Anforderungen an den Wald. Man brauchte Holz, um den Stein mit Feuer und Wasser zu sprengen, um die Schächte auszubauen, Salz zu sieden und Erz zu schmelzen. Vermutlich bediente man sich auch schon der Holzkohle.

Die Kelten haben, neben den Fundstätten, auch noch andere Spuren hinterlassen. Unzählige Namen von Bergen, Flüssen und Orten stammen aus der Keltenzeit (siehe Kasten auf der nächsten Seite).

Gegenüberliegende Seite: Worin manche Opferschalen für blutige keltische Rituale erkennen wollen, ist nichts weiter als das Ergebnis Jahrtausende währender Felsverwitterung.

DER WALD IN DER UR- UND FRÜHGESCHICHTE

Die späte Eisenzeit, in der das Klima immer feuchter und kühler wurde (Nachwärmezeit), war eine Zeit der Unruhe, es begannen Wanderungsbewegungen. Die Wälder drangen wieder vor, wurden dichter und finsterer.

In der Zeit des Mittellatène (etwa 300–150 v. Chr.) nahm die Bevölkerungsdichte deutlich ab, so auch der Holzverbrauch. In der darauffolgenden Spätlatènezeit (etwa 150–50 v. Chr.) gab es wieder mehr große Siedlungen, die bereits erwähnten Oppida, die Bevölkerung nahm wieder etwas zu, bis sie spätestens um die Mitte des ersten Jahrhunderts v. Chr. nach archäologischen Befunden stark abnahm. Weite Teile des baden-württembergischen Raumes waren damals offensichtlich so dünn besiedelt, dass der Geograf Ptolemaios (ca. 100–160 n. Chr.) das Gebiet für diese Zeit als »Helvetier-Einöde« bezeichnete.

Als die Römer schließlich nach und nach das Gebiet übernahmen, passte sich die übrig gebliebene keltische Bevölkerung der römischen Kultur an.

Die große Zeit der Kelten hatte also nur wenige Jahrhunderte gedauert. Mit der Besiedlung unseres Landes durch die Alamannen um 300 n. Chr. verschwinden die Kelten endgültig aus unserem Blickfeld. Manche Sprachforscher glauben, dass sie sich in entlegene Täler zurückgezogen hätten, worauf Ortsnamen wie Sasbachwalden (-walden = welchen bzw. welschen. »Welsche« war das germanische Wort für Römer und romanisierte Kelten), Welschenbollenbach, Welschensteinach, Welschenordnach, Welchental und so weiter hindeuten könnten. Sie sind mit der Zeit jedoch sicherlich in einer Mischbevölkerung mit Römern und Germanen aufgegangen.

Welche Rolle spielte nun der Wald tatsächlich in den Mythen und in der Religion der Kelten?

Wie die Kelten in einem Hain mit blutbesprengten Bäumen opferten, beschreibt schon der römische Schriftsteller Lucanus. Besondere Felsengebilde im Wald, wie das Heidentor bei Egesheim auf dem Heuberg oder der Petersfelsen bei Beuron, waren ihnen heilig. Hier findet man im Boden Opfergaben, wie Keramik, Schmuck oder Waffen und Reste von Brand- oder Speiseopfern. In manchen Wäldern, zum Beispiel bei Auggen im Markgräflerland oder bei Trossingen und Tuningen, hat man Spuren keltischer Viereckschanzen gefunden, die man früher für Kultstätten, heute aber für die Überreste keltischer Bauernhöfe hält.

EINIGE NAMEN KELTISCHEN URSPRUNGS

Landschaften: Alpen, Alb, Hegau, Kraichgau.
Berge: Belchen, Kandel, die Hegauberge Hohenhöwen, Hohenkrähen, Hohentwiel.
Flüsse: Main, Neckar, Tauber, Rems, Murr, Murg, Kinzig, Elz, Glotter, Dreisam, Wiese.
Ortsnamen: Lauda, Breisach, Zarten, Wehr, Minseln.

Große Bedeutung, das kennen wir aus »Asterix und Obelix«, kam der Eichenmistel (einer Verwandten unserer Mistel mit den kleinen weißen Beeren) zu. Sie wurde zu bestimmten Zeiten mit großer Feierlichkeit geschnitten und galt als Heilmittel für alle möglichen Krankheiten. Die Eiche als der Baum, auf dem die Mistel wuchs, galt ebenfalls als heilig; das Wort Druide für den keltischen Priester soll mit dem alten Namen für die Eiche zusammenhängen. Auch der römische Name für den Schwarzwald, »Silva Abnoba«, kommt von den Kelten, von Abnoba, der keltischen Göttin des Schwarzwaldes.

Ganz offensichtlich war den Kelten der Wald also nicht nur Hindernis und Gegner, sondern auch ein mythischer Ort, ein Ort für das Heilige.

Erst recht war das bei den Germanen der Fall. In der germanischen Mythologie trägt die Weltesche Yggdrasil die Erde und verbindet sie mit dem Götterhimmel und der Unterwelt. In ihrer Krone sitzen die Nornen, die Schicksalsgöttinnen der Germanen. Wenn die Weltesche verdorrt, naht der Untergang der Welt. Aus der Esche (dem Stammbaum!) »entstammt« der Mann und aus der Ulme die Frau. Dem Gott Odin war die Eiche gewidmet.

Die Germanen verehrten Bäume, Flüsse, Hügel und Schluchten und opferten dort Pferde oder Stiere. Wälder und Haine waren heilige Bezirke, in denen bei allem Streit Friede herrschte.

Die Eichenmistel, eine seit ältester Zeit bekannte Heilpflanze, wurde von den keltischen Druiden zu genau festgelegten Zeiten mit einer Sichel geschnitten. Dass diese Sichel, wie der römische Schriftsteller Plinius berichtet, aus weichem Gold war, muss man bezweifeln.

DER WALD IN DER UR- UND FRÜHGESCHICHTE

STROTZT GERMANIEN VON WÄLDERN UND SÜMPFEN?

Die römischen Schriftsteller waren sich einig: Ganz Germanien sei mit Wäldern und Sümpfen bedeckt (Plinius und Pomponius Mela). Und Tacitus fand in seiner »Germania« (98 n. Chr.) die Wälder schrecklich und die Sümpfe abscheulich. Vielleicht spielte da immer noch die Erinnerung an die schon fast hundert Jahre zurückliegende, entsetzliche Niederlage der Römer im Teutoburger Wald mit. Auf jeden Fall kannten die Römer ausgedehnte und dichte Wälder wie in Germanien aus ihrer Heimat nicht und erschraken über ihren Anblick.

Dichten Wald aus Tannen, Buchen und Fichten trugen aber allenfalls die Mittelgebirge. Große Gebiete im Voralpenland, im Neckarland, zwischen Odenwald und Schwarzwald, am Oberrhein, auf der Baar und im Hegau waren jahrhundertelang von einer Mischbevölkerung von Kelten, Germanen und »zugereisten« Galliern besiedelt gewesen. Der Wald war dort bereits kräftig zurückgedrängt worden. Anders lassen sich die auf die Beschreibung des Landes folgenden Nachrichten der römischen Schriftsteller über die Bevölkerung, die Wirtschaft und das Heerwesen der Germanen gar nicht verstehen.

Die Römer trugen ihrerseits kräftig dazu bei, den Wald zu roden und das Land zu besiedeln. Im Jahre 15 v. Chr. überschritten die Römer den Hochrhein. Bis 160 n. Chr. war die römische Provinz Germania superior durch Gebietserweiterungen im »Dekumatland« (zur Zahlung eines Tributes verpflichtetes Land) – das war das Land rechts des Rheines bis an den Main und die Donau – zu ihrer endgültigen Größe angewachsen. Um das eroberte Gebiet zu sichern, bauten die Römer den sogenannten Obergermanischen Limes (Limes = Grenzweg), der auf 550 Kilometern den Rhein (Bonn) mit der Donau (Regensburg) verband. Durch unser Land zog sich der Odenwald-Neckar-Limes, der unter Kaiser Trajan von 98 bis 117 n. Chr. erbaut wurde, von Hesselbach bis Bad Wimpfen. Unter Kaiser Antonius wurde der Limes um 160 n. Chr. nach Osten auf die Linie Miltenberg-Walldürn-Öhringen-Welzheim-Lorch verschoben. Bei Lorch bog er als Raetischer Limes von Nord-Süd auf West-Ost in Richtung Aalen und zur Donau bei Kelheim um.

Unter dem Ansturm der germanischen Völker zogen sich die Römer um 260 n. Chr. auf die Linie Donau-Iller-Rhein zurück. Um 330 n. Chr. errichteten sie einen letzten Wall am Hochrhein.

Der Limes bestand aus Palisaden, einem Graben, einem Wall und zusätzlichen Verhauen. Graben und Wall sind heute noch mancherorts im Wald

Rekonstruierter Wachturm am römischen Limes in Grab bei Murrhardt. Im Vordergrund der zum Grenzwall gehörende Palisadenzaun.

erkennbar. In Sichtweite wurden Wachtürme, zuerst aus Holz, später aus Stein, errichtet. Alle 10 bis 20 Kilometer gab es ein Kastell mit Besatzung. Im Bereich dieser Kastelle muss man sich auch ein Lagerdorf (Vicus) für den römischen Tross und einheimische Bevölkerung vorstellen, die mit den Legionären Handel trieb. Entlang der »Deutschen Limesstraße« wird man an vielen Orten zu Spuren des römischen Limes und zu rekonstruierten Anlagen gewiesen.

Die Errichtung des Limes machte umfangreiche Rodungen von Wald erforderlich. Interessanterweise verläuft zum Beispiel der Limes im Odenwald am Waldrand entlang der geologischen Grenze von Jura mit Landwirtschaft und von Keuper mit Wald. Als der Limes aufgegeben wurde, eroberte der Wald dann seine Fläche zurück.

Der Holzverbrauch zum Bau des Limes, für seine Besatzung und die Lagerdörfer muss ziemlich hoch gewesen sein. Man benötigte Holz für die Handwer-

ker und Brennholz. Insbesondere das Bad, das in keinem größeren Kastell fehlen durfte, verschlang große Mengen an Holz. Dafür wurde vermutlich intensiv Köhlerei für Holzkohle betrieben. Pferde und Rinder weideten im Wald.

Damit nicht genug: Die Römer siedelten im Hinterland des Limes Veteranen auf Bauernhöfen an. Überall im alten Siedlungsgebiet kennt man Gutshöfe, sogenannte Villae rusticae (rund 1000 davon sind in Baden-Württemberg sicher nachgewiesen), in denen zusätzlich viel Holz benötigt wurde. Schließlich kann man, als Schwerpunkte des Holzverbrauchs, eine ganze Liste von römischen Stützpunkten und bedeutenden Städten aufstellen.

Zwischen diesen und anderen Orten zogen sich die Straßen der Römer hin, die vielfach älteren Fernwegen folgten. Die Bergstraße nördlich von Heidelberg zum Beispiel hat einen römischen Ursprung: Die Heerstraße von Baden-Baden über Malsch-Ettlingen-Grötzingen berührte danach die römische Stadt Ladenburg und ging von dort weiter nach Norden. Eine wichtige Verbindung führte von Cannstatt über Rottweil und Hüfingen nach Schleitheim bei Schaffhausen und Windisch (Vindonissa) in der Schweiz. Quer durch unser Land verlief die Römerstraße von Mainz nach Augsburg über Cannstatt und über die Ostalb.

Besondere Bedeutung hatte die Verbindung von Straßburg (Argentoratum) nach Augsburg (Augusta Vindelicorum). Auf dieser musste man den Schwarzwald durchqueren, wofür sich das Kinzigtal anbot. Eine weitere West-Ost-Verbindung wird im Südschwarzwald zwischen den Kastellen in Riegel und Hüfingen vermutet.

Die Römerstraßen wurden ebenfalls durch Kastelle, wie das von Köngen (Grinario), am Neckarübergang der wichtigsten West-Ost-Verbindung, gesichert. Auf dem Brandsteig bei Schenkenzell im Kinzigtal sind die Überreste einer römischen Straßenstation zu besichtigen (ebenso bei Schuttern/Lahr). Diese Straßenstationen gab es an allen Römerstraßen in den damaligen Verkehrsmitteln entsprechenden Abständen. Auch wenn die Römer die Höhen der Mittelgebirge nicht besiedelten, erforderten ihre Straßen Rodungen in den »schrecklichen« Wäldern.

Gegenüberliegende Seite: Abguss einer Fortuna-Statue aus der rekonstruierten Villa rustica von Hechingen-Stein.

BEDEUTENDE RÖMISCHE ORTE

Römische Badeorte: Baden-Baden/Aquae; Badenweiler/Aqua Villae.

Römische Kastelle: Cannstatt; Heidenheim (römisches Kastell Aquileia); Hüfingen/Brigobanne; Köngen bei Esslingen/Grinario; Riegel/Rigola.

Römische Städte: Konstanz/Constantia; Ladenburg/Lopodunum; Pforzheim (Portus = Hafen); Rottenburg/Sumelocenna; Rottweil/Arae Flaviae.

DIE ALAMANNEN KOMMEN!

Immer wieder waren germanische Stämme aus ihrer Heimat weggezogen und bedrohten das römische Imperium. Den Zug herminonischer Sueben unter Ariovist nach Gallien stoppte Caesar 58 v. Chr. in einer Schlacht nahe Mulhouse im Oberelsass. Versprengte Reste dieser Sueben siedelten sich danach am Oberrhein (bei Ladenburg) und im Neckarland an.

Den entscheidenden Stoß gegen die Römer in unserem Gebiet führten die Alamannen. Das Wort bedeutet »alle Männer« und verrät, dass es sich um verschiedene Stämme handelte. Sie gehörten ebenfalls zu der großen Familie der Sueben; der wichtigste Stamm unter ihnen waren die Semnonen. Die Alamannen saßen ursprünglich in Mitteldeutschland, an der Elbe. Um 260 n. Chr. durchbrachen sie endgültig den Limes und besetzten das Land zwischen Rhein, Main, Donau und Bodensee, später auch die Nordschweiz und das Voralpenland zwischen Iller und Lech. Die Römer wurden an den Rhein zurückgedrängt. Nach heftigen Kämpfen mit diesen fiel nach 450 n. Chr. auch das Elsass an die Alamannen.

Das von den Alamannen eroberte Land wurde geplündert und verwüstet, die dort ansässigen Menschen flohen, feste Ansiedlungen wurden aufgegeben und die Bevölkerung ging zurück. Der Wald drang wieder auf ehemals besiedeltes Land vor. Die Buche, die ja schon durch die Entwicklung des Klimas (seit dem Beginn der Nachwärmezeit um 800 v. Chr.) profitierte, gewann dadurch weiter an Anteil gegenüber den anderen Laubbäumen.

Die Alamannen wurden aber allmählich aus kühnen Raufbolden zu sesshaften Bauern. Sie übernahmen in der Regel die römischen Anwesen nicht, sondern errichteten eigene Höfe in der traditionellen Art des Pfostenbaus mit Lehmwänden. Da jedes Anwesen aus mehreren Gebäuden bestand und von Holzzäunen umgeben war, brauchte man für die alamannischen Höfe viel Holz. Funde aus Bestattungen zeigen, dass die Alamannen als Schreiner, Drechsler und Schnitzer sehr geschickt mit dem Werkstoff Holz umgingen.

Die Zahl der Reste von Bauten aus der frühen alamannischen Zeit ist nicht übermäßig groß. Eine Siedlung bei Sontheim (Steinheim am Albuch), Pfostenhäuser auf dem Gelände der aufgegebenen Villa rustica von Hechingen-Stein und alamannische Holzeinbauten in der Villa rustica bei Wurmlingen/Tuttlingen sollen ebenso erwähnt werden wie die Höhensiedlung »Runder Berg« bei Bad Urach. Andere alamannische Höhenbefestigungen waren der Rudersberg bei Calw, die spätere Zähringer Burg/Freiburg und die Feimlisburg bei Kirchhofen im Breisgau. Kirchen aus der späten Ala-

Baumaterial Holz: Rekonstruktion mittelalterlicher Holzzäune in der Bachritterburg von Kanzach bei Buchau am Federsee.

mannenzeit werden zum Beispiel in Cannstatt und Stuttgart-Münster oder auf dem Mauracher Bergle bei Denzlingen/Breisgau und im nahen Waldkirch vermutet. Grabfunde sind zunächst selten, weil man die Toten wohl verbrannte. Später beerdigte man die Toten in Reihengräbern, die ganze Gräberfelder (»Alamannenfriedhöfe«) bildeten. Man hat im ganzen Land, außer im Inneren des Schwarzwaldes und der anderen Mittelgebirge, hunderte solcher Friedhöfe gefunden. Auch etliche Fürstengräber wurden entdeckt. Besonders viele alamannische Friedhöfe gibt es im Stuttgarter Raum, am Oberen Neckar mit dem berühmten Friedhof von Oberflacht und im Breisgau. Der größte alamannische Friedhof wurde, zusammen mit der zu ihm gehörenden Siedlung, bei Lauchheim auf der Ostalb ausgegraben. Da und dort fand man in den Gräbern der Spätzeit bereits Kreuze und andere christliche Symbole.

Da die Bevölkerung zunahm, rodeten die Alamannen ab dem 5. Jahrhundert n. Chr. immer mehr von dem vorgedrungenen Wald für neue Siedlungen. Die Einzelhöfe schlossen sich sippenweise zu ersten Dörfern zusammen. Die Dörfer der Alamannen sind an der Endung -ingen des Ortsnamens, der an den Namen eines Siedlers oder Adeligen angehängt wurde, zu erkennen. Auch die Endungen »-heim«, »-hausen«, »-hofen« und »-weiler« können

St. Trudpert im Münstertal wurde im beginnenden 9. Jahrhundert gegründet und ist eines der ältesten Klöster am Rand des Schwarzwaldes. Im Bild die barocke Klosterkirche.

noch aus der späten alamannischen Zeit (bereits unter fränkischem Einfluss) stammen.

Die »Landnahme« der Alamannen erfolgte ursprünglich ganz überwiegend im Altsiedelland. Am Rand der Mittelgebirge begannen sie dann dessen Grenzen allmählich zu überschreiten: am Schwarzwaldwestrand zum Beispiel im Raum Baden-Baden, am Nordrand bei Wilferdingen, am Ostrand bei Nagold und Horb (Altheim). Dasselbe Bild ergibt sich auf der Baar aus Gräbern bei Bachheim, Unadingen und Löffingen (5. bis 7. Jahrhundert n. Chr.). Andere Belege für die Ausweitung der Siedlungen im 6. Jahrhundert wurden für Löffingen, bei Hüfingen, Bräunlingen und Villingen gefunden.

Insgesamt war die alamannische Rodung und Siedlung zwischen 400 und 800 n. Chr. aber noch bescheiden, gab es doch in jener Zeit in ganz Deutschland schätzungsweise nur 500 000 bis 800 000 Menschen.

Das Ende der alamannischen Zeit begann mit der Zuwanderung eines neuen germanischen Volkes. Es waren die Franken, was »die Kühnen« oder »die Freien« bedeutet, ein Großstamm aus zahlreichen westgermanischen Stämmen. Um 250 n. Chr. wurden sie erstmals wegen ihrer Raubzüge nach

Gallien erwähnt. Bald setzten sie sich im ganzen römischen Gallien und rechts des Rheines fest. Dabei gerieten sie notwendigerweise in Konkurrenz zu den Alamannen. Ihr erster bedeutender Herrscher Chlodwig I. besiegte die Alamannen 496 bei Tolbiacum (vielleicht Zülpich in der Nordeifel, an der heutigen deutsch-belgischen Grenze). Danach besiedelten die Franken den Norden unseres Landes jenseits der heutigen Sprachgrenze, die etwa auf der Linie Gernsbach-Calw-Ludwigsburg-Crailsheim verläuft. Im restlichen Alamannien hatten sie die Oberherrschaft. Die Herzöge, die sie einsetzten, nahmen sie noch aus dem alamannischen Hochadel.

Alamannien erlebte zunächst eine friedliche Zeit. Die Alamannen verehrten nach wie vor ihre germanischen Götter Wotan, Donar und den Kriegsgott Ziu. Aber es konnte nicht ausbleiben, dass sie allmählich den christlichen Glauben, dem die Franken seit Chlodwig angehörten, annahmen. Eine besondere Rolle spielten dabei die irisch-schottischen Missionare. Diese siedelten, dem Vorbild der ersten Mönche in der Wüste Ägyptens folgend, mit Vorliebe in der Einöde der tiefen Wälder und errichteten dort ihre Klöster. Die bekanntesten unter diesen Mönchen waren der heilige Fridolin, der Ende des 6. Jahrhunderts Säckingen als erstes Kloster in unserem Land gründete, Trudpert im Münstertal, Landelin in Ettenheimmünster, Kolumban und Gallus am Bodensee. Die weitere Rodung und Besiedlung der Waldgebirge ging maßgeblich von ihren Gründungen aus. Um 700 war ganz Alamannien christlich geworden. Den Schluss machte das Allgäu unter dem heiligen Magnus (St. Mang).

Das friedliche Leben unter fränkischer Herrschaft hörte auf, als die Herzöge in den alamannischen Gauen immer mehr eigene Erwerbspolitik betrieben. Unter den fränkischen Hausmeiern begannen die Feldzüge der Franken gegen die aufständischen Alamannen. Auch die Reform der fränkischen Kirche unter Bonifatius und Pirmin, der das Kloster auf der Reichenau gründete, stärkte die fränkische Herrschaft. Nach einem weiteren Feldzug im Jahr 730 ließ Karlmann, der Sohn Karl Martells, die wichtigsten adeligen Anführer der Alamannen 746 nach einer Einladung zu einem Treffen in Cannstatt hinrichten. Damit war die Selbstständigkeit der Alamannen endgültig beendet.

Die Franken übernahmen die alamannische Gaueinteilung und setzten ihre eigenen Gaugrafen ein. Unter ihnen begann um 800 n. Chr. die große mittelalterliche Periode von Rodung und Landesausbau.

VOR DER GROSSEN RODUNG

Wie sahen nun die Wälder unseres Landes vor Beginn der großen mittelalterlichen Rodungsperiode aus? Von Natur aus gäbe es in Deutschland – außer auf extremen Standorten, in Küstengebieten und im Hochgebirge über der Baumgrenze, in Sümpfen und Mooren, Überschwemmungsgebieten, in extremen Steillagen, auf Geröllhalden und Felsen – fast überall Wald. In weiten Teilen unseres Landes, in den sogenannten Altsiedelgebieten, war der Wald damals jedoch durch Rodung, Viehweide und Siedlung bereits zurückgedrängt oder in seiner Zusammensetzung verändert. Schätzungen sprechen (für ganz Mitteleuropa) zu Beginn des Mittelalters von einem waldfreien Anteil von einem Viertel bis einem Drittel der Landesfläche.

Die verbliebenen Wälder unseres Landes machten also noch mindestens 66 Prozent der Landesfläche aus. Heute sind in Baden-Württemberg nur noch 39 Prozent der Landesfläche Wald.

Die Buche war in unseren Wäldern bei Weitem die wichtigste Baumart. Wir haben gehört, dass der Wechsel zu einem kühleren Klima ihre Ausbreitung verursachte. Wo die Menschen rodeten, siedelten und dann ihre Siedlungen wieder aufgaben, profitierte letztlich ebenfalls die Buche davon. Auch der Anteil der Eiche und der sonstigen Laubbäume war viel höher als heute. Von den Nadelbäumen besaß die Tanne bei Weitem den größten Anteil. Die Kiefer und die Fichte waren hingegen in unseren Wäldern noch sehr gering vertreten.

Aus der folgenden Karte lässt sich ablesen, welche Waldgesellschaften um die Zeitenwende in Südwestdeutschland vorkamen. Sonderstandorte wie Trockenhänge, Flussauen, Döbel, Moore und so weiter konnten in diesem Maßstab nicht berücksichtigt werden.

NATURNAHE GROSSGLIEDERUNG DER VEGETATION UM CHRISTI GEBURT

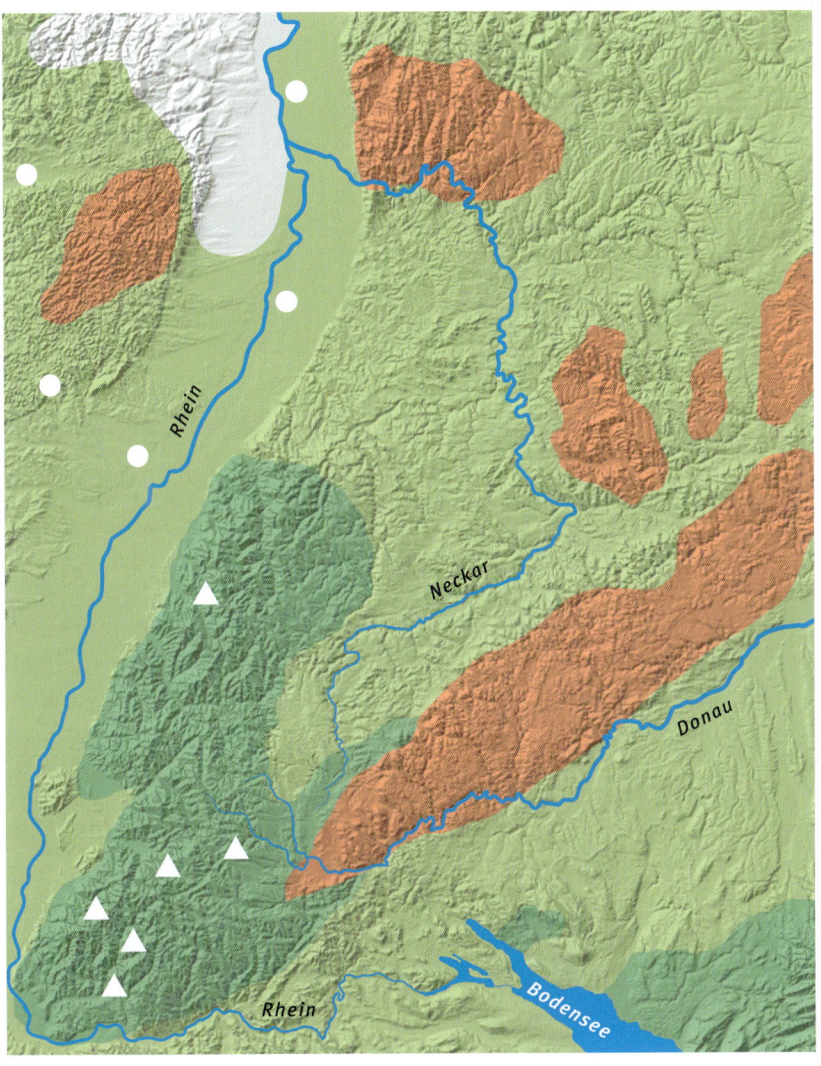

- Eichenmischwälder mit wenig Rotbuche; Trockengebiete unter 500 mm Niederschlag
- Rotbuchen-Mischwälder, z.T. mit starker Beteiligung der Eiche; weiße Punkte = Kiefer lokal vorherrschend
- Rotbuche, meist ohne Nadelhölzer; niedrige Mittelgebirge
- Buchenwald mit Tanne; weiße Dreiecke = subalpiner Buchenwald; Berglagen

DER WALD IM MITTELALTER

DIE EROBERUNG
DER MITTELGEBIRGE

Schwäbisch Hall um 1580. Die Hänge sind in der Salzsiederstadt wegen des enormen Brennholzbedarfs längst abgeholzt, auf dem Kocher bringen Flößer Holz zur Saline.

Die Historiker lassen das Mittelalter meistens mit dem Untergang Westroms 476 n. Chr. beginnen und mit der Eroberung Konstantinopels durch die Türken im Jahre 1453 oder mit der Reformation 1517 enden. Aus waldgeschichtlicher Sicht ist das Mittelalter die Zeit der großen Rodungen, weshalb wir unsere Darstellung mit der Rodungs- und Siedlungsperiode in der fränkischen Zeit beginnen.

Die Zeit der großen Rodungen reicht etwa von 800 bis 1400, mit einem Höhepunkt von 1100 bis 1300. Am Ende der großen Rodungen gab es in unserem Land weniger Wald als heute. Nach 1300 kam es schon wieder zu einem gewissen Vordringen des Waldes. Das erklärt sich einmal aus einer starken Verschlechterung des Klimas. Die angenehm warme Zeit des »Mittelalterlichen Hochs«, in dem Wein bis in die höheren Lagen der Mittelgebirge angebaut wurde, endete um 1350. Kriege, Hunger und Seuchen, wie die Pest,

54 DER WALD IM MITTELALTER

WALDHUFENDÖRFER UND EINZELHÖFE

Noch fast in ihrer ursprünglichen Form kann man Waldhufendörfer in dem Gebiet des Nordschwarzwaldes, welches die Grafen von Calw besiedelten (Beispiel: Beinberg bei Bad Liebenzell) oder im Enzkreis (Beispiel: Straubenhardt, westlich von Neuenbürg) entdecken. Ein typischer Fall von Einzelhofsiedlung ist Bernau im Schwarzwald, das vom Kloster St. Blasien besiedelt wurde. Heute sind aus den ehemaligen Einzelhöfen Ortsteile geworden, von denen einer noch den Namen Bernau-Hof trägt.

---

verminderten zum anderen nun die Zahl der Menschen. Die Übriggebliebenen konzentrierten sich auf zentrale Dörfer und Städte. Weiler und Dörfer wurden verlassen und zu »Wüstungen«.

Im Wesentlichen entsprach am Ende des Mittelalters die Verteilung von Wald und Feld der heutigen Verteilung. Der reizvolle Wechsel zwischen Wald und freier Landschaft, wie er gerade für unser Land typisch ist, entstand in jener Zeit. Er entstand im Kampf gegen den Wald, der in unseren Breiten immer bereitsteht, das vom Menschen aufgegebene Land zurückzuerobern.

Bei der mittelalterlichen Siedlung kann man zwei verschiedene Aktivitäten unterscheiden: Den frühen Ausbau der bestehenden Siedlungen durch neue Teilorte und die spätere Rodung und Besiedlung der nahezu unbewohnten Mittelgebirge vom Altsiedelland aus. Dementsprechend kann man verschiedene Formen der Siedlung unterscheiden. Der Siedlungsausbau erfolgte in der Regel in der herkömmlichen Form des Haufendorfes oder des Straßendorfes mit Einteilung der Markung in mehrere Gewanne. Hofraite und Äcker gehörten zu den einzelnen Höfen. Weide, Wald, Wege und Wasser blieben meistens gemeinsames Eigentum (sogenannte Allmende). Bei der Besiedlung der Mittelgebirge entstanden Waldhufendörfer, bei denen jeder Hof einen Streifen Eigentum von einer Hangseite zur anderen (Hufe oder Hube) erhielt, und Einzelhöfe.

Über die mühsame und gefährliche Rodung und Besiedlung unserer Heimat (man denke nur an die Einfälle der Normannen und der Ungarn, an Hungersnöte und Seuchen) gibt es – im Gegensatz zu der späteren Erschließung Nordamerikas – nur wenige Nachrichten, geschweige denn Bücher.

Für die erste Zeit der Besiedlung unter den fränkischen Herrschern, den Merowingern und den Karolingern, vom 6. bis zum Anfang des 10. Jahrhunderts ist man größtenteils noch auf die archäologischen Befunde (Gräberfelder, Reste der ersten Kirchenbauten) angewiesen. Im Hochmittelalter, im 10. bis 13. Jahrhundert, kommen die Reste von vielen Burgen, Kirchen, Klöstern und Bürgerhäusern dazu. Vor allem hat man jetzt aber schriftliche Zeugnisse über die Besiedlung unseres Landes. Freilich sind die Urkunden,

Vorhergehende Doppelseite: Ein Hudewald im Biosphärengebiet Schwäbische Alb.

DER WALD IM MITTELALTER

in denen es meistens um das Eigentum oder die Nutzung von Grund und Boden geht, auf den ersten Blick nicht so spannend wie die Berichte aus dem Wilden Westen. Nicht wenige von ihnen sind auch geschönt oder gar gefälscht, wie die Urkunde über die Gründung des Klosters St. Blasien aus dem 12. Jahrhundert. Trotzdem geben sie, besonders die Besitz- und Schenkungsverzeichnisse der Klöster, wie der berühmte Codex des Klosters Lorsch (1167 bis 1190), der Codex von Kloster Hirsau und das Schenkungsbuch von Kloster Reichenbach im Murgtal, den Forschern wichtige Hinweise.

Wie die Rodung im Mittelalter technisch vor sich ging, wird in diesen Urkunden kaum berichtet. In der Regel wird man zunächst die Bäume mit der Axt eingeschlagen, das Holz zum Hausbau oder als Brennholz genutzt und manchmal auch die Stöcke gerodet haben. Später kam die Brandrodung dazu, bei der man Abfallholz und Reisig flächenweise verbrannte und das Getreide in die Asche säte. Auf diese Brandrodung weisen viele Namen in den zuletzt besiedelten Mittelgebirgslagen hin.

Für die Rodung und Besiedlung war in jedem Falle jemand nötig, der das Land zur Verfügung stellte, Siedler anwarb, für Wege in das neue Land sorgte und die Siedler dort schützte. Diese Träger der Rodung und Besiedlung waren in der ersten Zeit der fränkische König und seine Gaugrafen. Alles herrenlose Land in dem eroberten Alamannien – dazu gehörte der Großteil des Waldes – fiel an den König. Aus alten römischen Gutshöfen wurden Königshöfe. Karl der Große erließ 795 n. Chr. eine lateinische Verordnung über die Bewirtschaftung dieser Domänen, in der es heißt: »Unsere Wälder und Fors-

> Ortsnamen wie Gschwend verweisen auf eine gerodete Fläche. Schwendbau ist eine Form des Ackerbaus, bei dem der Bewuchs der Fläche entfernt wird, die Wurzeln aber im Erdreich verbleiben.

AN IHREN NAMEN SOLLT IHR SIE ERKENNEN

Älteste Ortsnamen: Namen mit affa, ara, ida, lar, loh, mar, ter und stedt.
Aus der alamannischen und ersten fränkischen Zeit: Zuerst Namen auf -ingen, später Namen auf -berg, -dorf, -hausen, -heim, -hofen, -kirchen, -stetten und -weiler.
Aus dem späteren mittelalterlichen Landausbau: Namen auf -ach, -au, -bach, -born, -brunn, -feld, -furt, -garten, -leben, -ungen, -wangen und -wert.
Aus der großen mittelalterlichen Rodungsperiode (Mittelgebirge): Namen auf: -rade, -reut(h), -reutte, -ried, -rod(e), -rot(h), bra(ä)nd, -sang, -schwa(e)nd, -fels, -forst, -holz, -moos, -stein, -wald, -hagen, -hau, -schlag, -scheid, sowie Heiligennamen (St. Peter) und Baumnamen (Birkenreute, Buchen).

Beinberg, ein Ortsteil von Bad Liebenzell, ist ein klassisches Beispiel für die Besiedlung mit Waldhufen.

ten sind sorgfältig zu beaufsichtigen. Land, das zur Rodung geeignet ist, soll man roden und verhindern, dass Ackerland wieder von Wald überzogen wird. Wo Wälder sein müssen, sollen sie nicht übermäßig ausgeholzt und verwüstet werden.« Tatsächlich ist die Kolonisation neuen Landes oft von solchen Königshöfen ausgegangen. Als Beispiele sollen die Königshöfe am Nordostrand des Schwarzwalds in Dornstetten, Nagold und Oberiflingen dienen.

Bereits die fränkischen Herrscher waren bei der Verwaltung des Landes auf ihre Dienstmannen angewiesen. Im Laufe der Zeit entstand aus diesen Dienstmannen der Adel, dem die Könige und Kaiser immer mehr von ihrem Eigentum und ihren Rechten, den Regalien, übertrugen. Der Adel wurde so zum Grundherren und Träger der Besiedlung. Die Grundherren siedelten Bauern an, die das gerodete Land als Eigentum erhielten, dafür aber über lange Zeit Dienste leisten oder Abgaben an die Grundherren entrichten mussten. Teilweise über so lange Zeit, dass der Anlass dieser Belastungen vergessen wurde und die Abgaben immer unwilliger entrichtet wurden. Auch waren die Siedler nicht frei, in einen anderen Ort zu ziehen. Aus den

»Adam bebaut die Erde« heißt dieser Holzstich von Hans Holbein dem Jüngeren aus seinem Totentanz von 1538. Dabei wird der Wald zurückgedrängt.

»grundhörigen« Siedlern wurden »Leibeigene«, über die der »Leibherr« in allen Belangen verfügen konnte.

Die Geschichte der Grundherrschaften in unserem Land kann im Rahmen unseres Buches nicht dargestellt werden. Die Besitzverhältnisse änderten sich durch Zukauf, Lehen, Pfandherrschaft, Fehden, Heirat und Erbgang ständig. Im Laufe der Zeit bildeten sich die mächtigsten Adelsfamilien heraus und schufen sich Territorien, in denen sie als Landesherren herrschten. Die königliche Macht verfiel und die Reichsfürsten wurden immer mächtiger. Viele dieser Territorien hatten bis zu der Zeit Napoleons Bestand. Aus einigen von ihnen entstanden letztlich die heutigen Bundesländer.

Neben den adeligen Grundherren spielten die geistlichen Grundherren bei der Besiedlung neuer Gebiete eine wesentliche Rolle. Bischöfe saßen, wegen ihrer besonderen Bildung, jahrhundertelang an den Schaltstellen der königlichen Verwaltung. Geistliche Herrschaften wie Speyer, Mainz, Würzburg und Konstanz waren oft mächtiger als die weltlichen Herzog- oder späteren Fürstentümer der Zähringer, Fürstenberger, Welfen, Staufen, Württemberger, Zollern oder Hohenloher.

Von besonderer Bedeutung für die Kolonisation neuen Landes waren die Klöster. Bereits die ersten irisch-schottischen Missionare, die im 6./7. Jahrhundert das Christentum in unser Land brachten, gründeten Klöster (siehe Kasten). Die Klöster erhielten reiche Schenkungen an Land vom König und dem Adel. Dahinter stand einerseits der Wunsch, sich eine Altersversorgung, eine Begräbnisstätte und einen Platz im Jenseits zu sichern. Zum anderen ging es den Stiftern aber auch um die Befestigung ihrer Herrschaft und um die Rodung und Besiedlung neuen Landes. Vor allem die Benediktiner machten sich, getreu ihrem Wahlspruch »Ora et labora«, um die Förderung von Landwirtschaft und Gewerbe verdient. Die Klosterhöfe waren die Lehrmeister der Siedler; von ihren Außenposten, den »Mönchshöfen« oder »Bruderhöfen«, ging die Rodung und Besiedlung großer Teile der Mittelgebirge aus.

Man kann annehmen, dass viele Klöster im Schwarzwald, wie Hirsau, Klosterreichenbach, St. Blasien oder St. Peter, an bereits besiedelten Plätzen und nicht in der Wildnis begründet wurden. Auf jeden Fall waren sie Motoren der systematischen Urbarmachung des Gebirges.

Die Besiedlung neuen Landes konnte im Einzelfall auch unmittelbar von einer Urgemeinde und von einer Mutterkirche ausgehen. Vor allem in den späteren Siedlungsperioden spielten die immer mächtiger werdenden Städte, wie zum Beispiel Ulm und Ravensburg (Altdorfer Wald), eine Rolle bei der Urbarmachung neuen Landes.

Schließlich dürfen wir die freien Bauern nicht vergessen, die zum Beispiel im Hotzenwald, im Harmersbachtal oder im Allgäu (Reichsdorf Eglofs) siedelten. Die Bauern in diesen Gebieten waren freizügig, das heißt nicht an eine Erlaubnis zum Ortswechsel gebunden, konnten über ihr Eigentum frei verfügen, mussten niemandem Frondienste leisten, durften Waffen tragen und eine eigene Gerichtsbarkeit ausüben. Im Kriegsfall wurden sie zum Waffendienst gerufen, eine Verpflichtung, von der man sich nur durch Schenkung an ein Kloster befreien konnte. In Mainfranken gab es ebenfalls Zusammenschlüsse freier Bauern, die man »Zente« nannte. Sie besaßen eine gemeinsame Verwaltung, die hohe Gerichtsbarkeit (»Blutgericht«) und mussten im Kriegsfall gemeinsam Wehrdienst leisten.

Der Gang der Besiedlung in einigen Teilen unseres Landes soll in aller Kürze geschildert werden. Die Besiedlung der Rheinebene erfolgte vom östlich gelegenen Hügelland aus. Nicht gerodet wurde der Überschwemmungsbereich des Flusses und die zu feuchten sowie die zu trockenen, kiesigen Standorte.

FÜR DIE BESIEDLUNG WICHTIGE KLÖSTER

Rheinebene: Gottesaue (gegründet 1094), Neuburg (1130).
Odenwald: Amorbach (gegründet um 734), Fulda (744), Lorsch (764).
Kraichgau, Bauland: Maulbronn (vermutlich 1147 gegründet), Mosbach (erste urkundliche Erwähnung 826).
Schönbuch: Bebenhausen (1187 erste urkundliche Erwähnung).
Schwäbisch-Fränkischer Wald, Hohenlohe: Adelberg (gegründet 1178), Ellwangen (764), Lorch (1102), Murrhardt (um 750), Schöntal (1153).
Schwäbische Alb, Oberschwaben und Bodensee: Baindt (gegründet 1240), Beuron (1077), Blaubeuren (um 1085), Obermarchtal (um 775), Ochsenhausen (1090), Reichenau (724), Rot an der Rot (Mönchroth) (1126), Salem (um 1137), Weingarten (1056), Wiblingen (1093), Zwiefalten (1089).
Nordschwarzwald und Mittlerer Schwarzwald: Allerheiligen (gegründet 1195), Alpirsbach (1095), Frauenalb (1180/85), Gengenbach (8. Jahrhundert), Herrenalb (1148), Hirsau (8. Jahrhundert), Marxzell im Albtal bei Ettlingen (1255), Reichenbach/Murg (1082), Schuttern (angeblich 603).
Südschwarzwald: Urklöster, die unter anderem im Südschwarzwald Besitzungen hatten: Einsiedeln (835?), Reichenau (724), Rheinau (778), Säckingen (angeblich um 550 gegründet), Sankt Gallen (um 610), Allerheiligen in Schaffhausen (1049). Spätere Klöster: Friedenweiler (nach 1123), St. Georgen (1084), St. Märgen (1118), St. Peter (1093), Tennenbach (1160), St. Trudpert (zu Beginn des 9. Jahrhunderts), St. Ulrich (868/1087), St. Margarethen in Waldkirch (um 915).

Der Odenwald war um 700 bis 800 n. Chr. noch weitgehend Urwald. Die systematische Besiedelung aus den Altsiedelgebieten Rheinebene, Kraichgau und Bauland erfolgte ab dem 9. Jahrhundert. Zuerst wurden die fruchtbaren Talauen des Kristallinen Odenwaldes erschlossen (Buchen wird 773, Walldürn 775 zum ersten Mal erwähnt). Danach kamen die lehmigen Mulden des oberen Buntsandsteins. Der Innere Odenwald folgte zuletzt. Bis zum 14. Jahrhundert war die Besiedelung des Odenwaldes abgeschlossen.

Der Taubergrund war ebenso wie die Hohenloher Ebene Altsiedelgebiet. Auch das Neckarland war Altsiedelland, mit Ausnahme des Berglandes (Schurwald, Limpurger, Löwensteiner und Waldenburger Berge), wo die Besiedelung etwa 900 durch die Franken und später vor allem durch die Staufer begann. Der Siedlungsausbau wurde bis um 1300 abgeschlossen und in etwa die heutige Verteilung von Wald und Feld erreicht.

Der Schwäbisch-Fränkische Wald war fränkisches Königsland. Seine planmäßige Besiedlung begann bereits im 8. Jahrhundert n. Chr. von den

Einzelhofsiedlung im Schwarzwald. Im Bild ein Bauernhof bei St. Georgen. Gegenüberliegende Seite: Denkmal für den Klostergründer Pirmin (724) auf der Insel Reichenau.

DER WALD IM MITTELALTER

Gegenüberliegende Seite: Klöster (⛪) und Bergbau (⚒) waren für die Erschließung des Schwarzwaldes entscheidend wichtig.

Königshöfen (die oft an der Stelle früherer römischer Kastelle standen) aus und war gegen 1300 abgeschlossen. Verhältnismäßig spät (vom 9. bis zum 12. Jahrhundert mit Schwerpunkt um 1100) wurde der Virngrund vom Kloster Ellwangen und durch die Schenken von Limpurg besiedelt. Vor allem in der Zeit von 1400 bis 1450 entstanden zahlreiche Wüstungen. Im Ganzen sollen im Schwäbisch-Fränkischen Wald etwa 300 Wüstungen nachgewiesen worden sein. Der Waldanteil im Schwäbisch-Fränkischen Wald war also um 1300 geringer als heute.

Dasselbe Bild ergibt sich auf der Schwäbischen Alb. Die Zeit der großen Rodung und Besiedlung lag zum Beispiel auf der Ostalb zwischen 800 und 1200. Danach folgte, bis etwa 1400, eine Zeit der »Weilerstätten« (Wüstungen), in der der Wald wieder vordrang.

Auch in Oberschwaben begann der Siedlungsausbau mit den Karolingern und war im 12., teilweise auch erst im 14. Jahrhundert abgeschlossen. Eine Besonderheit des Allgäus war die sogenannte »Vereinödung«. Um die Mitte des 18. Jahrhunderts wurden aus Flächen im gemeinsamen Eigentum fernab von den Siedlungen neue Höfe gebildet. Man könnte von ersten Aussiedlerhöfen sprechen.

Auf der Baar wurde in den Wäldern auf den armen Böden des Grundgesteins und Buntsandsteins relativ spät gerodet. Die fruchtbaren Muschelkalkböden der Baar gehören dagegen zu den ältesten Siedlungsgebieten überhaupt.

Die Besiedlung des Nordschwarzwaldes begann zögerlich von den angrenzenden Gäulandschaften her. Früheste Spuren, zum Beispiel um Pforzheim und im Enztal (etwa bis Birkenfeld), führen in das 7./8. Jahrhundert n. Chr. zurück. Die Siedlungsgrenze zwischen den fruchtbaren Böden des Muschelkalks und dem kargen Buntsandstein hielt sich lange, bis ins 11./12. Jahrhundert. Es gab aber einzelne, frühere Vorstöße in das Gebirge im Zuge der Viehweide (Hochflächen westlich von Nagold und oberes Murgtal im 11. Jahrhundert) und des Bergbaus (im Murgtal um Forbach und auf der Hochfläche bei Bad Teinach zur selben Zeit). Die große Rodungsperiode begann dann im 11. Jahrhundert und dauerte bis zum Ende des 13. Jahrhunderts (erste Erwähnung von Herrenalb und Dobel 1148, von Neuenbürg – das aber bereits in der Keltenzeit große Bedeutung besaß – 1274). Die wichtigsten Siedlungsträger, neben den weiter oben genannten Klöstern, waren von Osten her die Pfalzgrafen von Tübingen, die Herren von Hohenberg, deren Erbe die Württemberger antraten, und die Grafen von Calw. Von Westen aus siedelten die Grafen von Eberstein, deren Nachfolger die Markgrafen von Baden-Baden wurden.

Auch im Südschwarzwald begann die Besiedelung vom Rhein her in den nach Westen und Süden weit geöffneten Talmündungen. Von Osten her wurde die Grenze zwischen dem Altsiedelgebiet der Baar auf Muschelkalk und dem Schwarzwald (Buntsandstein und Urgebirge) wahrscheinlich erst mit dem Siedlungsvorstoß der Herren von Hohenfirst um 1100 in großem

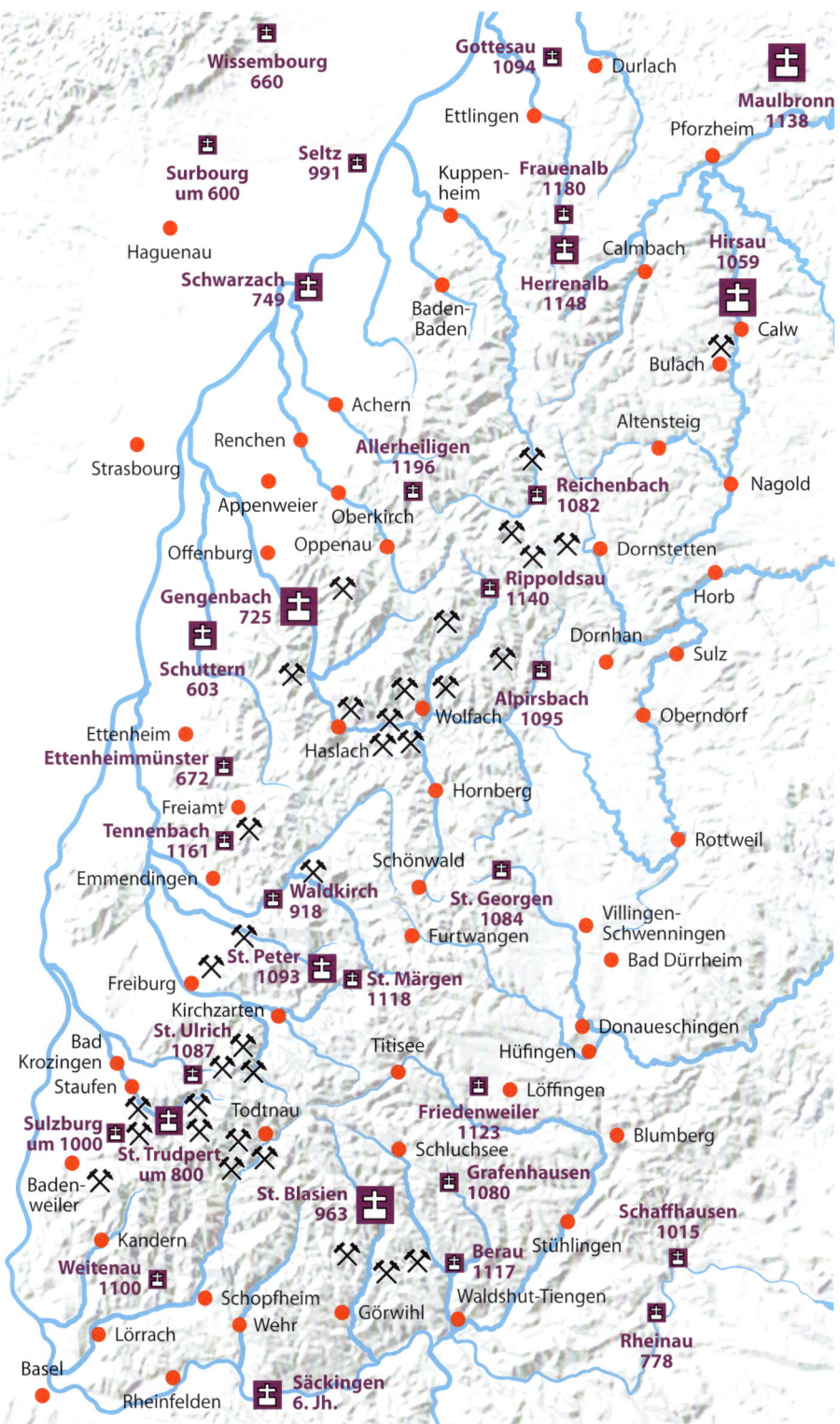

DER WALD IM MITTELALTER

Umfang überschritten. Dieser stieß im Raum Titisee mit der Besiedlung aus dem Dreisamtal zusammen. Von Süden her wirkten in dieser Zeit zunächst die Urklöster, vor allem St. Gallen, Reichenau, Rheinau unterhalb des Rheinfalls, Säckingen und Allerheiligen in Schaffhausen, als Träger der Mission und Besiedlung. Die späteren Rodungsklöster, vor allem St. Blasien, das sich 950 unter Reginbert von seinem Mutterkloster Rheinau ablöste, mussten sich ihre Siedlungsräume zwischen denen der Urklöster suchen. Um 1065 besiedelte Sankt Blasien zuerst das Menzenschwander Tal und das Bernauer Tal. Unter seinem Abt Arnold (1236–47) soll das Kloster St. Blasien einhundert Dörfer und viele Einzelhöfe besessen haben.

Für die innere Erschließung des Südschwarzwaldes war der Bergbau (ebenso wie im Nordschwarzwald) von großer Bedeutung. Der Kaiser hatte dem Bischof von Basel das Bergregal für den ganzen Südschwarzwald verliehen, worauf Hofsgrund am Schauinsland (1028) und die Besiedlung des Wiesentales zurückgehen (erste Erwähnung von Todtnau 1025, von Schönau im Wiesental 1113). Große Bedeutung für den Gang der Besiedlung hatten auch die alten Verkehrswege durch den Wald, wie die vermutete Römerstraße aus dem Rheintal nach Hüfingen oder der Weilersbacherweg und der Engebachweg vom Dreisamtal aus. Diese Wege wurden von den weltlichen Rodungsherren, wie den Herren von Weilersbach, von Falkensteig oder von Hohenfirst, benutzt. Geistliche Rodungsträger, neben dem bereits erwähnten St. Blasien, waren im Westen das von den Zähringern gegründete Kloster St. Peter und sein »Gegenkloster« St. Märgen (eine Gründung der kaisertreuen Haigerlocher), im Osten die Klöster Friedenweiler und St. Georgen.

FORSTEN UND WÄLDER IM MITTELALTER

Das Mittelalter war nicht nur das Zeitalter der großen Rodung und Besiedlung unseres Landes, sondern auch das Zeitalter der weiten unberührten Wälder. Wie kann man das verstehen?

Wir haben bereits gehört, dass die großen und geschlossenen Urwaldgebiete als herrenloses Gut galten und deshalb, nach römischem Recht, an die fränkischen Könige fielen. Dagegen wurden die Wälder im Bereich der Siedlungen gemeinschaftlich genutzt.

Die fränkischen Könige erklärten die geschlossenen Wälder zu »Forsten«. Damit schützten sie den Wald gegen Eingriffe durch Dritte. Sie allein konnten über den Wald und seine Nutzung bestimmten. Das lateinische Mutterwort für die Forsten, »forestis«, haben die Urkundenschreiber des fränkischen

EHEMALIGE KÖNIGSFORSTE

- **Die Hardtwaldungen:** Die sogenannten Hardtwaldungen lagen am rechten Rheinufer zwischen der Mündung von Murg und Neckar. Der Königsforst Lußhardt, ein Teil dieses Gebietes, wurde von Heinrich III. (er regierte von 1039 bis 1056) an das Bistum Speyer gegeben.
- **Der südliche Teil des Odenwaldes:** Er war königlicher Wildbann. 1012 erhielt ihn das Kloster Lorsch. Die Waldmark von Ladenburg erhielt ein Jahr vorher der Bischof von Worms. Die Heppenheimer Mark hatte Karl der Große bereits 773 dem Kloster Lorsch übereignet. Der Wimpfener Bannforst fiel 1419 an die Pfalz.
- **Der Wildbann in der Freiburger Bucht:** Er wurde 1008 von Heinrich II. dem Bischof Adalbero von Basel verliehen.
- **Der königliche Besitz um den Hohenstaufen:** Die Besitzung geht auf Friedrich von Büren, den Stammvater der Hohenstaufer und Schwiegersohn Heinrichs IV., zurück. Königsgut waren auch große Teile des Schwäbisch-Fränkischen Waldes. Der Forst im Virngrund wurde von Heinrich II. 1024 dem Kloster Ellwangen übertragen.
- **Der Altdorfer Wald:** In Oberschwaben war der Altdorfer Wald bei Ravensburg ein solcher Forst. Ursprünglich fränkisches Königsgut, kam er in den Besitz der Habsburger, die wiederum einen Teil des Altdorfer Waldes an die Erbtruchsesse von Waldburg und an die Klöster Weingarten, Baindt und Waldsee verliehen. Später hatten auch reiche Ravensburger Kaufmannsfamilien Anteil am Altdorfer Wald.

Hofes erfunden. Es tritt erstmals in einer Urkunde von 684 n. Chr. auf. Die Rechtshistoriker leiten »Forst« aus dem lateinischen »foris« (= außerhalb) ab, das heißt außerhalb der allgemeinen Nutzung. Später sprach man auch von »Wildbann«, was den Eindruck erweckt, der Schutz des Waldes sei ausschließlich eine Art Jagdrevierschutz gewesen. Das trifft aber nicht zu. Vielmehr bedeutet »Wild-« im Wort Wildbann einfach nur wildes, herrenloses Land. Der König bestimmte nicht nur über die Jagd, sondern auch über Rodungen im Forst, über die Holznutzung, die Waldweide, die Honignutzung und die Fischerei. Im Laufe der Zeit belehnten die Könige ihre weltlichen und geistlichen Dienstmannen mit ihren Rechten über einzelne Forste oder verpfändeten diese Rechte. Diese Territorialherren hatten bis zum Ende des Mittelalters in fast allen ehemaligen Königswäldern Eigentum und das Recht erworben, über den Forst zu bestimmen. Aus einigen Territorialherren wurden Landesherren, aus dem Wald landesherrlicher Wald und mit dem Ende der Monarchien Staatswald.

In Württemberg hielt sich der Begriff des Forstes lange. Sowohl in den Landtafeln von Gadner und Öttinger (1589 bis 1612) als auch im Kieser'schen Forstlagerbuch von 1683 bis 1685 werden große Waldgebiete, wie die von Kirchheim, Reichenberg oder Schorndorf, als »Forst« (Kirchheimer, Reichenberger oder Schorndorfer Forst) bezeichnet.

In der Grafschaft Zollern unterschied man zwischen den Gebieten der »Freien Pürsch« und der landesherrlichen Jagd. Etwa vierhundert Jahre prozessierten die Hohenzollern gegen das angestammte Jagdrecht der Bauern, das auch in den benachbarten altwürttembergischen Gebieten galt.

Das eigene Jagdrecht war für die Bauern, wegen der Schäden an Wald und Flur durch das Wild, das der Grundherr hegte, und durch dessen groß angelegte Jagden, enorm wichtig. Die Bauern, die kein Jagdrecht hatten, versuchten sich selbst zu helfen, indem sie wilderten. Kein Wunder, dass dieser Streitpunkt in den Forderungen der aufständischen Bauern im 16. Jahrhundert zentrale Bedeutung besaß.

Das Gegenteil der »forestis«, der »Forsten«, waren die »silvae communes«, die »Wälder« der Siedlungen, in denen jeder Markgenosse Holz nutzen, weiden, jagen und fischen durfte. Der Wald war nur ein Teil der »Allmende«, denn auch Weide, Wege und Wasser unterlagen der gemeinsamen Nutzung. Auch der Begriff der »silvae communes« tritt bereits im 7. Jahrhundert n. Chr. auf.

Nur bei der verhältnismäßig späten Einzelhofsiedlung erhielten die Bauern in den Mittelgebirgen von vorneherein eigenen Wald zugeteilt. Im Altsiedelland gehörte der Wald der Gemeinschaft der Siedler, den Markgenossen. Das germanische Recht kannte nur das Recht der Nutzung an einem Wald, aber kein Recht an Eigentum im heutigen Sinne. Der Begriff des Eigentums und seiner Grenzen stammt erst aus der beginnenden Neuzeit, in der man das römische Recht übernahm. In vielen Fällen umfasste eine Markgenossenschaft das Gebiet von mehreren, später selbstständigen Dörfern. Die ursprünglich freie gemeinschaftliche Nutzung musste im Laufe der Jahrhunderte geregelt werden, wofür die Genossen sich jährlich versammelten, Streitigkeiten schlichteten und über Frevler zu Gericht saßen. Die Verwaltung der Markgenossenschaft und der Vorsitz über die Versammlung

Gegenüberliegende Seite: Forstkarte von Georg Gadner aus dem Jahr 1589, hier der Stuttgarter Forst.

DER WALD IM MITTELALTER

Gegenüberliegende Seite: Dieses Denkmal auf dem Korker Bühl (Ortenaukreis) erinnert an den Stier, der um die Grenzen des Korker Waldes lief, danach tot umfiel und beerdigt wurde »wie ein Christenmensch«.

oblagen einem »Obermärker«, der von den Genossen gewählt wurde. Die Grenzen der Markgenossenschaft und die Regeln ihrer Nutzung wurden zuerst mündlich überliefert und erst später niedergeschrieben. Die ersten schriftlichen Regelungen finden sich in den sogenannten »Weistümern«, einer Art von Güterordnungen. Jacob Grimm (Grimms Märchen!) hat etwa 3000 Weistümer gesammelt, von denen aber nur wenige auch für den Wald wichtig waren. Auf sie folgten ab dem 15. Jahrhundert die »Waldordnungen«, entweder für eine einzelne Markgenossenschaft oder vom Landesherrn für ein größeres Gebiet erlassen (Beispiele: Weistum für das Dornstetter Waldgeding von etwa 1428, Waldordnung für den Speyer'schen Lußhardtwald von 1439, Waldordnung des Klosters St. Blasien für Todtnau von 1464, Waldordnung der Abtei Reichenau/Bodensee von 1519). In den Waldordnungen wurde geregelt, wie viel Nutz- und Brennholz jedem Markgenossen zustand, wo und wie es geschlagen und aus dem Wald gebracht werden sollte, wer die Bäume dafür bezeichnen sollte und ob Holz außerhalb der Gemeinschaft abgegeben werden durfte. Ihr Ziel war es, den Holzbedarf gering zu halten, damit die Waldnutzung nicht erschöpft würde. Für das Bezeichnen des Holzes und die Kontrolle der Nutzungen waren Waldhüter oder Förster nötig (Ordnung für die Waldhüter auf der Hardt – im Rheintal nördlich von Rastatt bis Mannheim – von 1495.) Bereits in der weiter oben erwähnten Güterordnung Karls des Großen ist übrigens von Förstern und Forstknechten die Rede. Einen »Forstmeister« gab es 1324 im fürstenbergischen Gebiet, zuvor schon 822 in den Vogesen.

Der Grundherr, ein Adeliger, ein Bischof, ein Kloster oder auch eine Stadt, hatte entweder von vornherein oder als Schutzvogt, der die Sicherheit des Gemeinschaftseigentums garantierte, ein Nutzungsrecht an der Markgenossenschaft. In vielen Fällen riss der Grundherr das Amt des Obermärkers und die Verwaltung der Markgenossenschaft an sich. Im Laufe der Zeit mehrten sich die Streitereien mit dem Grundherrn als Obermärker, der Eigentum am Markwald zu erlangen suchte, und die Streitigkeiten der Genossen untereinander. Die gemeinschaftlichen Wälder wurden allgemein übernutzt. Dort, wo sich die Rechte verschiedener Nutzer überlagerten und zu Streit führten, kümmerte sich schließlich keiner mehr um den gemeinsamen Wald. Die Wälder verwahrlosten. Als letzter Ausweg blieb schließlich die Aufteilung der Markgenossenschaft, wodurch die meisten heutigen Gemeindewälder, seltener auch Privatwälder, entstanden.

Häufig erhielten die Siedler keinen gemeinschaftlichen Wald, sondern nur Nutzungsrechte am Wald im Eigentum des Königs oder der Grundherren. Oder ehemalige Markgenossen erhielten Nutzungsrechte, wenn es dem Grundherrn als Obermärker gelungen war, das Eigentum am Wald der Markgenossenschaft zu erlangen. Diese Rechte auf Holz oder Waldweide und andere Nutzungen waren ursprünglich nur seit »unvordenklicher Zeit« gewährte Vergünstigungen. Später bekamen sie als Grunddienstbarkeiten Rechtscharakter. Auch die Nutzungsrechte waren Anlass zu ständi-

DER VIERDÖRFERWALD UND DER KORKER WALDBRIEF

Eine der am besten untersuchten Markgenossenschaften ist der »Vierdörferwald« nördlich von Emmendingen im Breisgau. Die Gemeinden Heimbach, Köndringen, Malterdingen und Mundingen besaßen mindestens seit 1269 gemeinsam eine große Waldallmende in den Vorbergen des Schwarzwaldes. Die Waldordnung von 1482 bestimmte, dass das Waldgericht alljährlich am sogenannten Hermannsbrunnen zusammenkommen sollte. Zum Gericht gehörten 24 Waldrichter (sechs aus jedem Dorf), dazu die vier Heimbürger oder Stabhalter, die reihum den Vorsitz führten. Alle sieben Jahre fand ein Grenzumgang statt, an dem alle Bürger über 14 Jahre teilnehmen mussten. Jungbürger erhielten an kritischen Grenzpunkten eine Ohrfeige, um sich später an den Grenzverlauf zu erinnern.

Ein anderes kraftvolles Dokument über eine Markgenossenschaft und ihr Waldgericht ist der »Korker Waldbrief« (Kork bei Kehl) von 1476. Die Korker Waldmark wurde von den Gemeinden Appenweier, Bodersweier, Kork, Linx und Windschläg gemeinsam genutzt. Schirm- und Bannherr war der Graf von Hanau-Lichtenberg. Wie in vielen anderen Fällen wird der gemeinsame Waldbesitz auf einen sagenhaften Stifter, Herrn Eppo von Fürsteneck und seine angebliche Gemahlin, Uta von Schauenburg, zurückgeführt. Diese hätten die Waldmark gestiftet, weil ihre Tochter, Jungfrau Stesel (=Anastasia), beim Tanz plötzlich tot umgefallen sei. Die Bestimmung der Grenzen der Markgenossenschaft geschah auf eine besonders originelle Weise: Ein junger Stier wurde ein Jahr lang in einen dunklen Stall eingesperrt, danach gesegnet und laufen gelassen. Da, wo er hinlief, sollten die Grenzen der Waldmark sein. Es wird berichtet, dass das Tier bis weit in den Schwarzwald hinauf und wieder hinunter zum Rhein lief und nach dem langen Weg auf dem Korker Bühl, dem Ort des Waldgerichtes, tot umfiel. Danach wurde der Stier »wie ein Christenmensch« beerdigt! Nach diesen sagenhaften Erzählungen wird im Waldbrief der Eintrieb der Schweine zur Eichelmast und die Holznutzung sowie die Verwaltung der Markgenossenschaft geregelt. Das Försteramt lag beim Kloster Allerheiligen (bei Oppenau). Der Graf als Bannherr erhielt anlässlich der Gerichtssitzung Hafer für seine Pferde (»Waldhafer«), Brot für seine Hunde, ein Huhn für seinen Habicht und selbst zweierlei Wein »vom besten«.

Der Wald war vor allem auch Jagdrevier des Adels: »Parforcejagd auf den Hirsch« aus Gaston Phoebus' »Le Livre de Chasse« von 1387.

gem Streit. Erst ihre Ablösung in neuerer Zeit ermöglichte eine moderne Waldwirtschaft.

Der Begriff »Forst« hat in unserer Zeit die Bedeutung eines »künstlich« angelegten Waldes, gegenüber einem »natürlichen« oder »naturnahen« Wald, bekommen. Ursprünglich war der »Forst« ein Wald, dessen Bestand und Nutzung besonders geschützt wurde, und der »Wald« dem gemeinschaftlichen Zugriff ausgesetzt. Die Weistümer und Waldordnungen bedeuten erste Bemühungen, den Bestand der Wälder und ihre Leistungsfähigkeit zu erhalten.

EIN WALD FÜR VIEH UND MENSCH

Der mittelalterliche Wald hatte in erster Linie der Landwirtschaft zu dienen. In den Wald trieb man große Herden von Schweinen ein, die sich von den Früchten der Waldbäume, von den Eicheln und Bucheckern, ernährten. Diese »Mastnutzung« hatte große Bedeutung, denn »die besten Schinken wuchsen auf den Bäumen«! Über die Menge der Schweine, die sich aus dem Wald ernährten, kann man nur staunen. In den 6000 Hektar großen Lußhardtwald des Bischofs von Speyer bei Bruchsal wurden um 1430 rund 20 000 Schweine eingetrieben. Für die Mast musste ein Entgelt bezahlt werden, das die Einkünfte aus Holz oft weit übertraf. Als der Eichenwald von Offenburg 1575 durch Insekten kahl gefressen worden war, wurden Frauen aus der Nachbarschaft des Waldes angeklagt, sie hätten als auf Besen fliegende Hexen Raupen und Käfer über dem Wald abgeworfen. Der Schweineeintrieb in den Wald dauerte an, bis man im 18. Jahrhundert die Schweinemast auf Kartoffel und eingeführte Futtermittel umstellen konnte.

Von ähnlicher Bedeutung, aber durch Viehtritt und Verbiss an jungen Bäumchen viel schädlicher für den Wald, war die Waldweide. Wir haben bereits gehört, dass die Waldweide, ebenso wie die Mastnutzung, schon in der Vorzeit betrieben wurde. Die Waldweide fand nicht nur in der unmittelbaren Umgebung der Siedlungen, sondern auch auf den abgelegenen Höhen der Mittelgebirge statt. Heute waldlose Hochlagen wie der Gipfel des Feldberges wurden frühzeitig beweidet und wegen des rauen Klimas nicht wieder vom Wald erobert. Von Natur aus würde auch auf den höchsten Bergen des Schwarzwaldes Wald wachsen. Die durch das Klima bedingte natürliche Waldgrenze würde beispielsweise für den 1493 Meter hohen Feldberg etliche Hundert Meter höher liegen. Die Waldweide hatte zur Folge, dass die Böden verdichteten und dass sich vor allem in dem regenreichen Nordschwarzwald um die Hornisgrinde Moore, die sogenannten Missen, bildeten. Aber auch in den übrigen Gebieten hatte die Waldweide verheerende Auswirkungen auf die Böden und auf den Zustand der Wälder. Schon bald »verhängte« man Waldteile, in denen junger Wald nachwachsen sollte, das heißt, man verbot den Eintrieb des Viehs und schützte diese Waldteile durch Einzäunung, man »hagte sie ein«.

Auch für die Waldweide werden gewaltige Zahlen an Weidetieren angegeben. In den Waldungen des Bistums Speyer (die schon erwähnte Lußhardt und andere) im Rheintal mit 8000 Hektar weideten 1732 2199 Stück Vieh aus elf Gemeinden und auf dem Kaltenbronn im Nordschwarzwald wurden um 1700 60 Herden mit 1707 Stück Vieh eingetrieben. Ohne die Waldweide hätte

man die für die Menschen nötigen Mengen an Milch- und Mastvieh im Mittelalter gar nicht halten können. Dabei waren die Rinder und Pferde noch gar nicht am schlimmsten. Ärgere Schäden am Wald richteten Schafe und Ziegen an, die mit Vorliebe an den jungen Zweigen, Blättern und Knospen naschen. Im Revier Waldenburg (Hohenlohe) waren zeitweise 2000 bis 3000 Schafe »zu Gast«. Deshalb wurden die Ziegenweide und die Schäferei im Wald auch schon frühzeitig in den Waldordnungen verboten (zum Beispiel in der Württembergischen Forst- und Holzordnung von 1552).

Während sich die Schweinemast im Herbst und Winter abspielte (meist von St. Michael, 29. September, bis St. Andreas, 30. November), trieb man das übrige Vieh in der Vegetationszeit, also im Frühling, Sommer und Herbst, in den Wald.

Die Waldweide dauerte in vielen Gebieten bis ins 19. Jahrhundert an. Durch die Stallhaltung des Viehs, die Verbesserung und intensive Düngung der Weiden und dank neuer Futtermittel, wie Kartoffel oder Mais, wurde sie überflüssig. Die Trennung von Wald und Weide in den Mittelgebirgen war eine Aufgabe, die bis in unsere Zeit hinein reichte.

Im Sommer und Herbst ernteten die Waldimker, die Zeidler, den Honig der wilden Bienen. Salweide, Linde, Fichte und Tanne sowie das Heidekraut waren die wichtigsten Pflanzen für die Waldtracht. Die »Zeidelweide« war ein altes Volksrecht wie »Eckerich« (Schweinemast) und Waldweide, aus dem ein

Waldweide im Sulzbachtal bei Mooswald im Schwarzwald.

königliches Regal entstand. Berühmt war die Bienenweide im Reichswald um Nürnberg, die die Grundlage für die Herstellung der berühmten Nürnberger Lebkuchen bildete. Im Schwarzwald war die Waldimkerei aber kaum weniger bedeutend. Honig war ja im Mittelalter die einzige Möglichkeit, Speisen und Getränke zu süßen.

Schließlich war man gezwungen, nachdem spätestens bis zum 14. Jahrhundert alle fruchtbaren Böden durch Rodung erschlossen waren, im Wald auch Ackerbau zu betreiben. Häufig wurde der Getreideanbau im Wald mit der Waldnutzung für Brennholz verbunden. Wenn die etwa 20- bis 40-jährigen Brennholzwälder eingeschlagen waren, verbrannte man das übrig gebliebene Reisig und was auf dem Boden an Moos, Farnen und Beerkräutern gewachsen war. In die Asche säte man ein- oder mehrmals Getreide, bis die jungen Triebe aus den Stöcken (Stümpfen) der geernteten Bäume so groß waren, dass unter ihnen nichts mehr wuchs. Diese Verbindung von Stockschlagwald, den die Fachleute »Niederwald« nennen, und Ackerbau wurde im Odenwald als »Hackwald« und im Schwarzwald als »Rütte« (oder »Rütti«) bezeichnet. Man konnte das Getreide wegen der aufkommenden Stockschläge nicht mit der Sense, sondern nur mit der Sichel schneiden, was wiederum für die Strohdächer der Bauernhäuser (für das sogenannte Schaubenstroh) ideal war. Im Schwarzwald lebt der Ackerbau im Wald im Flurnamen

Schweinemast im Wald. Monatsbild November eines unbekannten Malers aus dem Breviarium Grimani, um 1510.

»Egerten« weiter. In Oberschwaben war der Waldfeldbau üblich. Man legte im Wald die sogenannten Hochäcker (zur Wasserableitung erhöhte Äcker) oder »Witraiten« an und besäte sie so lange mit Getreide, bis ihre Fruchtbarkeit aus dem Waldhumus erschöpft war. Danach säte oder pflanzte man Fichten und andere Bäume auf dem Acker. Diese Kombination von Waldnutzung und Ackerbau hielt sich bei uns bis ins 19. Jahrhundert und spielt heute noch in den Tropen und Subtropen eine große Rolle.

HOHE HOLZZEIT

Das Holz war, neben der Wasserkraft, der wichtigste Energieträger des Mittelalters. Als Brennholz und Reisig wurde es in Stadt und Land verfeuert. Es lieferte Wärme, diente zum Kochen und Backen und gab, als offenes Feuer, Fackel oder Kienspan, Licht. Wie viel Holz man, vor allem in den Mittelgebirgen, allein zum Heizen benötigte, zeigt das Beispiel von Villingen. Dort musste man durchschnittlich acht Monate im Jahr heizen. Ein Haushalt verbrauchte dafür jährlich 50 Raummeter Holz (ein »Raummeter« ist ein Holzstoß von je 1 Meter Länge, Breite und Höhe. Zwischen den einzelnen Hölzern bleibt – im Gegensatz zu einem »Festmeter« – Luft).

Bergleute, Glasmacher, Salinen, Kalkbrenner, Ziegeleien, Schmiede, Töpfer, Gerber, Brauer, Metzger, Bäcker, alle brauchten Feuerholz für ihre Produktion. Dafür verbrannten sie entweder das Holz direkt oder erst, nachdem es von den Köhlern zu der intensiver und anhaltender brennenden Holzkohle verarbeitet worden war. Die Köhlerei, die schon in vorgeschichtlicher Zeit betrieben wurde, war im Mittelalter sehr verbreitet, wie die Namen vieler Forstorte (Köhlgarten, Kohlerhau, Kohlerhof, Kohlplatz) und die »Kohlplatten« (Überreste der Kohlenmeiler im Boden) zeigen. Für die Köhlerei musste in den herrschaftlichen Wäldern und in den Wäldern der Markgenossen eine Abgabe bezahlt werden.

Die Köhlerei war nur eines von zahlreichen, längst ausgestorbenen Waldgewerben. Holzasche erzeugten die Aschenbrenner. Rohe Holzasche diente im Mittelalter zum Wäsche waschen. Für die Glaserzeugung benötigte man große Mengen von Pottasche, chemisch gesprochen Kaliumkarbonat, die in einem eisernen Gefäß (dem »Pott«) durch Verdampfen von Aschenlauge gewonnen wurde. Andere Holzprodukte waren Ruß aus den »Rußhütten« sowie Teer und Pech aus den »Salbeöfen«, die wiederum Grundlage für einen ganze Reihe wichtiger Produkte wie Druckerschwärze, Stiefelwichse oder Wagenschmiere waren.

Die Harznutzung an Fichten und Kiefern war gegen Ende des Mittelalters weit verbreitet. Im Virngrund wird bereits 1335 von ihr berichtet. Ihre Bedeutung lässt sich aus der Vergabe von Harznutzungsrechten als herrschaftlichen Lehen ablesen, wie zum Beispiel aus dem Harzbrief Graf Heinrichs von Fürstenberg für die Obere Herrschaft in Rippoldsau (Wolftal im Mittleren Schwarzwald) von 1469. Durch die Harznutzung wurde die natürliche Verbreitung der Fichte im Schwarzwald vom Menschen beschleunigt, weil man

Geheimnisvolles Köhlerhandwerk. Dieses Bild, wie aus dem »Kalten Herz« von Wilhelm Hauff, entstand in unserer Zeit bei Baiersbronn. Gegenüberliegende Seite: Hier, im Freilichtmuseum »Alte Waldgewerbe« in Enzklösterle, werden gedämpfte Fichtenäste zu »Floßwieden« gedreht.

sie wegen ihrer Eignug zum Harzen besonders bevorzugte. Für den Wald war die Harznutzung sehr schädlich. Die geharzten Fichten wurden bis aufs Holz verletzt und ließen in ihrem Wachstum nach. Von den Wunden aus entwickelte sich Rotfäule. Die beschädigten Bäume wurden das Opfer von Schnee und Sturm.

Alle diese Waldgewerbe wurden bis ins 18. und 19. Jahrhundert betrieben. Im Mittelalter schadeten sie dem Wald noch wenig. Das änderte sich erst, als vom 16. Jahrhundert an immer mehr Bergwerke, Eisenhämmer, Glashütten und Salinen zu Gunsten der herrschaftlichen Kassen betrieben wurden.

Das Holz war im Mittelalter der wichtigste Baustoff. Die meisten Gebäude wurden in Blockbauweise oder als Fachwerkbauten, also mit hölzernem Tragwerk, errichtet. Lediglich monumentale Bauwerke, wie die großen Kirchen der Romanik und Gotik, wie Rathäuser und Burgen, wurden aus Stein erbaut. Aber auch für ihren Bau brauchte man viel Holz für Fundamente, Gerüste, Dachstühle und Decken, für Kräne und Hebewerke.

Immer wieder legten gewaltige Brandkatastrophen ganze Dörfer und Städte mit Holzbauten in Schutt und Asche. Vor allem in den Städten baute man nun Steinhäuser, aber deren Oberstock war in der Regel immer noch aus Holz. Wegen der Brandgefahr legte man Scheunen und Mühlen an den Rand der Orte und ging vom offenen Feuer zu Öfen (Kachelöfen) über.

EIN FREILICHTMUSEUM FÜR ALTE WALDGEWERBE

Wer etwas mehr über die alten, ausgestorbenen Waldgewerbe wissen will, sollte nach Enzklösterle fahren. Dort wurden sie durch den früheren Forstamtsleiter Oswald Schoch erforscht und anschaulich gemacht. Am dortigen Köhlerweg steht die einzige Rußhütte, die im Schwarzwald erhalten geblieben ist. In ihr wurden stark harzhaltige Teile von Nadelbäumen wie Kienholz, Zapfen und Reisig sowie die sogenannten Harzgrieben (Überreste vom Harzsieden) mit geringer Luftzufuhr verschwelt. Das Endprodukt war der Kienruß. In früherer Zeit war der Kienruß der einzige schwarze Farbstoff und wurde deshalb vielseitig benötigt.

Auf dem folgenden Weg ins Rohnbachtal fährt man zunächst an einem Floß vorüber, wie sie früher auf der Großen Enz gebräuchlich waren. Das Schaufloß besteht aus drei Teilen (Gestören), ist 30 Meter lang und besteht aus 17 Kubikmeter Holz.

Beim Waldparkplatz wird man auf eine alte Erdriese (eine künstlich angelegte Rutsche) aufmerksam gemacht, auf der die Holzhauer die gefällten Stämme hinunter an das Floßwasser gleiten ließen. Weiter im Tal aufwärts kommt man zu einer Hütte, vor der von Zeit zu Zeit ein Kohlenmeiler errichtet wird. Hinter der Hütte steht eine Kiefer, in deren Rinde zur Harzgewinnung tiefe Rinnen (die sogenannten Lachten) gekratzt wurden. Im Wiedenofen dämpfte man Fichtenzweige, bis sie so biegsam waren, dass man die Stämme in den Flößen mit ihnen »einbinden« konnte.

Ein Glanzstück des kleinen Freilichtmuseums ist ein »Salbeofen«. Beim »Salbe- oder Schmierebrennen« wurde harzhaltiges Holz aus den Wurzelstöcken der Kiefer trocken destilliert. Das heißt, das Holz wurde nur durch Wärme, ohne Sauerstoffzufuhr, in seine Bestandteile zerlegt (genauso macht man Koks aus Kohle). Dabei gewann man zuerst »Teerwasser«, dann Kienöl und Holzteer und zuletzt zähes Pech. Man benötigte diese Produkte für Arzneimittel, in der Gerberei, als Wagenschmiere und zum Abdichten beim Schiffsbau.

Gegenüberliegende Seite: Kiefer mit den typischen Einschnitten (»Lachten«) zur Harzgewinnung.

Holz benötigte man auch für die vielen Mühlen, die zu jeder Siedlung gehörten, für Brücken, Wehre, Hafenanlagen, Bohlenwege, Brunnen und Wasserleitungen, die aus durchbohrten Stämmen (»Deicheln«) bestanden.

In den Dörfern gab es massenhaft hölzerne Zäune um die Grundstücke. Der Wein wuchs an hölzernen Rebstecken. Aus Holz waren Wagen und Schlitten, Pflüge, Stiele für Hacken und Sensen, Rechen und andere Geräte, ebenso wie die Zuber und die Fässer für den Wein. Man muss sich einmal klar machen, wie viele von diesen Dingen heute aus Eisen, Blech, Draht, Beton oder Kunststoff hergestellt werden.

Schließlich war das Holz der wichtigste Rohstoff für viele Handwerker, die aus ihm Möbel, Kisten und Gefäße, Küchengerät, Besen und Bürsten, Werkzeuge, Musikinstrumente, Spielzeug und Waffen herstellten.

Die Markgenossen bekamen das benötigte Holz lange Zeit umsonst. Gegen Ende des Mittelalters mussten sie einen kleinen Betrag für das Anzeichnen des Bauholzes durch den Förster bezahlen. In den herrschaftlichen Wäldern mussten die Bauern für den Bedarf an Holz zunächst naturale Abgaben (Hafer, Hühner, Eier und anderes) oder Frondienste leisten. Geldzahlungen wurden zuerst für den Schweineeintrieb, später für Bauholz fällig. Geld für Brennholz verlangte man von fremden, nicht berechtigten Personen erst gegen Ende des Mittelalters. Im 15. Jahrhundert entwickelten sich so langsam der Holzhandel und der Verkauf von Holz auf speziellen Märkten. 1442 ließ der Bischof von Speyer in Udenheim bei Philippsburg ein Holzmagazin errichten.

Das Holz war der universelle Energieträger, das wichtigste Baumaterial und der bedeutendste Werkstoff des Mittelalters. Das ganze Leben, die ganze Wirtschaft beruhte auf dem Holz. Man hat geschätzt, dass der Verbrauch an Holz je Kopf der Bevölkerung im Mittelalter 12 bis 16 Festmeter betrug. Heute sind es etwa zwei Festmeter.

Wir haben bereits gehört, dass in den Weistümern und Waldordnungen des späten Mittelalters nicht nur die Waldnutzung geregelt, sondern auch der sparsame Umgang mit Holz angestrebt wurde. Im Ganzen hat der hohe Verbrauch an Holz und die Viehweide bis gegen Ende des Mittelalters bei uns (anders als im Mittelmeerraum) allenfalls da und dort, vor allem in Ortsnähe der fruchtbaren Landstriche, zu Übernutzung und Verwüstung der Wälder geführt. Das liegt in erster Linie daran, dass viele Wälder noch unzugänglich waren und dass der Fernhandel mit Holz noch wenig entwickelt war.

Die Sägewerke arbeiteten fast ausschließlich für den örtlichen Bedarf. Die ersten Sägen gehörten den Grundherren, den Städten oder den Klöstern. Bereits im 11. Jahrhundert gab es eine herrschaftliche Säge in Rotenfels im Murgtal. 1298 wird die erste Sägemühle in Freiburg, 1314 in Pfaffenweiler im Brigachtal, 1339 in Peterzell bei St. Georgen und 1350 in Todtnau erwähnt. Im Virngrund gilt die Säge von Keuerstadt (vor 1337) als die älteste. 1430 gab es im Virngrund schon sechs Sägen und im Schwäbisch-Fränkischen Wald im 14./15. Jahrhundert neun Sägen.

Den Wassertransport des Holzes brachten schon die Römer zu uns. In Urkunden ab dem 13. Jahrhundert ist öfters von der Flößerei zu lesen. Das Holz dafür wurde zuerst nur in der Nähe des Floßwassers geschlagen. In unserem Land gab es die Flößerei zu Anfang des 14. Jahrhunderts auf der Kinzig (1339 bei Gengenbach), auf dem Neckar, der Enz und der Nagold (Vertrag von 1342), auf dem Kocher 1399, auf der Schutter 1439 und auf der Murr 1469. Die kleineren Gewässer waren damals noch nicht für die Flößerei ausgebaut. Auf der Holzausfuhr ruhten außerdem hohe Abgaben. Die hohe Zeit des Holzexports und der Flößerei begann erst mit dem 16. Jahrhundert.

Die Nutzung der Wälder führte im Mittelalter, wie gesagt, in der Regel noch nicht zur Waldverwüstung. Dagegen haben sich die Nutzungen, wie in der Frühzeit, auch im Mittelalter auf die Zusammensetzung und den Aufbau der Wälder ausgewirkt. Einige Beispiele dazu: Die Eibe (ein sehr schattenertragender und langsamwüchsiger Nadelbaum) wurde bereits im Mittelalter weitgehend ausgerottet, weil ihr Holz für Waffen (Bögen und Armbrüste) so begehrt war. Die Buche treibt nur ungern neue Triebe aus dem Stock und wurde deshalb in den Brennholzwäldern durch die Hainbuche verdrängt. In Siedlungsnähe gab es deshalb mehr Eichen-Hainbuchen- als Buchenwälder. Andererseits wurden die Eiche, die Buche und das Wildobst wegen der Schweinemast auf Kosten der anderen Laubbäume besonders geschont und gefördert. Das Kloster Salem vereinbarte bereits 1210 mit den Bauern von Oberzell, dass Eiche, Buche und Tanne nicht als Brennholz genutzt werden dürften. Und die Fichte wurde, weil ihr Harz so begehrt war, im späten Mittelalter ebenfalls gefördert und da und dort auch schon gesät oder gepflanzt.

DER BEGINN DES SACHKUNDIGEN WALDBAUS

Damit sind wir bei der Frage angekommen, ob die Wälder im Mittelalter bereits planmäßig bewirtschaftet, verjüngt und gepflegt wurden. Darüber geben uns wiederum die Weistümer und Waldordnungen einige Aufschlüsse.

Zunächst dürfte überall die regellose Nutzung einzelner Stämme, der Forstmann spricht von »ungeregelter Plenterung«, üblich gewesen sein. Man holte das Holz, wo das am leichtesten vonstattenging, und brachte es auf immer neuen und immer schlechteren Wegen aus dem Wald. Fernab der Siedlungen hielt sich der ungenutzte dichte Wald.

In den ortsnahen Laubwäldern entwickelte sich früh der sogenannte »Niederwaldbetrieb«. Die Bäume, die man als Brennholz nutzte, wie Hainbuche, Weide, Aspe, Esche, Erle oder Hasel, hieb man etwa 15- bis 30-jährig am Stock (Stumpf) ab. Aus den Stöcken kamen neue Triebe, die sogenannten »Stockausschläge«, die man nach einiger Zeit wieder nutzen konnte. Der Niederwald war der erste vom Menschen bewusst geformte Wald. Er war wohl schon im Altertum bekannt. Erste urkundliche Hinweise gibt es in unserem Land im 13. Jahrhundert (Bistum Speyer 1219, Odenwald 1290). Im Niederwald konnte man auch zuerst eine planmäßige und nachhaltige Nutzung einführen. Wollte man das Brennholz zum Beispiel mit 30 Jahren ernten, dann durfte man jedes Jahr nur den dreißigsten Teil des Waldes einschlagen. Allerdings musste man anschließend die Schlagflächen gegen den Verbiss durch das Weidevieh durch »Einhagen« schützen. So entstand der Begriff der »schlagweisen Wirtschaft«, der am Ende des Mittelalters allmählich auch auf die übrigen Wälder angewandt wurde (zum Beispiel in der Württembergischen Landordnung von 1495). Auch in ihnen sollte jeweils nur in einem Schlag Holz geerntet und der restliche Wald in Ruhe gelassen werden. Und auch dort mussten die Schläge gegen das Weidevieh »gehegt« und eingezäunt werden. Eine geregelte Wirtschaft in den Nadelwäldern wurde für die Wälder der Murgschifferschaft (siehe unten) bereits um 1400 gefordert.

Die masttragenden Bäume, wie Eiche, Buche oder Wildobst, ließ man im Niederwald bald bewusst stehen (sie wurden »übergehalten«). Starke Eichen waren auch als Bauholz gefragt. Die Schonung der Eichen wird zum Beispiel in der Bischöflich Speyer'schen Waldordnung von 1428 geboten. Im Mooswald der Stadt Freiburg wird bereits 1289 über Schläge mit einem Überhalt von älterem (Eichen-)Oberholz berichtet. So erhielt man Wälder mit einzelnen älteren, höheren und stärkeren Bäumen über zahllosen jungen, dünnen

So sah Niederwald aus Stockschlag aus. Ziel dieser Waldbewirtschaftung war ausschließlich Brennholz.

Stockausschlägen. Einen solchen Wald nennt der Forstmann »Mittelwald«. Der Gegensatz von Nieder- (und Mittelwald) aus Stockausschlag ist der »Hochwald«, der aus dem Samen der alten Bäume oder aus künstlicher Saat und Pflanzung entstanden ist.

Wann begannen die Menschen Bäume zu säen oder zu pflanzen? Derartige »Kulturmaßnahmen« kannte man bereits in der Antike. In Norddeutschland steckte man Eicheln oder pflanzte man schon sehr früh Eichenpflanzen in Feldhecken, an die Höfe und vielleicht auch in den Brennholzwald. Erste Nachrichten über die Kultur von Laubbäumen in unserem Land stammen aus dem 14. Jahrhundert. In den Forstordnungen für die Bischöflich Speyer'schen Waldungen von 1517 und 1528 werden erstmals Anweisungen für die Saat und Pflanzung von Laubbäumen und für die Anlage von Pflanzgärten (Eichelgärten zur Anzucht von Eichenpflanzen) gegeben. Die württembergische Forstordnung von 1552 schrieb die Saat auf Kahlhieben ohne Naturverjüngung im Laubwald vor.

Die Nadelholzsaat wurde in Nürnberg entwickelt. 1368 versuchte der dortige Handelsmann Peter Stromer »Tannen« zu säen (unter »Tannen« verstand man früher alle Nadelbäume; Stromer säte auf den armen Sandböden wohl zuerst Kiefern). Er hatte Erfolg, und Nürnberger »Tannensäer« wurden bald auch in andere Gebiete gerufen. 1498 wird über ihre Saat von Kiefern in der Karlsruher Hardt berichtet. Die Nachzucht der Eiche war dort nicht erfolgreich gewesen. 1568 wurde im Jungholz bei Biberach an der Riß und in den Wäldern des benachbarten Klosters Ochsenhausen erstmals Fichte gesät; in Amorbach im Odenwald 1577 und im Schönbuch 1623.

Im späteren Mittelalter entwickelte man also erste Formen einer bewussten und nachhaltigen Waldbewirtschaftung. Die alte Kunst, Bäume zu säen und zu pflanzen, wurde nun auch auf die Wälder angewandt.

IM WALD, DA SIND DIE RÄUBER

Wir haben gehört, dass sich das Wort »Forst« vom lateinischen »foris« (= »draußen«), das heißt außerhalb der allgemeinen Nutzung, ableiten lässt. Der amerikanische Philosoph Pogue Harrison hat das als »außerhalb der menschlichen Zivilisation« gedeutet. Der Wald ist für ihn die Gegenwelt der Kultur. Draußen im dichten, finsteren Wald lebten unheimliche Gesellen: Gesetzlose wie Robin Hood, Ausgestoßene wie Genoveva, Räuber wie die später in Südwestdeutschland berühmten Hannikel, Konstanzer Hanß oder der Schwarze Veri, wilde Männer, Elfen, Gespenster und Dämonen. Außerdem wimmelte der Wald von gefährlichen Tieren wie Bären, Wölfen und vielleicht auch – Drachen.

Im Märchen werden die Kinder des armen Holzhauers im Wald ausgesetzt und finden dort das Hexenhaus aus Lebkuchen. Und auf Rotkäppchen lauert im Wald der böse Wolf. Die Reihe von Märchen, in denen der Wald eine ungute Rolle spielt, ist fast endlos fortsetzbar. Der Wald war demnach auch die Grenze zwischen den Menschen und dem Märchenland.

Den Heiligen, die als Missionare den Wald durchwanderten, konnten die wilden Tiere allerdings nichts anhaben. Ein freundlicher Bär diente dem heiligen Gallus als Zugtier, und die Tiere des Waldes besuchten Landolin (Ettenheimmünster) in seiner Einsiedelei. Das empörte den vom Jagen besessenen Grafen so sehr, dass er Landolin durch seinen Jagdknecht umbringen ließ. Die heilige Ottilie floh vor ihrem Vater, der sie nicht ins Kloster gehen lassen wollte, in eine Felsenhöhle im Wald bei Freiburg.

Im Wald hatten die Germanen ihre Heiligtümer. Aber die fränkischen Eroberer und die christlichen Missionare gingen mit der Axt auf die heiligen Bäume los: Karl der Große ließ die Irminsul, das Symbol des Weltenbaumes, 772 niederreißen. Der heilige Bonifatius (672–755) fällte bei Geismar die dem Donar geweihte mächtige Eiche.

Später glaubten die Menschen, dass der Teufel und arme Seelen in den Bäumen wohnen würden. Hohle Bäume waren besonders dafür geeignet. In einem hohlen Baum lebte im Märchen das ungehorsame Marienkind und die Königstochter in »Allerleirau«. In hohlen Bäumen fanden sich aber auch christliche Standbilder, wie die »Maria in der Tanne« in Triberg im Schwarzwald.

Bäume waren außerdem zum Bannen von Krankheitsdämonen und für allerlei Heilzauber nützlich. Wer sie schälte oder köpfte, verfiel schweren Strafen.

Im Wald, da sind die Räuber: die Räuberbande des Schleiferstoni vor dem Storchenhaus im Altdorfer Wald. Gouache von Johann Baptist Pflug, 1824.

Die alte Baumverehrung lebt weiter. Sie ist als Maibaum, Brautmaien, Narrenbaum, Richtbaum und vor allem als Weihnachtsbaum auf uns gekommen. Der Weihnachtsbaum wird ausgangs des Mittelalters erstmals erwähnt (Schlettstadt im Elsass 1521 und Freiburg 1554).

So bleiben Baum und Wald im mittelalterlichen Volksglauben ambivalent. Der Wald ist nicht geheuer, birgt Unheil und bringt Segen.

In der mittelalterlichen Literatur spielt der Wald durchaus eine Rolle (zum Beispiel im Nibelungenlied, wo Siegfried im Wald den Drachen tötet, und auch im Parzival: Der Held wird von seiner Mutter Herzeloyde im

Wald erzogen). Dante wandert in seiner »Göttlichen Komödie« durch eine *Selva oscura* (= finsterer Wald), wird auf dem Weg aufwärts zum Gipfel des Berges von drei wilden Bestien bedroht und kommt schließlich in die *Selva antica*, den vom Menschen »gezähmten«, ungefährlichen Wald. Ja, der Wald kann zum Rächer für Verbrechen werden, wie wir aus Shakespeares »Macbeth« wissen. Selbstverständlich handelt es sich hier um Sinnbilder, die dem Wald entnommen wurden. In der Musik (Minnesänger) und in der Malerei hingegen ist der Wald im Mittelalter noch kein eigenes Thema, er bleibt im Hintergrund.

DIE NEUERE ZEIT

HOHE ANSPRÜCHE AN DEN WALD

Vorhergehende Doppelseite: Heute Touristenattraktion, früher harte Brotarbeit: Flößer auf der Nagold.

Silvesterabend 1517: Die Menschen der mittelalterlichen Stadt strömen in ihre ziemlich neue Kathedrale. Vor zwei Monaten hat Martin Luther seine Thesen an die (hölzerne) Tür der Schlosskirche in Wittenberg genagelt. Das Mittelalter ist – nach einer Definition, die sehr viel später die Historikerzunft aufstellen wird – beendet, die Neuzeit hat begonnen. Die Menschen in unserer Stadt wissen das natürlich nicht. Die Ideen gehen immer der faktischen Geschichte voraus, auch in der Forstgeschichte.

Die bestimmende Idee für den Anbruch einer neuen Zeit war der Humanismus. Er stellte den Menschen in der Nachfolge der Antike in den Mittelpunkt der Welt (sogenanntes anthropozentrisches Weltbild, wie schon bei Aristoteles) und sah ihn als den Erben der Natur. Tier und Mensch wurden dadurch getrennt. Der Mensch – so meinten die Humanisten – hat genug Vernunft, um von seiner zentralen Stellung in der Welt einen guten Gebrauch zu machen.

Das neue Bewusstsein trug trotzdem zur Ausbeutung der Wälder und zur Ausrottung der großen Raubtiere bei. Es folgte die Idee des Absolutismus, in dem es der Staat ist, der alles lenkt, befiehlt und überwacht, wobei Landesherr und Staat identisch sind. Für den Wald bedeutete das, dass von nun an rigorose Vorschriften für alle Wälder eines Territoriums galten, die in den Forstordnungen manifest wurden. Der Merkantilismus stellte das Ideal des wirtschaftlich selbstständigen Staates auf, der viel ans Ausland verkauft und wenig einführt. Die vom Holz abhängigen frühen Industrien, die Bergwerke und Eisenhämmer, die Glashütten und Salinen blühten. Das Holz der entlegenen landesherrlichen Bergwälder wurde zum Handelsobjekt, sein Erlös stillte die ständige Geldnot der prachtliebenden Herrscher. Das führte zum Ruin vieler Wälder und zur Angst vor künftiger Holznot.

Der Rationalismus und die Aufklärung legten den Grund zum Umdenken in der Waldnutzung. Das Prinzip der Nachhaltigkeit (nicht mehr zu nutzen, als nachwächst) wurde bald nach 1700 »im Wald« entdeckt, die ruinierten Wälder aber erst hundert Jahre später systematisch wieder aufgebaut. Aber so weit sind wir an Silvester 1517 noch nicht.

Der Bau der großen Kathedrale hat viel Holz benötigt. Überhaupt ist der Holzverbrauch gestiegen. Nach dem schrecklichen 14. Jahrhundert mit seinen Kriegen und Pestjahren hat die Bevölkerung wieder deutlich zugenommen. Die Städte mit ihren hölzernen Häusern, Mühlen, Hafenanlagen sind kräftig gewachsen. Mehr Menschen brauchen mehr Brennholz. In den Städten blüht das Handwerk, das ebenfalls viel Holz benötigt. Die Wälder in der Umgebung der Städte sind erschöpft. Der Handel mit Holz beginnt. Die Flößerei bringt das Holz in die Städte, die an den großen Flüssen und an den Küsten liegen.

Auch die Bauern in den Dörfern brauchen nach wie vor viel Holz. Ihr Vieh weidet im Wald und schädigt ihn immer mehr. Wie schon erwähnt, klingen die Mengen des in den Wald getriebenen Viehs fast unglaubhaft. Zum Beispiel wurden in den Reichenberger Forst (heutiger Rems-Murr-Kreis) mit rund 3000 Hektar 1778 rund 1700 Stück Rindvieh eingetrieben. Im Villinger Stadtwald waren es um 1800 ebenfalls etwa 1700 Stück Großvieh, das entspricht 50 Stück auf einen Quadratkilometer Wald. Dazu kam ja noch das ganze Kleinvieh der armen Leute. Die Folgen für den Wald waren schlimm: Die jungen Bäume wurden abgefressen, der Boden durch den Tritt des Viehs geschädigt, die Wälder verlichteten zusehends. Anstatt junger Bäume wuchsen Gestrüpp und Dornen. Es entstanden die »Hudewälder«, in denen nur einzelne knorrige Eichen und Buchen, wie sie Caspar David Friedrich später gerne malte, übrig blieben. Die Vorschriften über die Schonung des Jungwalds (im Schönbuch wurden schon 1627 Zäune um die gefährdeten Jungbestände angelegt) halfen offensichtlich nur wenig.

MILITÄRISCHE BEFESTIGUNGEN IM WALD

Die »Eppinger Linien«, die auf Veranlassung des badischen Markgrafen Ludwig Wilhelm (des »Türkenlouis«) 1695 bis 1697 zwischen Pforzheim und Neckargemünd errichtet wurden, bestanden aus einem Palisadenwall, einem Graben, dem unwegsamen »Verhack« und einem von Bewuchs geräumten Vorfeld, dazu aus Redouten und Wachtürmen. Entlang des »Eppinger-Linien-Weges« wurden Teile der Anlage rekonstruiert.

An der Schwarzwaldhochstraße kann man noch drei alte Schanzen entdecken: die sogenannte Schwedenschanze an der Oppenauer Straße, Teil der »Mittleren Linie« des Türkenlouis (1698 bis 1702), bei der Zuflucht die Röschenschanze von 1794 und die Alexanderschanze von 1734 (beide vom Herzogtum Württemberg errichtet).

Baumaterial Holz: rekonstruierter Wach- und Beobachtungsturm (Chartaque) in den Eppinger Linien bei Eppingen.

Die Landesherren beschnitten zunehmend die alten Rechte der Bauern an Wald, Wasser und der Jagd. Frondienste und Abgaben drückten die Landbevölkerung. Das Wild schadete auf ihren Feldern ebenso wie die Jagden der großen Herren. Wer wilderte, wurde hart bestraft. »Vögel, Fische, Holz und Wald sollen Armen und Reichen gleichermaßen gehören« heißt es im Oktober 1513 in den vierzehn Artikeln der aufständischen Bauern von Lehen. In den zwölf Artikeln von 1525 von Memmingen forderten sie erneut Abhilfe. Doch der Bauernkrieg ging verloren. Die Landesherren festigten ihre Stellung.

Der furchtbare Dreißigjährige Krieg forderte hohe Opfer an Menschenleben. 40 Prozent der ländlichen Bevölkerung hatten ihr Leben gelassen. Städte wurden niedergebrannt, Dörfer verlassen. Für Befestigungen, durchziehende Truppen und Kriegslasten wurde viel Holz eingeschlagen. Wie im-

Umrisszeichnung des Basler Malers Hans Bock zur Teilung der Sulzburger Waldgenossenschaft (um 1600).

DIE AUFTEILUNG DER SULZBURGER WALDGENOSSENSCHAFT

Sulzburg und die Nachbargemeinden Betberg, Dottingen, Heitersheim und Seefelden besaßen seit einer Schenkung Ottos III. einen gemeinsam genutzten Wald im hinteren Sulzbachtal. Bereits 1349 erfahren wir von den ersten Streitigkeiten über die Nutzung an Holz, Weide und Eckerich. Dazu kam später der Streit zwischen zwei Territorialherren, dem Markgrafen von Baden-Rötteln-Sausenburg und dem Großprior des Johanniterordens in Heitersheim, um das Recht, über den gemeinsamen Wald zu bestimmen. Zunächst prozessierte man gegeneinander vor dem Reichskammergericht in Wetzlar. Schließlich einigte man sich 1598 auf die Teilung der Markgenossenschaft, brachte aber erst 1617 einen endgültigen Vertrag darüber zustande.

Es entstand das Problem, den Wald in vier Teile von gleicher Größe und gleicher Güte aufzuteilen. Es zeigte sich, dass der markgräfliche Forstmeister, der in dem Wald »die Form eines Gänseeis« erblickte und dieses einfach vierteilen wollte, dazu nicht imstande war. Man wandte sich an den Basler Maler Hans Bock, der glücklicherweise ein in Sulzburg bis dahin unbekanntes Gerät, einen Kompass, besaß. Er löste die Aufgabe überraschend gut und hat uns auch interessante Angaben über die Vorräte an Holz und die Beschaffenheit des zu teilenden Waldes hinterlassen.

mer in solchen Zeiten rückte der Wald aber nach den Verwüstungen wieder vor. Neue Kriege, der Pfälzer (1688–1697) und der Spanische Erbfolgekrieg (1701–1714), brachten neue Verwüstungen. Die Kurpfalz, der Oberrhein und Württemberg waren von den dauernden Kriegen besonders betroffen. Auf den Höhen des Schwarzwaldes und im Gäu wurden Schanzen und Verteidigungslinien errichtet, die heute noch zu sehen sind. Diese Vorkehrungen zur Verteidigung des Landes gegen die Franzosen verursachten ähnliche Einbußen an Wald wie früher der römische Limes.

Trotz alledem erholte sich das Land, die Bevölkerung nahm wieder zu (nicht zuletzt dank des Zuzugs aus den Alpenländern), und der Wiederaufbau der Dörfer und Städte gelang ziemlich schnell. Aber der Wald litt an den Holzmengen, die dafür benötigt wurden. Und in den ausgehauenen Wäldern trieb das Weidevieh weiterhin sein verderbliches Wesen. Die genossenschaftlichen Markwälder waren übermäßig beansprucht, ihr Zustand war verheerend. Es gab viel Streit um die gemeinsame Nutzung und der Gedanke, die Markwälder zu teilen, lag nahe. Dass ihre Aufteilung nicht immer einfach war, zeigt das Beispiel des gemeinsamen Waldbesitzes von Sulzburg im Markgräflerland und den benachbarten Landgemeinden.

Zu Beginn des 18. Jahrhunderts gab es in der Nähe der Dörfer und Städte kaum noch geschlossene Waldungen. Lassen wir über den Zustand der siedlungsnahen Wälder zwei Zeitgenossen zu Wort kommen: Einmal heißt es: »Die Wälder seien so verderbt gewesen daß der Armmann in Stadt und Amt mehr Angst und Sorge ums Brennholz hatte als ums tägliche Brot für sein Weib und seine Kinder.« Und in der Forstordnung für die Grafschaft Zollern von 1623 heißt es: »Wir befinden augenscheinlich, daß die Wälder und Hölzer in merklich großen Abgang kommen.«

GLASHÜTTEN, BERGWERKE UND SALINEN

Zu derselben Zeit, um den Beginn des 18. Jahrhunderts, gab es in den Mittelgebirgen noch weite, völlig ungenutzte, dichte Wälder. Sie waren ohne jeden Zufahrtsweg und lagen fern von den Ufern der großen, für die Flößerei geeigneten Flüsse. Lediglich einige Köhler, Aschenbrenner und Harzer gingen dort ihren Gewerben nach.

Glashütten, Berg und Hüttenwerke und die Salinen boten sich für die Landesherren und Klöster, denen die Wälder zumeist gehörten, an, um die abseits gelegenen Waldbestände zu erschließen und zu nutzen.

Viele Orts- und Familiennamen in den Waldgebirgen weisen auf frühere Glashütten hin. Die erste Glashütte im Südschwarzwald wird in Lenzkirch im Schwarzwald im Jahr 1296 und 1306 urkundlich erwähnt. Aus dem Nordschwarzwald gibt es sogar einen Hinweis von 1190 auf einen Ort Glasehusen am Omersbach (heute Gemeinde Seewald). Im Schwäbisch-Fränkischen Wald bestand bei Welzheim seit 1278 (erste urkundliche Erwähnung) eine Glashütte. Die sehr bekannte Glashütte von Walkersbach (bei Plüderhausen) im Welzheimer Wald arbeitete von 1508 an mit Unterbrechungen bis 1712. Die Cronhütte bei Kaisersbach wurde 1532 gegründet und arbeitete bis zum Dreißigjährigen Krieg. Eine andere, bereits 1344 erwähnte Glashütte stand in Rosenberg bei

BEKANNTE GLASHÜTTEN IM SCHWARZWALD

Nordschwarzwald: Namentlich bekannt sind Glasehusen und die alten Waldglashütten am Schöllkopf und bei Wittlensweiler (Raum Freudenstadt). Weitere Waldglashütten gab es im Raum Baiersbronn, Besenfeld, Pfalzgrafenweiler, Alpirsbach. Neuere Betriebe: 1681/84 Glashütte Seebach bei Rippoldsau, 1733 in Schönmünzach, 1758 in Buhlbach. Im Gebiet des Markgrafen von Baden: 1732 Herrenwies mit Erbersbronn und Hundsbach, 1772 Glashütte in Gaggenau.

Südschwarzwald: Lenzkirch, bei Grünwald 1365, Saig. Die Glashütte in Äule, wo es noch eine Kapelle und Höfe aus ihrer Zeit gibt, (vorher in Muchenland und Blasiwald) gehörte dem Kloster St. Blasien; diejenige bei den Glashöfen auf der Redeck, später im Knobelswald bei St. Märgen und in Bubenbach, dem Kloster St. Peter; die Glashütte am Rotwasser bei Altglashütten, später Neuglashütten und Herzogenweiler, dem Fürsten von Fürstenberg.

Glashütte in Schluchsee-Äule. Der verirrte, am Boden sitzende Handwerksbursche, der hier um 1830 Unterschlupf fand, wähnt sich nach dem Aufwachen in der Hölle. Holzstich um 1875.

Ellwangen. Eine weitere Gegend, in der es mehrere Glashütten gab, war die Adelegg bei Isny, die den einzigen Anteil unseres Landes an den Alpen darstellt. Besondere Bedeutung hatten die Glashütten im Schwarzwald.

Die Glashütten waren ein Monopol der Grundherren, die von den Betreibern der Glashütten in der Regel Pachtzahlungen erhielten. Sie siedelten die Glasmacher an und verliehen ihnen das Recht, in einem festgelegten Gebiet das Holz zu schlagen, welches für die Glaserzeugung nötig war. Und das war viel Holz. Für einen einzigen gläsernen Weinkelch benötigte man 2,5 Festmeter Holz. Das Holz wurde zu 97 Prozent als Asche verwendet. Pottasche (Kaliumkarbonat) setzte man dem Quarzsand zu, aus dem Glas hergestellt wird, um seine Schmelztemperatur herunterzudrücken. Der geringe Rest von drei Prozent des Holzes diente, meist als Holzkohle, zur Befeuerung der Schmelzöfen. Die Angaben für den jährlichen Bedarf an Holz für einzelne Glashütten liegen zwischen 3000 und 6000 Kubikmeter, das entspricht grob gerechnet dem Holzvorrat von zehn Hektar Wald. Die Glasmacher schlugen das Holz in der Regel nicht selbst, sondern beschäftigten Köhler und Aschenbrenner. Da man für das Aschebrennen die Buche bevorzugte, kann man in der Nähe ehemaliger Glashütten noch heute einen geringeren Anteil von Buchen am Waldbestand bemerken.

Glasmacher waren »freizügig«. Wenn das Holz in ihrem Gebiet aufgebraucht war, konnten sie weiterziehen und ihre Glashütte in einen anderen

Plattenweg bei Langenbrand, fälschlich als »Römerweg« bezeichnet, zum Transport des Eisenerzes von Waldrennach (bei Neuenbürg) nach Freudenstadt-Friedrichstal.

Wald verlegen. Da sie ihre Häuser ja nicht mitnehmen konnten, entstanden so auch neue Orte. Die Ortsnamen Altglashütten und Neuglashütten im Hochschwarzwald erzählen davon. Überhaupt besaßen die Glasmacher allerlei Privilegien, wie Freiheit von allen Fronleistungen. Sie arbeiteten als Genossenschaft und vererbten ihre Kunst auf ihre Söhne. Bis zu zehn Meister arbeiteten an einem Loch des Glasofens. Jeder produzierte für seinen eigenen Verkauf. Einer der Meister wurde jedes Jahr zum Wirt gewählt und schenkte Bier, Wein und Schnaps an seine stets durstigen Kollegen aus. Für den Vertrieb der Glaswaren sorgten die Glasträger, zunächst im Auftrag der Meister und später als Angehörige eigener Zünfte oder Kompanien.

Die Glasmacher waren wohlhabende und standesbewusste Leute, die mit den Bauern in ihrer Umgebung nicht viel zu tun haben wollten. Ihre Zeit ging zu Ende, wenn ein Waldgebiet für die Flößerei erschlossen wurde. Dieser Konflikt zwischen den Glasmachern und den Flößern spiegelt sich in Wilhelm Hauffs Märchen vom »kalten Herz«. Das Glasmännlein verkörpert die herkömmliche, angeblich verträglichere Waldnutzung durch die Glashütten, der Holländer-Michel die Zerstörung der Wälder durch den Floßholzhandel. In Wirklichkeit betrieben die Glashütten alles andere als eine schonende Nutzung des Waldes. Das Oberamt Wolfach schreibt 1795: »Selbst das Kleinste solcher Werke ist ein offener Rachen, welcher Tag und Nacht [...] unaufhörlich Holz verschlingt und in kurzer Zeit große Waldflächen abzuöden im Stande ist.«

Die alten Schwarzwälder Glashütten existieren längst nicht mehr. In Wolfach gibt es heute wieder eine Glashütte, die eine Attraktion für den Fremdenverkehr darstellt. Sie kommt aber ursprünglich aus Schlesien.

Die Geschichte der Glashütten zeigt, dass die Landesherren schon bald versuchten, deren Holzhunger in geregelte Bahnen zu lenken. Zum Beispiel wurde für die Glashütte von Herrenwies (1732–1778 in Betrieb) bestimmt, dass das benötigte Holz vom Förster schlagweise angezeichnet werden sollte. Das starke Holz sollten die Glasmacher nicht bekommen. Es sollte zuvor von den Holzhauern der Herrschaft eingeschlagen werden. Nach dem Kahlhieb sollte die Fläche zur natürlichen Besamung eingezäunt werden.

Die Bergwerke und ihre Folgebetriebe, die Erzschmelzen und Eisenhämmer, waren in der Regel ebenfalls landesherrliche Monopole, die in Eigenregie betrieben oder an Betreibergenossenschaften verpachtet wurden. Der Landesherr regelte das Bergwesen durch seine Bergordnungen. Die Bergwerke benötigten viel Holz zum Ausbau der Schächte und Stollen, zum Sprengen des Gesteins, und, meist als Holzkohle, zum Befeuern der Schmelz- und Schmiedeöfen. Da man außerdem Wasserkraft zum Betrieb der Hebewerke und Pochen brauchte, konnte man den Betrieb nach Erschöpfung der umliegenden Wälder nicht, wie bei den Glashütten, beliebig verlegen. Holz und Holzkohle wurden dann aus einem weiten Einzugsgebiet angeliefert. Wo immer möglich, wurde das Holz in Form von Scheitern auf dem Wasser zum Bergwerk gebracht. In vielen Fällen trennte man aber auch das Bergwerk und die weitere Verarbeitung des Erzes, die man in holzreiche Gegenden verlegte.

Ein schönes Beispiel sind Christophstal und Friedrichstal bei Freudenstadt. Früher wurde dort selbst Erz abgebaut. Seit den württembergischen Herzögen Ludwig und Friedrich I. (dem Begründer Freudenstadts) wurde dort die Verarbeitung von Eisen-, Kupfer- und anderen Erzen konzentriert. In Friedrichstal arbeitete im 19. Jahrhundert das größte Stahlwerk Süddeutschlands. Das Erz kam unter anderem aus den altbekannten Vorkommen bei Neuenbürg-Waldrennach. Noch heute lässt sich dort ortweise im Wald der Plattenweg für den Transport des Erzes erkennen, der fälschlicherweise als »Römerweg« bezeichnet wird.

Über den hohen Holzverbrauch für die vielen Bergwerke und seine verheerenden Folgen gibt es viele Berichte. Der Bedarf an Holz, um eine Tonne Eisen herzustellen, betrug 70 bis 100 Festmeter. Aus dem Schwäbisch-Fränkischen Wald wurden die Eisenhütten in Abtsgmünd (Fürstpropstei Ellwangen, seit 1611), Königsbronn (Herzogtum Württemberg, 1651) und Wasseralfingen (ebenfalls Ellwangen, 1671) mit Holz versorgt. Alle drei zusammen verbrannten um 1850 jährlich 250 000 Zuber Holzkohle, was 45 000 Raummeter Brennholz entspricht.

Im Nordschwarzwald gab es, neben den bereits erwähnten Eisenwerken bei Freudenstadt, im unteren Murgtal die markgräflichen Eisenwerke Gaggenau (1680) und Rotenfels (1725).

Im Südschwarzwald bestand bereits seit dem 13. Jahrhundert ein Schmelzofen für Eisen und Mangan in Hammereisenbach. 1867 wurde das Werk stillgelegt. Es verbrauchte 1825 etwa 10 000 Festmeter Holz jährlich. Noch bedeutend mehr, nämlich jährlich durchschnittlich 25 000 Festmeter, benötigten Eisenschmelze und Hammerwerk in Eberfingen an der Wutach (Fürst von Fürstenberg, 1624). In der Anfangszeit erhielt das Werk sein Holz auf der Wutach aus den Wäldern des Klosters St. Blasien (150 Hektar Kahlhiebe), danach aus der Gegend der Orte Falkau, das 1654 eigens für die Holzhauer gegründet wurde, und Neuglashütten. Als die Wälder auch dort erschöpft waren, schloss man einen Vertrag mit dem Baron von Sickingen über Holzlieferungen vom Feldberg und danach einen weiteren mit dem Kloster Friedenweiler. Schließlich wurde das Werk 1761 mangels Holz (!) aufgegeben.

Auch das Eisenwerk Albbruck am Hochrhein (1681, Kloster St. Blasien) benötigte, bis es 1872 in eine Papierfabrik umgewandelt wurde, jährlich 20 000 Festmeter Holz. Eine weitere Eisenschmelze gab es am Schleifenbächle in Blumberg. Sie bekam ihr Holz überwiegend von den Wäldern auf der Baar. Es ist überliefert, dass man dort zum Transport des Holzes von 1683 an Kamele einsetzte, die die Soldaten aus dem Türkenkrieg mitgebracht hatten.

Am Westabhang des Südschwarzwaldes lagen, neben dem Eisenwerk von Kollnau im Elztal (Vorderösterreich, 1683), das jährlich 50 000 Festmeter Holz verschlang, die markgräflichen Eisenwerke in Oberweiler (Badenweiler) und Kandern. Die Holzkohle zur Verhüttung des »Bohnerzes« aus dem Weißen und des »Stuferzes« aus dem Braunen Jura wurde auf den Höhen des Gebirges gebrannt (daher der Name des Berges Köhlgarten) und mit Pfer-

Die Eisenerzeugung verschlang Unmengen von Brennholz: das Schmelzwerk Wasseralfingen bei Aalen Ende des 18. Jahrhunderts.

den ins Tal gebracht. 1682 errichtete man ein weiteres Eisenwerk in Hausen im Wiesental, wo es die Wasserkraft der Wiese nutzte. Das Erz wurde aus der Vorbergzone über den Scheideggpass nach Hausen transportiert. Dort gab es zunächst wieder genug Holzkohle aus der unmittelbaren Umgebung. Aber bald begann man sich Sorgen wegen der Versorgung der Eisenwerke mit Holzkohle zu machen. Man schlug das Buchenholz aus Not bereits im Saft und verkohlte es sofort. Auf den Schlägen betrieb man den Anbau von Roggen, weil bei der »hohen Zahl der Untertanen alle etwas bauen und gelebt haben wollen«. Danach wurden viele Schläge zu extensiv genutzten Weideflächen. Der Markgraf beauftragte 1732 den Forstverweser Friedrich Jacob Kießling aus Pforzheim mit einer Inventur der Vorräte an Kohlholz. Das Ergebnis war niederschmetternd: Ein Drittel der Wälder am Köhlgarten war kahl, die restlichen Buchenbestände waren zu erschöpft, um neues Kohlholz zu produzieren.

Aus Sorge um die Belieferung der Bergwerke mit dem nötigen Holz wurde auch anderswo untersucht, wie lange der Rohstoff Holz noch ausreichen würde. Der sächsische Berghauptmann Hans Carl von Carlowitz formulierte 1713 in seiner »Anweisung zur Wilden Baumzucht« als Erster das Gesetz der Nachhaltigkeit, das heißt nie mehr Holz zu schlagen, als nachwächst. Also ruinierten die Bergwerke nicht nur den Wald, sondern standen auch für das Grundgesetz der späteren nachhaltigen Forstwirtschaft Pate.

Als die Steinkohle im 19. Jahrhundert das Holz als Brennstoff ablöste, wanderte die Eisenindustrie in verkehrsgünstigere Gebiete ab. Der Bergbau in unseren Mittelgebirgen erlosch fast völlig; erst in der Zeit der Autarkiebestrebungen im 20. Jahrhundert gab es eine gewisse Belebung. Heute ist auch davon kaum etwas übrig.

Auch die Salinen benötigten große Holzmengen, in erster Linie zum Beheizen der Sudpfannen, aber auch um Gradierwerke und Leitungen für die Sole zu bauen. Über Jahrhunderte hinweg lieferten zuerst die näheren und dann weiter entfernte Wälder das Holz zum Betrieb der weltberühmten Saline Reichenhall in Bayern. In ihrer Blütezeit lag der Holzverbrauch zwischen 1597 und 1622 je Jahr bei 200 000 bis 300 000 Raummeter. Bereits am Anfang des 16. Jahrhunderts machte man sich Gedanken über die Nachhaltigkeit der Holzlieferung. Der Saline gehörten weite Wälder; zu Beginn des 19. Jahrhunderts waren es 180 000 Hektar. Noch heute besitzt das Land Bayern große Wälder aus dem früheren Eigentum der Saline im salzburgischen Pinzgau.

Die wichtigste Saline in Südwestdeutschland, wo schon die Kelten Salz gewannen, war Schwäbisch Hall. Ursprünglich lag das Recht zur Salzgewinnung bei den Stauferkönigen. Bald fielen immer mehr Rechte an die Stadt und ihre Bürger. Das notwendige Holz wurde auf dem Kocher geflößt (Vertrag von 1399 zwischen der Stadt Hall und den Schenken von Limpurg). Die Haller Saline verbrauchte jährlich bis zu 70 000 Raummeter Holz. Das Einzugsgebiet für die Lieferung von »Salin« (Holzkohle für die Saline) umfasste 23 000 Hektar Wald. Man flößte drei Meter lange Scheiter. Jährlich wurden etwa 600 000 solche Scheiter auf dem Fluss transportiert.

Als die freie Reichsstadt Schwäbisch Hall 1802 an Württemberg kam, wurde die Saline in Sulz am Neckar, die bis dahin die einzige württembergische Saline gewesen war, nach und nach aufgegeben.

Die Salinen von Jagstfeld und Friedrichshall wurden erst im 19. Jahrhundert errichtet. Die badische Saline Dürrheim wurde seit 1822 betrieben und hatte einen jährlichen Bedarf an Holz von rund 11 000 Festmeter.

Damit wären wir beim wohl faszinierendsten und erschreckendsten Kapitel der Waldgeschichte in der neueren Zeit angekommen, beim Floßholzhandel und dem »Abschlachten« riesiger Mittelgebirgswaldungen durch die Beauftragten der Landesherren.

ALS DIE WÄLDER AUF REISEN GINGEN

Als die Wälder auf Reisen gingen«, betitelte der frühere Landesforstpräsident Max Scheifele sein 368 Seiten umfassendes Werk über die Geschichte der Flößerei im Nordschwarzwald (erschienen 1996). Ganze Wälder sind in den Blütezeiten des Floßholzhandels auf der Enz, der Kinzig, der Murg, der Nagold und auf manchem anderen Fluss zum Neckar und Rhein und auf diesem flussabwärts bis nach Holland geschwommen. Das Holz musste hierfür in aller Regel nicht schwimmen lernen, es schwimmt von selbst, wenn es ins Wasser geworfen wird. Nicht so die begehrte Eiche, die dazu zu schwer ist und untergeht – ein Umstand, der den Flößern Kopfzerbrechen bereitete. Das Problem löste man, indem man hohle Fässer zwischen die Eichenstämme oder immer einen Eichenstamm zwischen zwei Tannenstämme band.

Grundsätzlich unterscheidet man zwischen der Flößerei mit Langholz, bei der mehrere Stämme zu »Gestören« und diese zu Flößen zusammenge-

Bis ins 19. Jahrhundert wurde auf der Murg geflößt. Das Bild zeigt die historische Holzbrücke über die Murg in Forbach.

DIE NEUERE ZEIT 99

bunden werden, und der Wildflößerei oder Trift, bei der die Hölzer einzeln im Wasser treiben. Die Trift, das ältere und primitivere Verfahren des Wassertransportes, funktionierte nur bei Hochwasser und mit kurzem Holz (mit kurzen Stammstücken für die Sägen oder Scheitern für Brennholz). Viele Hölzer blieben hängen und gingen verloren oder sie beschädigten die Ufer. Also baute man die kleinen Bäche und Flüsschen aus und staute sie auf, um die Trift auch bei geringerem Wasserstand betreiben zu können. Das kurze Holz brachte man mit Schlitten auf den steilen Erdwegen oder in »Kähnern« (mit Wasser gefüllte Rinnen aus Holz oder Blech) zum Triftgewässer.

Der Langholztransport auf dem Wasser mit gebundenen Flößen ist ebenfalls uralt. David und Salomo flößten Zedern aus dem Libanon zum Bau des Tempels nach Jerusalem. Die Römer brachten die Flößerei in unser Land, was wir aus dem Fund verschiedener Votivtafeln wissen. Wir hörten bereits, dass die Flößerei auf der Kinzig, der Schutter, dem Neckar, der Enz, der Nagold, dem Kocher und der Murr bereits zwischen 1339 und 1469 aus Urkunden nachzuweisen ist.

Die Flüsse, die aus dem Schwarzwald nach Süden und Westen zum Rhein fließen, haben ein stärkeres Gefälle als die gemächlicher dahinfließenden Flüsse vom weniger steil abfallenden Nord- und Ostrand des Gebirges und eigneten sich daher weniger für die Flößerei. Zunächst konnte man für die Flößerei nur die in unmittelbarer Nähe der flößbaren Gewässer liegenden Wälder nutzen. Da deren Holz knapp wurde und die Handelsbeziehungen sich in immer fernere Gebiete erstreckten, musste man im Laufe der Zeit auch kleinere Gewässer für die Flößerei herrichten, um an die bisher ungenutzten Wälder in den Mittelgebirgen zu kommen. Die Wasserläufe mussten begradigt und vertieft, von Felsblöcken und Engstellen befreit werden. Man errichtete hölzerne oder aus Steinen bestehende Sperren, die sogenannten »Schwallungen«, hinter denen das Wasser gestaut wurde. Wenn man das angestaute (»gespannte«) Wasser freiließ, fuhr das Floß auf der mächtigen Welle zu Tal. So konnte man auch in niedrigen Bächen und Flüssen flößen, wo man es sich heute nicht mehr vorstellen kann.

Das Holz für die Flöße ließ man an den Fluss »schießen«, das heißt der Schwerkraft folgend ins Tal rutschen, was große Schäden verursachte. Im Mittleren Schwarzwald ließ man deshalb die Stämme durch ein Handseil gebremst langsam ins Tal gleiten. Noch besser war die Bringung des Langholzes auf eigens angefertigten Rutschen, den »Erdriesen«, oder auf den aus Holz gebauten »Stammriesen«. Wo es weniger steil war, schleifte man das Holz auf Prügelwegen mit Ochsen oder Pferden zum Floßwasser. Am Floßwasser musste ein etwa 50 Meter breiter Streifen (die »Wölze«) kahl gemacht werden, um die Stämme in das Wasser rollen zu können.

Im Murgtal war die Flößerei oberhalb von Reichenbach, wo der Fluss durch ein enges und felsiges Bett floss, nahezu unmöglich. Es gab auch keine Wege zum Transport des Holzes mit Fuhrwerken. Die Calwer Holzcompagnie ließ deshalb um 1750 einen Holzaufzug, die »Huzenbacher Maschine«,

bauen, mit dem das Holz 1200 Meter weit in einer überdachten Bahn aus Baumstämmen auf die Höhe im Osten des Tals gezogen wurde. Von dort konnte es mit Wagen an die Enz weitertransportiert werden. Am Rande der Holzbahn standen elf Häuser mit großen Rädern, die jeweils von acht bis zehn Mann gedreht wurden. Man schätzt, dass an einem Arbeitstag zwölf und mehr Stämme nach oben geschafft werden konnten. 1755 ging die »Maschine« in Betrieb. Nach zweieinhalb Jahren wurde sie im August 1758 zerstört, als das Seil, an dem der oberste Stamm hing, riss und dieser zusammen mit weiteren Stämmen ins Tal donnerte.

Die Flöße aus den ans Floßwasser gebrachten Stämmen wurden in der »Spannstatt« eingebunden. Dazu benutzte man die »Wieden«, in heißem Wasser gedämpfte dünne Fichtenbäumchen. Ein Floß, zum Beispiel auf der Kinzig, bestand aus mehreren Teilen, den genannten Gestören. Jedes Floß hatte vorne ein kleines bewegliches Gestör, das »Vorplätz«, das man mit einem Stangenruder lenken konnte. Das Bremsen besorgte man auf einem der hinteren Gestöre mit dem »Sperrstümmel«, den ein besonders erfahrener Flößer bediente. Daher der Ruf der Tübinger Gassenbuben: »Jockele sperr! Sonscht gibt's an saumäßige Elleboge« (wenn sich das Floß ineinander verschob).

Schwarzwald-Floß mit Forstbeamten und Kindern als »Oblast« um 1900. Vermutlich handelt es sich bei dieser Szene, die der württembergische Hoffotograf Karl Blumenthal im Enztal eingefangen hat, aber um eine Vergnügungsfahrt.

DIE NEUERE ZEIT 101

Je größer und ruhiger der Fluss wurde, desto mehr einzelne Flöße wurden zu einem neuen Floß zusammengebunden. Die Flöße auf dem Rhein waren wahre Ungetüme, bis zu 300 Meter lang und 40 Meter breit. Mit einem solchen Floß transportierte man das Holz aus mehreren Kinzigflößen, die jeweils schon aus bis zu 600 Festmeter Starkholz bestanden. Hunderte von Ruder- und Ankerknechten, Steuerleuten und Köchen, im Ganzen bis zu 600 Personen, ar-

DIE MURGSCHIFFERSCHAFT

Die Murgschifferschaft geht auf die »Ordnung des gemeynen [gemeinsamen] Holtzgewerbes im Murgentall« von 1488 zurück. In Gernsbach schlossen sich Holzhändler, Sägewerker und Waldbesitzer zu einer Genossenschaft zusammen. Diese handelte nicht in erster Linie mit Rundholz, sondern mit den Produkten aus ihren Sägemühlen. Die Sägen waren schon damals auf den Fernhandel in das Rheinland eingestellt, so dass ein gemeinsamer Transport ihrer Produkte auf der Murg und dem Rhein und ein gemeinsamer Verkauf sinnvoll waren.

Ein Schiffer musste »Mannrechte« besitzen, das heißt verheiratet sein, und Haus und Habe in der Grafschaft Eberstein sein Eigen nennen. Einmal im Jahr versammelten sich die Schiffer zur »Rügung«, ihrem Gerichtstag. Dabei wählten sie vier Hauptschiffer zu ihrem Vorstand. Im Laufe der Zeit erwarb die Murgschifferschaft, zunächst über Pacht, großen Waldbesitz von den Ebersteinern und den auf sie folgenden Markgrafen von Baden-Baden. Von 1587 bis 1615 beherrschte Jakob Kast als alleiniger Hauptschiffer mit seinen beiden Söhnen, und zusammen mit dem Markgrafen, den Holzhandel im Murgtal. Seinen Reichtum zeigt das »Kastsche Haus« in Gernsbach noch heute. In der Zeit nach dem Dreißigjährigen Krieg war die Murgschifferschaft schon zu sehr geschwächt, um noch maßgeblich an

dem Geschäft mit den starken Tannen nach Holland teilnehmen zu können. Aber ihr Handel mit Holzprodukten erfuhr in der Zeit des Hollandhandels neuen Auftrieb.

Der heutige Waldbesitz der Murgschifferschaft von rund 5500 Hektar gehört 120 Genossen mit insgesamt 100 000 Anteilen, von denen das Land Baden-Württemberg 55 Prozent hält.

beiteten auf einem Rheinfloß und wohnten in Hütten auf dem Deck. Auf dem Deck beförderte man auch die »Oblast« (Bretter und Balken, Fässer, Holzkohle, Erze und Eisen). Eine besonders wertvolle Oblast aus dem Schwarzwald war Kobalt, zum Beispiel aus der Alpirsbacher Farbmühle, aus dem in Holland die Farbe »Delfter Blau« für das Porzellan gewonnen wurde.

Für die Ordnung der Flößerei sorgte der jeweilige Landesherr. Da die Flöße bis an ihr Ziel etliche Landesgrenzen überfuhren, mussten die Landesherren miteinander Verträge über die gemeinsame Benutzung der Gewässer abschließen. Die älteste Urkunde über die Ordnung der Flößerei in Deutschland ist der Vertrag zwischen dem Markgrafen Rudolf IV. von Baden und dem Grafen Ulrich von Württemberg aus dem Jahre 1342 über die Flößerei auf Enz, Nagold, Würm und dem Neckar.

Jede größere Stadt am Fluss hatte das Recht, Zölle zu erheben und das Stapelrecht auszuüben. Das Stapelrecht bedeutete ein Vorkaufsrecht am Holz der Flöße. So dauerte die Fahrt auf dem Rhein bis zu zwölf Wochen.

Die Flößerei selbst wurde von genossenschaftlichen Zusammenschlüssen der Floßherren, den Schifferschaften oder Flößerzünften, betrieben. Sie waren auch für den Ausbau der Gewässer verantwortlich. In ihrem Dienst arbeiteten die Floßknechte oder Flößer. Im Kinzigtal stammen die ältesten Statuten der Wolfacher Schifferschaft von 1527. So wie die Fürstenberger in Wolfach gründeten die Württemberger im benachbarten Schiltach und Alpirsbach Flößerzünfte. Eine der Schiffergenossenschaften besteht heute noch, wenngleich nur als Waldbesitzer, nämlich die Murgschifferschaft in Forbach.

Die erste Blütezeit hatte die Flößerei im 16. Jahrhundert, bis der Dreißigjährige Krieg sie beendete. Das Ziel der Flößer war das Rheinland, ab etwa 1700 dann auch Holland. Immer wieder findet man in der Literatur das folgende Zitat aus der »Cosmographia universalis« von Sebastian Münster (der Mann, der einst den 100-D-Mark-Schein zierte) um 1540: »Das volck, so bey der kintzig wohnet, besunder umb Wolfach, ernehret sich mit den großen bauwhöltzern, die sie durch das wasser kyntzig gehen Straßburg in den Rhein flötzen, und groß gelt jährlichen erobern.« Auch auf der Enz, der Nagold und, wie schon erwähnt, auf der Murg wurde geflößt.

Auf dem Kocher und der Murr wurde überwiegend nur Brennholz transportiert. Die Floßrechte auf der Murr standen dem württembergischen Herzog zu, bis er sie im 16. Jahrhundert an die Stadt Marbach verkaufte.

Auf der Iller brachte man schon im Mittelalter Holz nach dem bedeutenden Handelsplatz Ulm (erste Erwähnung 1397). Auf der Argen, der Schussen und der Wolfegger Ache, wo die Klöster Weingarten und Weißenau das Recht dazu besaßen, wurde bis an den Bodensee geflößt.

Aus dem Schwarzwald wurden zuerst vor allem Kiefern und Eichen, später in erster Linie Tannen in die Wirtschaftszentren am Mittel- und Niederrhein und nach Holland gebracht. Die Holländer brauchten große Mengen von Holz für den Schiffsbau, und zwar lange Kiefernstämme für die Masten und viel Eichenholz. Für ein Kriegsschiff benötigte man 4000 Eichen. Dabei waren nicht

Gegenüberliegende Seite: Die Flößerei machte manch einen steinreich, wie dieser prächtige Renaissancebau bezeugt. Es ist das Alte Rathaus in Gernsbach, ehemals das Haus des »Hauptschiffers« Johann Jakob Kast, erbaut 1617 bis 1618.

DIE NEUERE ZEIT

> Die Stämme des Floßes wurden mit »Wieden«, das sind gedämpfte und gedrehte Fichtenäste oder Fichtenstämmchen, zu »Gestören« und diese wiederum zum Floß zusammengebunden.

nur starke Eichenstämme gefragt, sondern auch schwächere, krumme Eichen für die bauchigen Rümpfe der Schiffe. Solche Hölzer kamen aus den Niederwäldern und mussten als Deckslast auf den Flößen transportiert werden. Außer aus dem Schwarzwald (wo es damals noch viel mehr Eichen gab als heute), kam viel Eichenholz aus dem Kraichgau und dem Pfinzgau.

Nach dem Dreißigjährigen Krieg, im 17. und 18. Jahrhundert, erlebten die Länder an der Nordsee durch ihren Überseehandel eine wirtschaftliche Blüte. Vor allem in Holland war ein »goldenes Zeitalter« angebrochen. Die Holländer hatten einen riesigen Bedarf an Bauholz. Für den Bau ihrer Städte auf dem oft morastigen Grund benötigte man massenhaft starke »Rammpfähle«. Für Hafenanlagen, Deiche und Mühlen brauchte man Bauholz, und natürlich weiterhin für den Schiffsbau. Ursprünglich kauften die Holländer

WAS WAR EIN »HOLLÄNDER«?

Im 18. Jahrhundert gab es etwa 70 verschiedene Nutzholzsortimente. Für den Hollandhandel kam nur langes und starkes Holz in Frage. Je länger und je stärker ein Kiefern-, Tannen- oder Fichtenstamm war, desto mehr Geld brachte er. Eine »effektive Holländertanne« von 70 Fuß Länge (rund 23 Meter) und 16 Zoll Durchmesser (rund 40 Zentimeter) am »Zopf« (dem schwächeren Ende) brachte um 1700 etwa 40 Gulden. Maß der Zopf nur 12 Zoll (rund 30 Zentimeter), sank der Preis auf 20 Gulden. Es gab auch längere Stämme und solche bis zu 48 Zentimeter Zopfdurchmesser, das 1,5-fache eines effektiven Holländers. 1 Gulden hatte damals etwa die Kaufkraft von 50 Euro. Wenn man bedenkt, dass ein Kinzigfloß bis zu 600 Kubikmeter Holz enthielt, was etwa 100 solchen »Holländern« entspricht, dann kann man seinen Wert auf 4000 Gulden schätzen. Und wie viele solche Flöße sind im Laufe von etwa 150 Jahren nach Holland geschwommen!

viel Holz von Schweden und Russland, aber diese beiden Länder kämpften von 1700 an über 20 Jahre lang im sogenannten Nordischen Krieg gegeneinander. Das kam dem Markgrafen von Baden und dem Herzog von Württemberg gerade recht. Sie brauchten viel, viel Geld für ihre neuen Städte und Schlösser. Denken wir nur an Rastatt und Karlsruhe, an Stuttgart, Hohenheim und Ludwigsburg. Von ihren Wirtschaftsfachleuten, den sogenannten Kameralisten, beraten (die ja kein Verhältnis zu Wald und Natur hatten), verpachteten sie die bisher unberührten Wälder in den Mittelgebirgen an wagemutige und skrupellose frühe Kapitalisten. Diese übernahmen mit ihren Holzhandelsgesellschaften den Ausbau der Floßgewässer, den Holzeinschlag und den Transport auf dem Wasser bis nach Holland.

Die Gesellschaften beschäftigten ein Heer von Holzhauern und Flößern. Wo es keine Holzhauer gab, musste man auswärtige Arbeitskräfte in den sogenannten Waldkolonien, wie Herrenwies oder Hundsbach, ansiedeln. Nach dem Ende der Holländerzeit herrschten in den Kolonien Armut und Hunger. Umsonst versuchte man die Not durch eine Beschränkung der Ehen zu bekämpfen. Die Folge waren viele uneheliche Kinder. Schließlich sah der badische Staat nur noch den Ausweg, die notleidenden Menschen um 1850 nach Amerika zu verfrachten.

Die Flößer hatten eine schwere und gefährliche Arbeit. Viele Geschichten und Bilder von wagemutigen Flößern auf reißenden Wildbächen verliehen ihrem Beruf einen romantischen Glanz. Auf mancherlei Heimat- und Volksfesten kann man heute noch der Fahrt auf einem nachgebauten Floß zuschauen.

Während die Landesherren mittels dieser Gesellschaften ihre Wälder versilberten, taten sie alles, um die privaten Waldbesitzer von dem Geschäft fernzuhalten. So wird in der Württembergischen Forstordnung von 1614 den Bauern verboten, ihre Güter »zu verlassen und sich allein um des Schlambs und Faulenzen willens auf das Holzgewerbe und Flößen zu verlegen«. Im 19. Jahrhundert wurde allerdings auch in den Bauernwaldungen des Kinzigtals viel Floßholz geschlagen. Mancher Waldbauer wurde dabei reich, wie der »Bauernfürst« Andreas Harter aus Kaltbrunn, von dem Heinrich Hansjakob erzählt. Auch den Gemeinden wurde im 18. Jahrhundert der Holländerhandel verboten. Daraus erklärt sich der ungleich bessere Zustand ihrer Wälder am Beginn einer geregelten Forstwirtschaft im 19. Jahrhundert.

Umso schlimmer hausten die Holzhandelsgesellschaften in den herrschaftlichen Wäldern. Unvorstellbare Mengen an Holz wurden exportiert. So wurden von der Faktorei Wildbad, wo 1691 das erste Holz nach Holland verkauft worden war, im Jahr 1715 rund 200 000 Festmeter Holz vermarktet. Aus dem Staatswald Herrenwies wurde in nur vierzig Jahren fast eine Million Festmeter Holz entnommen. Die zwischen 1750 und 1770 abgeholzte Fläche in der Waldhut Enzklösterle betrug rund 1500 Hektar.

Um die Mitte des 18. Jahrhunderts nahm der Handel mit Holländerholz im Nordschwarzwald bereits beträchtlich ab. So wurden auf der Enz und Nagold 1720 bis 1740 jährlich etwa 10 000 Holländerstämme geflößt, 1740 bis 1760 noch etwa die Hälfte und schließlich 1785 nur noch knapp 2000 Stämme. In abgelegeneren Gebieten ging das Geschäft munter weiter. So wurden im Murgschifferwald von 1815 ab 3000 Hektar genutzt.

Der Floßholzhandel kam erst im 19. Jahrhundert, nach Zeiten des Niedergangs und neuer Blüte, mit dem Bau der Eisenbahnen zum Erliegen. Das letzte Floß auf der Kinzig fuhr 1895, auf der Murg und der Enz 1913.

Es war aber nicht nur der Handel mit den Holländerstämmen, der die Wälder ruinierte. Wenn diese geschlagen waren, folgte ein Hieb auf »Klotzholz« für die Sägewerke. Danach machte man aus dem restlichen Holz das allseits begehrte Brennholz. Die Überreste des Holzhiebes wurden von den Köhlern und Aschenbrennern genutzt. Und dann kamen die Hirten mit ihren Herden zur Weide auf die mit frischem Gras bewachsenen Kahlflächen. Wenn sich trotz allem wieder junge Bäumchen zeigten, wurden die Weideflächen nicht selten von den Hirten angezündet. Ein Viehhirte verursachte den riesigen Waldbrand vom 4. bis 21. August 1800 im Murgtal bei Schönmünzach. Auf einer Fläche von 2800 Hektar verbrannten die jungen Aufforstungen und auch noch 1300 zum Abtransport bereite Holländerstämme.

HEINRICH HANSJAKOB UND DIE KINZIGFLÖSSER

Der Volksschriftsteller Heinrich Hansjakob aus Haslach im Kinzigtal (1837–1916) hat die echten Flößer in seiner Jugend noch erlebt. Er kannte sie alle, die Flößer aus Wolfach, Schiltach und Schenkenzell: den »Roten Jos«, den »Glaser-Christof«, den »Alten Grenadier«, den »Flözer-Nazi« und den »Almend-Baschi«, den »Turmpuberle«, der zugleich Nachtwächter war, und den »Muserle«, der sich sonst vom Mäusefang ernährte. Und er hat ihnen oft »beim Adlerwirt« den »Logel« gefüllt, das längliche Fässchen mit Wein, das auf jedem Floß mitgeführt wurde.

Vom Frühjahr bis Herbst, vom Georgentag (23. April) bis Martini (11. November) kamen jede Woche etliche »Flöze« die Kinzig hinunter an Haslach und dem kleinen Hansjakob vorbei. Die »Fahrt ins Land« bis Willstätt an der Kinzigmündung in den Rhein dauerte, je nachdem, zwei Tage oder eine ganze Woche. In Willstätt wurden die Flöße umgebunden und von einer neuen Mannschaft übernommen. Der Lohn eines jeden Flößers betrug, unabhängig von der Dauer der Fahrt, einen Kronentaler. Der »Sperrflößer«, der den schweren Sperrklotz bediente, erhielt einen Gulden »Sperrgeld« als Zulage. Die Flößer wurden von den Floßherren in Willstätt bei einer Mahlzeit, der »Flößerzeche«, freigehalten. Dann machten sie sich auf den zwölfstündigen Fußmarsch nach Hause. Bei der letzten Fahrt im Jahr erhielten die allzeit durstigen Flößer auf dem Rückweg in jeder Wirtschaft einen Freitrunk. Die »Flößerzeche« lebt in der traditionsreichen Wolfacher Fasnet als sogenannte »Elfimess« fort.

Auf dem Gemälde von Johann Adolf Lasinsky (1828) schwimmt ein mächtiges Rheinfloß gerade in Koblenz am Ehrenbreitstein vorbei.

Wenn der Hollandhandel auch nicht überall einen Kahlhieb zur Folge hatte, so waren die Wälder doch durch die Nutzung der stärksten Stämme geschwächt. Besonders die Eiche wurde durch die Flößerei dezimiert. Andererseits wurde die Buche verdrängt und örtlich ausgerottet (man sprach vom »Buchen dörren«), weil sie sich nicht für die Flößerei eignete. Der große Baumartenwandel kam dann mit der Wiederaufforstung der Kahlflächen, für die man vorzugsweise Fichte und Kiefer verwendete.

Dort, wo man, wie im Südschwarzwald, kein Holländerholz machen und flößen konnte, sind große Waldflächen für Brennholz genutzt und kahl geschlagen worden. Der Bedarf an Brennholz in Stadt und Land, für Schlösser und Garnisonen, und an Kohlholz für die Glashütten, Eisenwerke und Salinen war im 18. Jahrhundert gewaltig. Nur auf dem schon beschriebenen Wege der Trift oder mit Brennholzflößen konnte der Holzhunger gedeckt werden. In den Städten richtete man Holzgärten (Holzhöfe) ein, in denen das Scheiterholz verkauft wurde.

Der bereits erwähnte ehemalige Landesforstpräsident Max Scheifele hat 2004 auch eine ausführliche Untersuchung über die Trift von Brenn- und Kohlholz veröffentlicht. Wir entnehmen ihr, dass im Südschwarzwald auf der Wutach und Gauchach Holz nach Schaffhausen und für das Eisenwerk Eberfingen gebracht wurde, auf der Alb vor allem Holz für das Eisenwerk Albbruck. Brennholz für Basel kam auf der Wiese aus der Markgrafschaft und aus der Herrschaft Schönau. Um aus seinem Territorium im hinteren Wiesental an diesem Geschäft teilnehmen zu können, machte Vorderöster-

DIE NEUERE ZEIT

reich die obere Wiese und den Prägbach flößbar und baute einen Floßkanal bis an die Grenzen von Basel. Das Geschäft wurde 1727 Johann Litschgi, einem Krozinger Handelsmann, übertragen und endete mit dem Verderb der Wälder von Präg und Todtnau. Johann Litschgi betrieb seit 1716 auch das Holzgeschäft mit der Festung Breisach, wohin auf der Möhlin und dem Neumagen sowie auf einem 18 Kilometer langen Kanal von Ehrenstetten an getriftet wurde. Die große Stadt Freiburg mit ihrer Garnison wurde über die Dreisam und ihre Zuflüsse mit Brennholz versorgt, was erhebliche technische und organisatorische Maßnahmen erforderte. Auf der Elz wurde das Eisenwerk in Kollnau beliefert, auf der Brigach die Stadt Villingen, auf der Breg die Saline in Dürrheim.

Im Nordschwarzwald machten sich Holländerholz und Scheiterholz auf den Floßwegen Konkurrenz. Auf der Murg wurden gewaltige Mengen von Scheiterholz für die Residenzen Rastatt und Karlsruhe sowie für die Eisenwerke im vorderen Murgtal (Rotenfels und Gaggenau) getriftet, wobei das in der oberen Murg wegen des steilen und felsigen Flussbettes sehr schwierig war. Die Eisenwerke bei Freudenstadt verbrauchten gewaltige Mengen an Kohlholz aus dem württembergischen Murgtal.

Jährlich belief sich die Summe aller Lieferungen an Brenn- und Kohlholz aus dem Murgtal auf bis zu 75 000 Festmeter, was zur völligen Erschöpfung der Vorräte an Kurzholz führte. Ein ähnliches Bild ergibt sich im Gebiet der Ettlinger Alb, über die die neue Stadt Karlsruhe versorgt wurde. Um 1750 wurden jährlich etwa 40 000 Festmeter Scheiterholz benötigt. Alles andere übersteigt die Trift von Scheiterholz auf der Enz für die Holzgärten in Pforzheim und Bissingen, Bietigheim und Vaihingen. Nach den württembergischen Holzgärten sollten nach den Verträgen mit wechselnden Unternehmern um 1770 bis 25 000 Festmeter Scheiter geliefert werden, um 1800 bis 35 000 Festmeter, um 1815 sogar 50 000 Festmeter. Noch 1858 erreichten etwa 35 000 Festmeter Scheiterholz die Holzgärten in Bissingen, Bietigheim

DIE WICHTIGSTEN HANDELSKOMPANIEN

- Die Gesellschaft auf Nagold, Enz und Eyach (seit 1720–1726).
- Die Holzhandelsgesellschaft des Kommerzienrates Lidell aus Neuenbürg (gegründet um 1746).
- Die Gesellschaft des Ankerwirts Anton Dürr aus Rastatt (1745).
- Die Calwer Holzhandels- und Floßcompagnie des Kammerrats Johann Martin Vischer, die auf der älteren Calwer Zeug[Tuch]-Handlungs-Compagnie aufbaute (1755).
- Die Murgcompagnie (Zusammenschluss von Murgtälern, Pforzheimern und Württembergern) von 1758.

Mit dieser Schwallung bei Bad Liebenzell wurde das Wasser der Nagold für die Flößerei aufgestaut.

und Stuttgart. Im Gebiet des Neuenbürger Oberforstes wurden von 1750 bis 1780 ein Drittel, das waren rund 5000 Hektar, allein für die Scheiterhiebe kahl geschlagen. Das letzte Enz-Scheiterfloß fuhr im Jahr 1864 zum Hammerwerk in Pforzheim.

Von der Schwäbischen Alb wurde das Scheiterholz für den württembergischen Hof und die Stadt Stuttgart auf der Erms und dem Neckar transportiert. Bei Seeburg nahe Urach gab es zwei Holzrutschen, zuerst aus Holz und dann aus Gusseisen, bis ans Floßwasser im Tal. Auch aus dem Schwäbisch-Fränkischen Wald und dem Virngrund wurden große Mengen an Scheiterholz getriftet oder in besonderen Brennholzflößen transportiert. Auf der Murr wurden Scheiter und Nutzholz aus dem Reichenberger Forst zum »Murrgarten« bei Backnang und auf dem Neckar bis Ludwigsburg, Heilbronn und Besigheim geflößt. Noch im Jahr 1865 zählte man bei Pleidelsheim 359 Flöße. Auf dem Kocher wurde die Scheiterholzflößerei aus einem Einzugsgebiet von rund 25 000 Hektar bis 1855 betrieben. Auf der Rems ging die Fahrt des Holzes aus dem Schorndorfer Forst bis zum »Remsgarten« in Neckarrems und nach Ludwigsburg. Da es so viele Mühlen gab, konnte man den Fluss erst um 1715 für den Holztransport ausbauen. Er dauerte bis zum Bau der Eisenbahn 1862. Auf der Jagst wurde wegen Wasserarmut nur kurze Zeit, um 1750, geflößt.

DIE NEUERE ZEIT

DIE LANDESHERRLICHEN FORSTORDNUNGEN

Irgendwie passt das nicht zusammen: Dieselben Landesherren, die ihre eigenen Wälder ausplünderten, erließen sehr strenge und fortschrittliche Vorschriften für ihre Untertanen, um der drohenden Holznot und Verderbnis der Wälder entgegenzusteuern.
Die nur für bestimmte Waldungen geltenden Weistümer und Waldordnungen wurden im 15./16. Jahrhundert von den Forstordnungen der Landesher-

Herrschaftlicher Berufsjäger im 16. Jahrhundert, Stich um 1573/1582.

110 DIE NEUERE ZEIT

ren abgelöst. Sie galten für alle Wälder eines Territoriums. Aus dem Recht, Wälder zu bannen und in den Markwaldungen Obermärker zu sein, leitete sich das Forstregal des Landesherrn ab, das heißt, das Recht, allgemein in

WAS REGELTEN DIE FORSTORDNUNGEN?

- Dass alles Holz, auch in den eigenen Waldungen, vor dem Hieb von den landesherrlichen Forstbeamten (Forstmeistern) angezeichnet werden musste. Dazu bediente man sich des »Waldhammers« mit dem Landeswappen. Die Forstbeamten erhielten für das Anzeichnen Naturalien oder ein »Anweisgeld«.
- Dass Bauholz nach Anmeldung nur in beschränkter Menge abgegeben wurde und dass der Bedarf an Brennholz im Voraus geplant werden musste.
- Dass jeder Verkauf von Holz, auch aus dem eigenen Wald, und erst recht die Abgabe des Holzes außerhalb der Gemeinde, durch den Amtmann des Landesherrn oder den Vogt genehmigt werden musste. Der Verkauf von Holz außerhalb des Landes war vielfach verboten (zum Beispiel 1765 aus der Markgrafschaft Baden nach Vorderösterreich).
- Dass die landesherrlichen Forstmeister die gesamte Wirtschaft in den gemeinschaftlichen Wäldern (Markwäldern, Gemeindewäldern) zu leiten hatten.
- Dass die Gemeinden Förster oder Waldhüter anstellen mussten.
- Was mit dem Holz aus Windwurf und Schneebruch zu geschehen hatte.
- Dass jede Rodung von Wald oder jeder Hieb von fruchttragenden Bäumen (als Nahrung für das Wild) ohne Genehmigung verboten war.
- Wann der Holzhieb, die Fällung, die Aufarbeitung und der Abtransport des Holzes zu erfolgen hatte.
- Dass nur schlagweise gehauen werden durfte. Dass die Schlagflächen aufgeräumt und eingezäunt werden mussten. Dass Samenbäume für einen neuen Wald stehenbleiben mussten. Vorhandener Jungwuchs war zu schonen. Ödland musste aufgeforstet werden.
- Wie der Samen der Waldbäume gewonnen und wie Bäume gesät und gepflanzt werden sollten. Im Mittelwald wurde die Zahl der Bäume im Oberholz, die beim Hieb stehenbleiben sollten, festgelegt. Es gab auch schon forsttechnische Anweisungen zur Durchforstung, das heißt zur Pflege jüngerer Wälder (man sprach von »Durchleiterung«, weil man das schwache Holz unter anderem für Leitern verwendete), und zur Ästung von jungen Bäumen.
- Wie das Abbrennen des Bodenbewuchses und das Feuermachen im Wald vonstattengehen sollten. Man regelte die Köhlerei, das Aschebrennen und die Harzerei.
- Wie die Schweinemast im Wald, die Waldweide und die Streunutzung im Wald vor sich gehen sollten. Der Eintrieb von Ziegen und Schafen in den Wald wurde verboten.
- Wie Holz verwendet und wie Holz eingespart werden konnte, ebenso, welches Baumaterial verwendet werden sollte und wie die Bedachung der Häuser und die Art der Öfen, mit denen geheizt wurde (auch wegen des Brandschutzes), auszusehen hatte.

Forstsachen ordnend, bestimmend, kontrollierend und richtend tätig zu werden. Die herrschaftlichen Wälder sollten für die landesherrlichen Betriebe und den Holzexport dienen, die Bevölkerung deshalb ihr Holz aus den örtlichen Privat- und Gemeinschaftswäldern beziehen. Die drohende Holznot veranlasste die Landesherren, den Bezug und Verbrauch von Holz durch die Bürger zu beschränken. Der Export von Holz durch die Untertanen wurde verboten oder beschränkt.

Einen wichtigen Stellenwert hatte auch die Jagd, die dem Landesherrn in seinen eigenen Wäldern, in den gebannten Forsten und als Obermärker in den Markwaldungen zustand. Im Laufe der Zeit verloren die gemeinen Leute mit wenigen Ausnahmen alle Rechte zu jagen an den Landesherrn.

Forstordnungen gab es seit dem 16. Jahrhundert. Sie galten bis zum Erlass moderner Forstgesetze im 19. Jahrhundert, in Württemberg sogar bis 1879. In unserem Land gab es unter anderem die Forstordnungen des Herzogs von Württemberg, der verschiedenen Linien der badischen Markgrafen, Vorderösterreichs, die der Fürstenberger in der Landgrafschaft Baar, Forstordnungen der Kurpfalz, von Kurmainz, des Bistums Speyer, des Deutschordens, der Fürsten von Hohenlohe und die Forstordnungen der Fürstpropstei Ellwangen.

Es gab fast nichts, was nicht durch die Obrigkeit bestimmt und überwacht wurde. Viele Vorschriften waren umstritten, gegen andere gab es massiven Protest, manches musste zunächst wieder zurückgenommen werden. Wie ernst zum Beispiel das Verbot der Holzausfuhr in andere Territorien genommen wurde, sieht man an dem »Faschinenkrieg« zwischen Vorderösterreich und der Markgrafschaft 1772. Die Markgräfler hatten bei Neuenburg im Rheinwald widerrechtlich Holz für Faschinen (Reisigwalzen für den Fluss-

DIE WÜRTTEMBERGISCHEN FORSTORDNUNGEN UND VORSCHRIFTEN ÜBER DIE WALDBEWIRTSCHAFTUNG

- Landordnung unter Herzog Eberhard dem Älteren vom 11. November 1495 (erstes Gebot des schlagweisen Hauens).
- Forstordnung von 1515.
- »Ratschlag einer Ordnung über den Wald und Beholtzung im Fürstentum Wirtemberg« 1526.
- Forstordnung von 1532, 1540 (erste gedruckte Forstordnung für Württemberg).
- Forst- und Holzordnung von 1552, 1567.
- Forstordnung von 1614 (revidiert 1617).
- Kommunordnung 1758.
- »Allgemeine Anordnung zur Förderung der Holz- und Waldkultur und zur Behandlung derselben im Einzelnen« 1794.

bau) gehauen, worauf Vorderösterreich das Militär alarmierte.

Letztendlich blieben viele Bestimmungen in den Forstordnungen wirkungslos. Das kann man schon aus der schnellen Abfolge von immer neuen Vorschriften ablesen, zum Beispiel für Württemberg (siehe Kasten). Ein Bauer in jener Zeit konnte eben nicht ohne Brennholz oder ohne sein Vieh in den Wald zu treiben existieren. Trotz der angedrohten schweren Strafen schlug man Holz ohne Genehmigung, stahl Holz aus dem landesherrlichen Wald und wilderte in der Jagd der Landesherren.

Ein anderer wesentlicher Grund dafür, dass sich der Waldzustand durch die Forstordnungen nicht verbesserte, war das Fehlen gut ausgebildeter Förster.

In den Forstverwaltungen der absolutistischen Staaten dominierte in den höheren Rängen der Adel, später auch ehemalige Offiziere. Das Personal diente in allererster Linie der Jagd. Als Beispiel möge die Forstverwaltung im rechtsrheinischen Besitz des Bistums Speyer von 1720 dienen: Über allem stand die landesherrliche Kammer (Wirtschafts- und Finanzverwaltung). Darunter kam das Oberjägermeisteramt mit dem Oberjägermeister, dem Oberforstmeister, dem Oberjäger und dem Jagdschreiber. Im Wald waren die Oberförster und Waldfaute (Waldvögte) tätig. Unter Letzteren wieder die für die Waldhut zuständigen Waldförster oder Waldknechte. Letztere wurden später durch die Revierjäger und Pürschknechte ersetzt.

Das Ziel der Ausbildung der praktisch tätigen Forstleute in Form einer Lehre war der »hirsch- und holzgerechte Jäger«. Man erkennt schon aus der Reihenfolge, was wichtiger war.

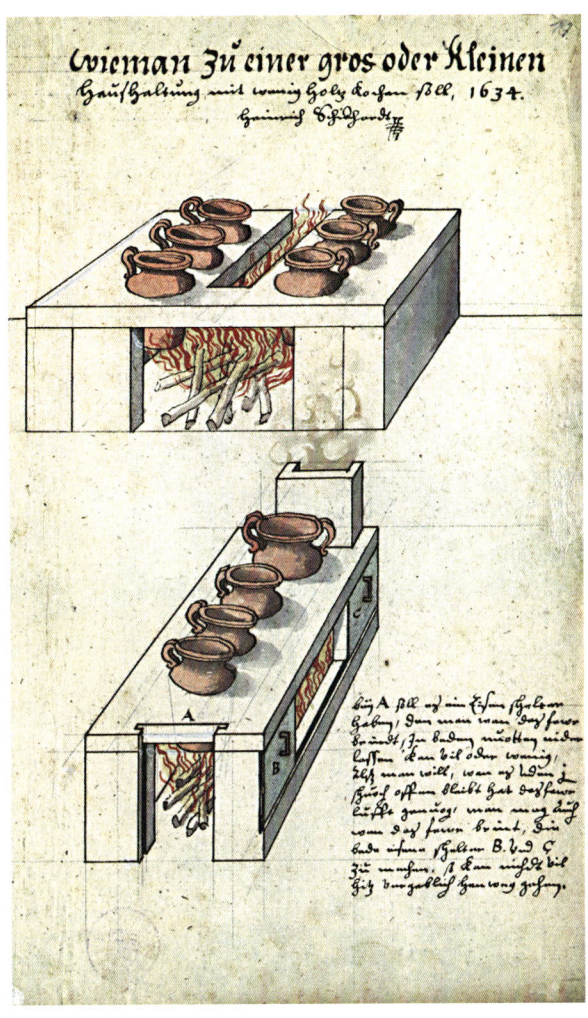

Der Württembergische Hofbaumeister Heinrich Schickhardt (1558–1635) hat diesen Brennholz sparenden und brandsicheren Küchenherd entworfen.

DIE HÖFISCHE JAGD
UND IHRE FOLGEN

Gegenüberliegende Seite: Der sogenannte Wolfstein am Stromberg erinnert an den angeblich letzten Wolf, der 1847 in Württemberg erlegt wurde. Das Präparat des Tieres befindet sich im Staatlichen Naturkundemuseum Schloss Rosenstein in Stuttgart. Jüngste Erkenntnisse bezweifeln jedoch, dass dies tatsächlich der letzte Wolf in Württemberg war. In Baden wurde noch 1866 bei Zwingenberg im Odenwald ein Wolf erlegt.

Der Stellenwert der Jagd unter den Vergnügungen der vornehmen Gesellschaft war außerordentlich hoch. Die Jagd wurde mit hohem Aufwand, ohne Rücksicht auf die Kosten betrieben. Der Wald diente vielerorts in erster Linie der Jagd. In ihm sollten möglichst viele jagdbare Tiere leben und erlegt werden. Entsprechend groß waren die Schäden durch das Wild an Äckern, Obstwiesen, Rebbergen und natürlich an den jungen Bäumen im Wald. Die groß angelegten Treib- und Parforcejagden erforderten viel Personal und verursachten auch erhebliche Schäden in der Landwirtschaft und im Wald. Es wird berichtet, dass in Württemberg die Naturverjüngungen in den Eichenwäldern immer wieder durch das Wild vernichtet wurden. Allerdings verdankt auch manche Waldlandschaft, zum Beispiel der Schönbuch als Jagdgebiet der württembergischen Herzöge, der Jagd das Überleben ohne größere Rodungen.

Was überhaupt nicht zu der Jagdleidenschaft der Zeit passte, waren die großen Raubtiere als Konkurrenten der Jäger. Wie sie aus unserem Land verschwanden, hat der frühere Landesforstpräsident Wilfried Ott in seinem Buch »Besiegte Wildnis« geschildert.

Der Braunbär muss auf der Alb und im Schwarzwald bereits im 16. Jahrhundert ausgerottet worden sein. Allerdings hielten die Fürsten danach noch öfters Bären aus fremden Ländern in ihren Zwingern, um sie später bei Hetzjagden mit Hunden abzuschlachten. Der letzte Bär wurde in Deutschland übrigens 1835 bei Ruhpolding in Bayern erlegt. Besser gesagt, der vorletzte Bär. Wir erinnern uns an »Bruno«, den Bären aus einem Nationalpark in den italienischen Alpen, der wochenlang im Grenzgebiet zwischen Österreich und Bayern umherstromerte und am 26. Juni 2006 von drei Jägern am Spitzingsee (Kreis Miesbach) – erlaubterweise – erschossen wurde.

Wölfe waren im Mittelalter in unserem Land, obwohl man ihnen eifrig nachstellte, noch häufig und nahmen in Kriegszeiten, wie im Dreißigjährigen Krieg und den napoleonischen Revolutionskriegen, sogar noch zu. Im Spätherbst 1845 trat in Württemberg letztmals ein solcher zugewanderter Wolf in Erscheinung, der 1847 im Stromberg erlegt wurde.

Auch der längst ausgerottet geglaubte Luchs trat 1846 nochmals auf und wurde von Revierförster Marz aus Wiesensteig auf der Schwäbischen Alb erlegt.

Heute sind einzelne Luchse wieder bei uns eingewandert, die eine oder andere Wildkatze wurde sicher bestätigt, und der Steinadler könnte, aus den

Alpen kommend, wieder bei uns nisten. Sogar für die Wiedereinbürgerung des Wolfes gibt es Stimmen. Wie sich ein »Problembär« wie Bruno oder ein Rudel Wölfe mit unserer hoch technisierten und zivilisierten Umwelt verträgt, darüber mag sich jeder Leser selbst Gedanken machen.

NICHTS NEUES IM WALDBAU?

Im Waldbau gab es gegenüber dem ausgehenden Mittelalter zunächst wenig Neues. Nach wie vor wurden die Nutzungen, vor allem im Bergwald, im Wege der »ungeregelten Plenterung« entnommen. Das heißt, man schlug die stärksten und besten Stämme einzeln heraus, so wie man sie gerade brauchte, ohne Rücksicht auf den nachwachsenden Jungbestand. Dass sich das Plentern (besser hätte man in vielen Fällen von »Plündern« gesprochen) so ungünstig auf den Zustand der Wälder auswirkte, lag aber nicht am Prinzip der einzelstammweisen Nutzung, sondern an dem Übermaß an Holz, das man schlug.

Immer öfter wurde in den Forstordnungen die ungeregelte Plenterung verboten und ein schlagweises Vorgehen gefordert, wie das erstmals in der württembergischen Landordnung von 1495 der Fall war. Ein solches schlagweises Vorgehen, das heißt, dass man die Bäume jeweils nur auf einer beschränkten Fläche einschlug, kam eigentlich, wie wir schon gehört haben,

EICHENNACHZUCHT VOR ÜBER 250 JAHREN

Im Generallandesarchiv Karlsruhe fand sich ein Protokoll über die Visitation des Müllheimer (Markgräflerland) Eichwaldes am 5. Mai 1756. In ihm wird der gute Zustand des Eichwaldes gelobt: »[…] stehen die schönste junge und erwachsene, alte große Eichen, so daß man weniger Orten einen ansehnlicheren Eichwald antreffen wird.« Der Eichwald wurde als »Handelswald« angesehen, das Brennholz kam aus dem Bergwald. Das Ziel der Wirtschaft waren Eichenstämme für Bau- und Fassholz. Seit 1731 (also nach den Verheerungen in den Kriegszeiten) hatte man mehrere Eichelgärten (Pflanzschulen) angelegt, aus denen »viele tausend Bäumchen bereits versetzet worden und zum Teil zu wachsen angefangen […].« Man begründete neuen Eichenwald auf »Blütten und von allem Aufwuchs entblößten Plätzen« durch Pflanzung.

Das Weidevieh schadete den jungen Eichen sehr, so dass man beinahe ein Drittel des ganzen Waldes gegen die Viehweide verhängte und mit Gräben umgab, »damit die herabfallenden Eicheln in den Boden sich versamten, aufgehen und erwachsen […] möchten.« Also war außer der Pflanzung auch die Naturverjüngung der Eiche üblich – alles wie noch heute. Und genau wie heute bedrängten Brombeeren und Sträucher den Jungwuchs: Es sind »viele schädliche Stechpalmen und Heckwerk […] vorhanden«.

aus dem sogenannten Niederwald. Die Vorschrift, schlagweise zu hauen, war ein großer Fortschritt, weil man nur mehr in einem bestimmten Teil des Waldes Holz schlagen durfte, um dort dann jungen Wald zu schaffen und durch Einzäunen zu schützen. Mit der schlagweisen Wirtschaft erhielt man erstmals eine gewisse Einteilung und Altersgliederung des Waldes. Auch bei ihr konnte man plentern, das heißt nur einzelne Bäume herausnehmen. Das wird zum Beispiel in der Zunftordnung der Schiltacher Schifferzunft von 1466 empfohlen. Die Regel war aber überall dort, wo große Holzmassen geliefert werden sollten, der Kahlschlag.

Immerhin machte man sich zunehmend Gedanken, wie man die Wälder verjüngen, das heißt eine neue Waldgeneration schaffen konnte. Auf den Schlägen sollten Samenbäume stehen bleiben, um »Naturverjüngung« zu bekommen. Die württembergische Forstordnung von 1624 spricht im Nadelholz von einem solchen Samenbaum auf alle 50 Meter. Eine andere Möglichkeit war die Naturverjüngung aus dem angrenzenden Bestand, die sogenannte Seitenbesamung. Man hatte schon erfahren müssen, dass der Sturm auf den Kahlschlägen ansetzte und den angrenzenden Wald umwarf. Deshalb ließ man einen Randstreifen gegen die Hauptwindrichtung stehen oder man ordnete die Schläge so an, dass man gegen die Windrichtung vorrückte. Der Waldbauer spricht von einem Hiebszug (erstmals wird davon aus Memmingen Ende des 16. Jahrhunderts berichtet).

Im Müllheimer Eichwald (Markgräflerland) werden wertvolle Eichenstämme heute noch genauso wie vor dreihundert Jahren nachgezogen. Um die Eichen stehende jüngere und niedrigere Buchen sorgen dafür, dass die Eichen keine nachträglichen Äste (sogenannte Wasserreiser) bilden, die das Holz entwerten würden.

Vielfach versagte die Naturverjüngung wegen der Überzahl von schädlichen Hirschen und Rehen und wegen des Weideviehs. Dann musste man auf dem Kahlschlag säen oder pflanzen.

In den Laubwäldern herrschte nach wie vor der Niederwald und Mittelwald (siehe im vorigen Hauptkapitel). In den Eichen-Niederwäldern in der Kurpfalz oder im Rench- und Kinzigtal schälte man die Stämmchen etwa seit 1740 planmäßig vor dem Hieb, um Gerbrinde für die Gerbereien zu gewinnen. Die Schläge sollten alle 15 bis 40, später sogar alle 60 Jahre aufeinanderfolgen. In den Forstordnungen ging es im Mittelwald immer um die Zahl der Oberhölzer, die man je nach Bodengüte stehen lassen sollte. Da die Eichen für den Holzhandel so begehrt waren, ließ man zunehmend Mittelwälder zu »Bauholzwäldern« zusammenwachsen. Diese Eichenhochwälder sollten bis zu 200 Jahre alt werden und starke Eichenstämme liefern. In Eberbach begegnen wir dieser Forderung bereits 1486, im Stift Sinsheim 1601. Überraschend hoch entwickelt war der Waldbau der Eiche im Markgräfler Land (siehe Kasten Seite 116).

Auf die Schläge ohne genügend Jungwuchs und die Ödländer säte man, nachdem man manchmal zuvor den Waldboden bearbeitet hatte, Eiche und Buche. In Heidelberg wird das 1572 in einer Forstordnung für die Rheinpfalz angeordnet; im Virngrund wird 1624 davon berichtet. Im Schönbuch mussten die Waldgenossen Eicheln und Bucheckern für die Saat auf Kahlflächen sammeln. Die Erfolge mit der Saat von Laubbäumen waren gering. Um 1770 wird für die Hardtwaldungen des Bistums Speyer deshalb auch die Einsaat von Kiefern, Fichten und Lärchen vorgeschrieben. Bereits 1530 hatte man dort, nach Versagen der Eichenverjüngung, die ersten Versuche mit der Kiefernsaat gemacht, in der Karlsruher Hardt sogar noch früher.

Die Saat von Nadelbäumen war im 18. Jahrhundert weit verbreitet. Im Odenwald (Amorbach) säte man 1577 Fichte, und dann wieder 1749 zuerst Kiefer, später eine Mischung von Kiefer, Lärche und Fichte, die sogenannte Odenwälder Mischsaat. Die erste Saat auf der Baar erfolgte 1760, die erste im Nordschwarzwald 1768 bei Freudenstadt. In Oberschwaben war die Saat von Fichten, im Zusammenhang mit dem Waldfeldbau, vom 16. bis zum 18. Jahrhundert das übliche Kulturverfahren; ebenso säte man im 18. Jahrhundert auf der Alb Fichten, Kiefern und Lärchen und im Schönbuch 1785 Fichten. Der Anbau der Lärchen mit Samen aus Tirol war gewissermaßen eine Mode, obwohl schon der erste Versuch in Emmendingen 1585 fehlgeschlagen war und weitere Misserfolge nicht auf sich warten ließen.

Von ersten Anbauten der Lärche wird aus Jestetten am Hochrhein 1748, aus dem Hagenschieß (unter Oberforstmeister von Gaisberg) und aus Lörrach (unter von Stetten) 1760 berichtet. Am Bodensee, wo sie prächtig gediehen, säte man 1770/90 Lärchen, im Schönbuch schon 1761. In Hohenlohe ließ Fürst Karl Albrecht I. bei Waldenburg um 1760 Lärchen und Kiefern pflanzen, der Deutsche Orden bei Markelsheim 1770.

Die Pflanzung war zunächst nur bei den Laubbäumen üblich. So pflanzte man, wenn das Oberholz mangelte, Eichen in die Mittelwaldschläge. Auf der

Alb benutzte man im 18. Jahrhundert große Eichenpflanzen, sogenannte »Heister«. Nadelbäume wurden erst sehr viel später gepflanzt, vielleicht zum ersten Mal auf dem württembergischen Bruderhof bei Singen in der zweiten Hälfte des 16. Jahrhunderts. Im Schönbuch wirkte 1760 ein »Holzplanteur« vom Niederrhein, der 175 Hektar (!) Jungwald im Zaun anlegte. In Hohenlohe ließ Fürst Wolfgang II. 1607 bei Hermersberg unter anderem »Thannenbäumlein« pflanzen. Auf der Ostalb setzte man 1769 Tannenwildlinge (Pflanzen aus Naturverjüngungen); im Taubergrund wurden um 1780 erstmals Tannen angebaut, im Virngrund 1787.

Auf einem Kahlschlag hatte man die Möglichkeit, die Baumarten zu wechseln und statt der heimischen Laubbäume Nadelbäume zu säen oder zu pflanzen. Die schlagweise Wirtschaft förderte, wegen des häufigen Fehlens natürlicher Verjüngung, die Verbreitung von Fichte und Kiefer, wogegen die schattenliebende Tanne benachteiligt wurde. Kiefern und Fichten waren weniger empfindlich gegen die Konkurrenz von Gras und Unkräutern und gegen den Wildverbiss. Auch wuchsen sie in der Jugend schneller als die Laubbäume oder die Tannen. Damit begannen die Förster, wenn auch noch in bescheidenem Umfang, das Landschaftsbild zu verändern. Mit der Saat der Fichte fing beispielsweise an Kocher und Jagst (Hardthäuser Wald

Zu allen Zeiten liebten die Förster die Lärche. Wenn alle gesäten und gepflanzten Lärchen gewachsen wären, hätten wir in unserem Land lauter Lärchenwälder.

1748, Schöntal 1780), im Schwäbisch-Fränkischen Wald (etwa seit 1650) und auf der Ostalb (Königsbronn und Heidenheim 1774) die Umwandlung von Laubwald zu Nadelwald an.

Interessant ist, dass man in manchen Gegenden auch schon von langsamwüchsigen zu schneller wachsenden Baumarten, zum Beispiel zu Birke statt schlecht wüchsiger Buche, wechselte. In der Kurpfalz wurde 1719 die Pflanzung von Aspe, Weide und Pappel vorgeschrieben, um auf den verödeten Waldflächen bald wieder Brennholz ernten zu können. Am Oberrhein pflanzte man zu etwa derselben Zeit die ersten Pyramidenpappeln, die so charakteristisch für die Flusslandschaft wurden. Aus Nordamerika kam die schnellwüchsige Robinie (falsche Akazie), die seit der Mitte des 18. Jahrhunderts häufig angebaut wurde. Amerikanische Nadelbäume wurden auch schon eingeführt. Oberforstmeister von Gaisberg ließ im Hagenschieß bei Pforzheim um 1770 Weymouthskiefern aus Nordamerika zusammen mit Fichten und Lärchen pflanzen.

Die Waldpflege begann im 16. Jahrhundert mit dem Aushieb von Dornen und Gestrüpp. Erste Durchforstungen (Entnahme überzähliger Bäume zugunsten der künftigen Erntebäume in jüngeren Wäldern) werden im 16. und 17. Jahrhundert in den Forstordnungen vorgeschrieben. Zum Beispiel in Baden-Durlach 1614: Man sollte »Stangen und Latten« heraushauen, »wo das Holz zu dick steht«. Die Durchforstungen begegneten vielen Einwänden und erlangten kaum praktische Bedeutung.

INVENTUR IM FORST

In die neuere Zeit fallen auch die Anfänge der »Forsteinrichtung« (der Begriff stammt von Johann Gottlieb Beckmann 1759). Darunter versteht man die periodische Inventur der Wälder, die Kontrolle des Betriebserfolges und die Planung ihrer zukünftigen Nutzung. Voraussetzung dafür ist natürlich die Vermessung und Kartierung der Wälder.

Das Herzogtum Württemberg war dabei ein Vorreiter. Im 16. Jahrhundert begann man die Vermarkung der Wälder mit Grenzsteinen. An vielen Orten sind noch schöne alte Grenzsteine aus dem 16. bis 18. Jahrhundert im Wald zu finden. Auch die Schläge im Mittelwald wurden (im Gebiet von Kocher und Jagst 1720) vermessen und versteint.

In den »Landtafeln«, der »Chorographia Ducatus Wirtembergici« von Georg Gadner (1522–1605) und Johannes Öttinger (1590–1612) wurden die Wälder und ihre Grenzen erstmals in Karten nachgewiesen.

In den sogenannten Forstlagerbüchern wurden die Rechtsverhältnisse (Forsthoheit und Eigentum), die Berechtigungen (Holznutzung, Eckerich, Waldweide), Jagdrechte und Jagdfronen in Text und Zeichnungen angegeben. Ein hervorragendes Beispiel ist das Forstlagerbuch, genauer »Vorst-, Stein- und Lagerbuch«, des Kriegsrats und Oberstleutnants Andreas Kieser von 1680 bis 1687 für die Württembergischen Forste. Das Forstlagerbuch sollte dem Wiederaufbau der Wälder nach dem Dreißigjährigen Krieg dienen. Dazu existiert noch eine unvollendete Kieser'sche Forstkarte mit sehenswerten farbigen Ansichten einzelner Orte. Vorläufer des Kieser'schen Werks waren das Schönbuch-Urbar von 1383 (eine Aufzählung der Waldnutzungsrechte) und das Uracher Forstbuch aus dem 15. Jahrhundert.

Die erste Aufnahme der Wälder im östlichen Württemberg und ihrer Leistungen für die Bedürfnisse der Bevölkerung stellte die Waldbeschreibung (»Particular«) des Hans Beringer von 1583 dar.

Angesichts des bereits beschriebenen Rückgangs der Lieferungen an Holländerholz forderten die württembergischen Landstände seit 1770 von Herzog Karl Eugen eine allgemeine Waldinventur. 1776 bestimmte dieser, dass in

Grenzstein von 1558 zwischen Neuenbürg und Dobel.

einem »General-Forstwirtschaftsetat« in allen Besitzarten der Holzertrag zu taxieren sei, damit die Holzschläge diesen nicht überstiegen. In der blumigen Sprache jener Zeit heißt es: »Heilsamer Endzweck« müsse sein, die Waldungen als eine »Hauptquelle der Herzoglichen Cameral-Revenuen« in gutem Zustand zu erhalten, die Holzschläge nicht zu übertreiben, sie vielmehr »nach der Erträglichkeit« der Wälder einzurichten. Das Verfahren galt für die Kameralwaldungen (Staatswälder) und Kirchenwaldungen ebenso wie, in vereinfachter Form, für die Gemeinde- und Privatwälder. Im Einzelnen wurden die Wälder nach Standort und Bestand samt ihren Grenzen und Flächen beschrieben, der Erntezeitpunkt (die »Umtriebszeit«) festgelegt und der jährliche Holzertrag nach Holzsorten, Verwendungszweck und Geldertrag eingeschätzt. Ferner wurden die Weide- und Streurechte angegeben. Die Vermessung der Wälder war Voraussetzung der Bestandsaufnahme. Im Zuge der Erhebung gab es heftige Diskussionen mit den Oberforstämtern, ob die obrigkeitlich angeordnete schlagweise Wirtschaft oder die übliche einzelstammweise Entnahme der starken Bäume (Plenterhieb) zweckmäßiger sei. Das Ergebnis des Forstetats erschien dem Herzog, dem es stets an Geld mangelte, so wichtig, dass er selbst 1778 zu einer Besichtigung der Kameralwälder in den Nordschwarzwald aufbrach. Die Reise mit großem Gefolge dauerte elf Tage. Bei ihr sollten auch die für den Holländerhandel vorgesehenen knapp 2500 Bäume angezeichnet werden. Das Ergebnis des »Forstetats« war, dass ortweise durch die Holzhiebe große Kahlflächen entstanden waren (allein bei Baiersbronn und Röt etwa 2500 Hektar) und dass die Vorräte an starkem Holländerholz weitgehend erschöpft waren. Daneben gab es aber auch noch Wälder mit reichlichem Holzvorrat.

Auch im Südschwarzwald und auf der Baar wurden die Wälder um 1760 erstmals vermessen. In der Kurpfalz wurde 1779 die erste Vermessung der Wälder angeordnet, in den Wäldern des Bistums Mainz 1783 bis 1789.

In Baden fand zum Beispiel auf dem Kaltenbronn 1762 eine erste Waldinventur statt und in der Herrschaft Fürstenberg seit 1744. In der Markgrafschaft wurde, wie bereits erwähnt, der Pforzheimer Forstverweser Friedrich Jacob Kießling 1732 von Markgraf Karl beauftragt, festzustellen, wie lange die Wälder am Blauen und Köhlgarten noch Kohlholz für die Eisenwerke liefern könnten. 1756 wurde der Zustand des Röttelner Forstes ermittelt. Im Kaiserstuhl ist die erste Inventur der Wälder dem markgräflichen Hofrat Joseph Friedrich Enderlin, gebürtig aus Bötzingen, zu verdanken.

Gegenüberliegende Seite: Im Auftrag des württembergischen Regenten begann um 1680 der Kriegsrat Andreas Kieser (1618–1688) mit der Kartierung der württembergischen Forste: hier Stuttgart und Umgebung.

DIE NEUERE ZEIT

DAS 19. JAHRHUNDERT

SCHLECHTE ZEITEN IM WALD

Vorhergehende Doppelseite: Erbe des 19. Jahrhunderts: Fichtenreinbestände.

In der Waldgeschichte zerfällt das, wie die Historiker sagen, »lange« 19. Jahrhundert in zwei Teile: in die Zeit des Waldaufbaus bis etwa 1850 und jene der Konsolidierung bis nach dem Ersten Weltkrieg.

Der Wald im heutigen Baden-Württemberg befand sich an der Wende vom 18. zum 19. Jahrhundert in einem schlechten Zustand. Das Urteil der Landesbeschreibungen, Visitationsprotokolle und Forsteinrichtungen (Inventuren) ist eindeutig und glaubwürdig. Sie alle klagen, zum Teil in drastischen Worten, über ausgehauene, ausgeplünderte Wälder, über verlichtete und durchlöcherte Bestände, über weite Kahlflächen und Ödländer, die allenfalls mit einzelnen Bäumen, meist aber mit Strauchholz bewachsen seien. Für die Wiederbestockung der Kahlflächen verließ man sich meist auf einzelne stehengelassene Samenbäume oder auf Seitenbesamung. Häufig reichte die ankommende Verjüngung nicht aus. Die zu frühe und maßlose Viehweide richtete den Jungwuchs vollends zugrunde, vor allem wenn sie mit der Unsitte des Weidebrennens verbunden war. So entstanden die weit verbreiteten öden Flächen.

Im Mittel- und Niederwald ließ der Nachwuchs wegen überalterter Stöcke, mangelndem Samenabfall und der intensiven Beweidung der jungen Schläge oft sehr zu wünschen übrig. In manchen von Natur aus armen, aber stark bevölkerten Gegenden wurde nach der Ernte des Brennholzes auf den Schlagflächen vorübergehend Getreide angebaut (Hackwald im Odenwald, Reutberge im Schwarzwald).

Die Furcht vor drohender »Holznot«, dem Mangel des universellen Roh-, Werk- und Brennstoffes Holz, war weit verbreitet.

Allerdings darf man nicht annehmen, dass alle Wälder gleich schlecht dran waren. Neben den übermäßig genutzten Wäldern in der Nähe der Dörfer und Städte und neben den großflächig für frühe Industriebetriebe, Floßholzhandel und Brennholz kahl gemachten Gebirgswäldern gab es auch noch dichte und ziemlich unberührte Wälder. Das vor allem dort, wo nach wie vor der Zugang zu entlegenen Wäldern fehlte und wo die Wälder der Gemeinden und Bauern durch strenge Vorschriften oder guten Brauch behütet wurden. Einige Berichte aus den verschiedenen Landesteilen sollen als Beispiel dienen:

- Für das Gebiet der **Schwetzinger Hardt** kann man aus der Karte von Paul Dewarat aus dem Jahr 1782 erkennen, dass etwa ein Drittel der Fläche Blöße war. Die Kiefer war bereits auf 50 Prozent der Waldfläche Hauptbaumart, die Eiche noch auf 42 Prozent.

- Über den schlechten Waldzustand im **Odenwald** gibt es bewegende Zeugnisse. Johann Peter Kling, hochverdienter Forstkommisarius und Direktor der Hofforstkammer in der Kurpfalz, schreibt 1787 über den Cameralwald der Kellerei Schwarzach, er sei »als zum Weinen schändlich alt und neu durchfrevelt«. Und Jäger beschreibt 1843 den Zustand folgendermaßen: »[…] ausgedehnte Strecken Birken-Niederwaldungen, das traurigste Bild von Forstdevastation. Es ist herzzerreißend, die vielen tausend Morgen verödete Waldungen zu sehen, welche aus Birken- und Kieferngestrüpp bestehen. Diese Flächen werden den ganzen Sommer hindurch mit Rindvieh, Schafen und Ziegen behütet und ohne Ausnahme auf Streu genutzt. […] Man könnte diesem Teil des Odenwaldes richtiger den Namen ›Ohnewald‹ geben.«
- Im **Nordschwarzwald** waren für den Holländerholzhandel ungeheure Mengen starker Stämme geschlagen, alles Übrige für Säge- und Brennholz aus dem Wald geschafft worden. Die intensive Beweidung und das Weidebrennen wirkten sich verheerend auf die natürliche Ansamung aus. Um 1817 lagen rund ein Drittel der württembergischen Staatswaldungen im Murgtal und der Waldungen der Murgschifferschaft kahl. Der Herrenalber Klosterwald bestand 1782 zu 40 Prozent aus »Heidbergen«. Auf dem Kaltenbronn waren 1762 zwei Drittel der Waldfläche nicht oder nur mit einzelnen Überhältern von Eiche und Kiefer bestockt. Im gesamten Nordschwarzwald entsprach die Verteilung der Baumarten zu Beginn des 19. Jahrhunderts bei Weitem nicht mehr derjenigen vor Beginn der massiven menschlichen Einflüsse. Fichte und Kiefer hatten zu Lasten der Eiche, der Buche und auch der Tanne bereits erhebliche Anteile erobert. Bei der Fichte kam ihre zunehmende natürliche Verbreitung durch das kühlere Klima dazu. Auf den Kahlflächen samten sich Fichte und Kiefer bevorzugt an; beide Baumarten wählte man auch zum künstlichen Wiederaufbau der Wälder, der vielerorts bereits im 18. Jahrhundert begonnen hatte.
- Im **Mittleren Schwarzwald** dominierte der Floßholzhandel mit dem Rheinland und Holland. Die Nutzung erfolgte hier in der Regel einzelbaumweise, der Waldzustand um 1800 war vergleichsweise gut. Der Bauernwald diente allerdings vorwiegend der landwirtschaftlichen Nutzung und der Weide. Die Reut- und Weidfelder, mit Hasel, Birke, Weide und Ginster bewachsen, hatten um 1800 einen Anteil von 30 Prozent der Gesamtfläche des Mittleren und Südlichen Schwarzwaldes erobert. Der geschlossene Wald war auf 30 Prozent zurückgedrängt.
- Im **Südlichen Schwarzwald** lässt sich der sehr unterschiedliche Zustand der Wälder um 1800 gut aus der Art der bisherigen Nutzung erklären. Überall dort, wo für die gewerbliche Nutzung des Bergbaus, der Erzschmelzen und Eisenhämmer, der zahlreichen Glashütten und für die Brennholzflößerei große Holzmengen benötigt wurden, herrschte der Kahlhieb. Häufig führte der Kahlhieb mangels natürlicher Verjüngung

Auf diesem Stich von Alpirsbach bei Freudenstadt um 1830 sind die Berge um den Ort fast frei von Wald …

und wegen der anschließenden Beweidung zu Ödland. Dort, wo ausreichend Jungwuchs vorhanden war oder wo man Glück mit der Ansamung hatte, ertrug der Wald auch die flächenweise Nutzung ohne besonderen Schaden. Bei der Ansamung der Kahlschläge oder bei der Wiederaufforstung dominierte auch hier die Fichte. In den Buchenwäldern, die als Niederwald für Holzkohle und Pottasche zur Glaserzeugung genutzt wurden, hinterließ diese Nutzung ungepflegte, zuwachsarme und geringwertige Bestände mit nachlassender Fähigkeit zum Stockausschlag. Die Weichlaubbäume wie Birke und Weide und das Strauchholz nahmen zu. Im 19. Jahrhundert wurden diese schlechten Laubwälder in der Regel eingeschlagen und mit Fichte oder Kiefer wieder angebaut. Besser war der Zustand des Waldes dort, wo zum Beispiel für den örtlichen Bauholzbedarf einzelbaumweise genutzt wurde. Dann blieben die Baumarten der natürlichen Waldgesellschaft, Buche und Tanne, vorherrschend.

- Auch im **Neckarland** wird der Zustand des Waldes um 1800 unterschiedlich beurteilt. Überwiegend wurde der Laubwald als Mittelwald mit etwa 40-jähriger Umtriebszeit oder als Niederwald genutzt. Außer für den örtlichen Bedarf wurde Brennholz auch für die Flößerei nach den hauptsächlichen Verbrauchsgebieten wie Heidelberg, Stuttgart oder zur Saline nach Hall benötigt. Weide- und Streunutzung waren allgemein üblich.
- Im **Schönbuch** waren nur der Stadtwald von Herrenberg, der Klosterwald von Bebenhausen sowie einige abgelegene Gebiete relativ gut bestockt. Im Übrigen wird der Schönbuch neben dem Heidenheimer Forst als der am stärksten devastierte (verwüstete) Wald Württembergs genannt. Ursachen waren die umfangreichen Holz- und Weiderechte, die Ungunst des Geländes und die jagdlichen Interessen des Landesherrn. Letztere

... und so sieht die gleiche Landschaft heute aus.

hatten das Waldgebiet zwar vor umfangreichen Rodungen und Siedlungen bewahrt. Aber das Wild verursachte schlimme Schäden im Wald und auf den angrenzenden Feldern. Man musste umfangreiche Schutzzäune anlegen, durch die sich die Waldweide auf die Randgebiete des Waldes konzentrierte. Ende des 18. Jahrhunderts gab es »weite Weideflächen mit vereinzelten Bäumen, Heide und Dornen«, auf den sonnseitigen Lagen verlichtete Krüppelbestände und auf den frischeren Schatthängen einen lückigen Buchenwald. Es herrschte Not an eichenem Bauholz. Vernässung, Vergrasung und Frost vernichteten die Forstkulturen. Als Goethe 1797 auf der Fahrt nach Rom durch den Schönbuch kam, notierte er, es stünden da und dort noch einige knorrige Eichbäume, ansonsten sei die Landschaft versteppt – eine Weide. Die zahlreichen Waldfrevel im Schönbuch besserten sich erst, als man 1852 eine militärisch organisierte Forstwache aufstellte.

- Im inneren **Schwäbisch-Fränkischen Wald** und im **Virngrund** wurden die Wälder seit dem 13./14. Jahrhundert intensiv für die zahlreichen Sägemühlen, für die Glasmacherei sowie für die Hüttenwerke genutzt. Vor allem im Osten des Gebietes wurde Harznutzung betrieben. Mit der Umstellung auf schlagweises Hauen und mit der künstlichen Verjüngung begann auch hier der Siegeszug der Fichte, die im Virngrund schon ein natürliches Vorkommen besaß. Die Auswirkungen von Waldweide und Streunutzung sind noch heute in Form sonst nicht erklärbarer Wuchsdepressionen erkennbar.

- Auf der **Mittleren Alb** herrschten ungeregelte Plenterung und Mittelwald- bzw. Niederwaldwirtschaft. Für die Stuttgarter Hofhaltung flößte man das Brennholz über die Erms und den Neckar. Die Bevölkerung der

Alb benötigte in dem kalten Gebiet selbst viel Brennholz. Die Waldweide war verbreitet und besonders im Gebiet des Landgestütes Marbach seit dem Ende des 16. Jahrhundert sehr schädlich. Der Uracher und der Blaubeurer Forst waren Hofjagdgebiete mit großen Jagden und überhöhten Wildständen. Über den Waldzustand urteilt der Pfarrer Höslin 1798 in seiner »Beschreibung der württembergischen Alp«: »Die Alp ist fast ganz verheert und verödet. [...] Die Waldungen haben ungeheuer abgenommen.« Er führt weiter aus: »Am schlimmsten ist noch die Unart, daß hinter der Axt her Pferde und Ochsen in Waldungen weiden. [...] Geisen sind auch nur zu viele vorhanden. Das Verderblichste ist aber das Mähen der Wälder. Unter dem Vorwand, man müsse im Winter Heu haben, schleichen sich die Mähder in die Mitte des Waldes hinein und richten ungeheueren Schaden an. Es ist auch nicht zu leugnen, daß es auf der Alp von Wildbrät wimmelt, so auf das weiche Holz losgehen und es abfressen. Bei Greueln von der Art ist es kein Wunder, wenn der Holzmangel mit jedem Tag größer wird.«

∽ Um das Bild abzurunden, wenden wir uns noch **Oberschwaben** und dem **Bodenseegebiet** zu. Im Stadtwald von Biberach waren die Wälder zu Beginn des 19. Jahrhunderts zum größten Teil gering oder schlecht bestockt. 81 Prozent der Waldfläche waren ein- bis dreißigjährig. Auch im südöstlichen Oberschwaben, wo vor allem der Bauernwald plenterartig genutzt wurde, verdrängte die Fichte, als Folge der Brennholznutzung, der Flößerei, des Waldfeldbaus und der Waldweide, zunehmend die Tanne, die Buche und die Weichlaubbäume. Allerdings konnten sich diese Baumarten auf den jüngeren und kräftigeren Böden noch besser behaupten als im nördlichen Oberschwaben. Im Tettnanger Wald, Besitz der zunehmend verarmten Grafen Montfort, wurden die Wälder ausgeplündert und die Kiefer eroberte das Gebiet.

Diese neue Wildnis, die die Menschen aus der ursprünglichen Wildnis der unerschlossenen dichten Wälder gemacht hatten, wieder zu kultivieren, war die zentrale Aufgabe der Förster zu Beginn des 19. Jahrhunderts. Dabei spielten die wohltätigen Wirkungen des Waldes auf das Klima, den Wasserhaushalt und auf die Erhaltung der Böden noch keine wesentliche Rolle (obwohl bereits im württembergischen Forstetat von der Erhaltung des Bodens am Steilhang die Rede war). Der ausschlaggebende Gedanke war die Sorge um die künftige Versorgung mit Holz.

NACHHALTIGKEIT MUSS MAN LERNEN

Die erste Hälfte des 19. Jahrhunderts war eine höchst unruhige Zeit. Napoleon und seine Kriege hatten dem Heiligen Römischen Reich deutscher Nation den Todesstoß versetzt und die politische Landkarte nachhaltig verändert. Durch den Reichsdeputationshauptschluss vom 25. Februar 1803 wurden die kleinen Landesherrschaften abgeschafft. Durch die gleichzeitige Säkularisation fiel der Besitz der Bistümer und Klöster an den Staat. In Altwürttemberg war das übrigens schon nach der Reformation der Fall gewesen. Im Preßburger Frieden von 1805 und der Rheinbundakte von 1806 wurden die Länder Baden und Württemberg nahezu in ihren endgültigen Grenzen geschaffen. Insbesondere Baden hatte einen großen Gebietsgewinn: den vorderösterreichischen Breisgau, das fürstenbergische Territorium, die rechtsrheinische Kurpfalz, den rechtsrheinischen Besitz der Bistümer Basel, Straßburg und Speyer sowie das Bistum Konstanz. Dazu das Gebiet diverser Klöster wie St. Blasien. Württemberg

Streunutzung: Wagen um Wagen wurde das Buchenlaub als Streu für das Vieh im Stall aus dem Wald geschafft. Damit raubte man dem Wald wichtige Nährstoffe.

DAS 19. JAHRHUNDERT

erhielt Hohenlohe, einige vorderösterreichische Gebiete, die kleinen reichsunmittelbaren Territorien im Schwäbischen Kreis und die nicht von der Reformation erfassten Klöster.

Die wirtschaftlichen Verhältnisse zwischen den Befreiungskriegen und der deutschen Revolution von 1848 waren schwierig. Die Umstellungen in der Landwirtschaft (zum Beispiel das Aufhören des Flachsanbaus) und die Ablösung des zünftigen Handwerks durch die aufkommende Industrie (Schlesischer Weberaufstand) verursachten soziale Nöte. Es gab es eine Reihe von Not- und Hungerjahren, wie 1816/17, 1833 bis 1836 und 1845 bis 1847. Viele Notleidende wanderten aus.

Deutschland fand nur langsam Anschluss an die Entwicklung vom Agrar- zum Industriestaat, welche sich besonders in England rasant vollzog. Die Erfindung der Dampfmaschine hatte das industrielle Zeitalter eingeleitet. Der nationale und internationale Verkehr wurde durch Eisenbahn und Dampfschiff entscheidend vorangebracht.

In der Forstwirtschaft gab es gewaltige Umwälzungen. Zum einen hatte sich die Landwirtschaft grundsätzlich gewandelt. Der Bezug der Futtermittel von auswärts erlaubte die Stallhaltung des Viehs. Die Fütterung ersetzte die Waldweide. Andererseits mangelte es an Stroh, weil der Anbau der Hackfrüchte, vor allem von Kartoffeln, sehr zunahm. Die waldschädliche Weide war deshalb zunehmend durch die noch schädlichere Streunutzung abgelöst worden. Die Bauern ersetzten das mangelnde Stroh für die Ställe durch Laub, Nadeln und Moos aus dem Wald. Diese Streunutzung entzog dem Wald wichtige Nährstoffe, die Böden verdichteten sich, die Wälder verloren an Gesundheit und Wachstum und ihre natürliche Verjüngung versagte. Der Kampf der Forstleute gegen die Streunutzung dauerte bis ins frühe 20. Jahrhundert. Vielfach sind die Schäden durch Streunutzung noch heute spürbar.

Die Handelsdünger vermehrten im Laufe der Zeit die Erträge der Landwirtschaft. Nahrungsmittel konnten importiert werden. Deshalb konnte man zunehmend auf den Ackerbau in den höheren Lagen der Mitelgebirge, zum Beispiel auf den Hack- und Reutbergen, verzichten.

Das Holz verlor seine Stellung als wichtigster Energieträger mehr und mehr an die Steinkohle. Das Nutzholz für die Sägewerke und andere holzverabeitende Betriebe wurde nun wichtiger als das Brennholz. Allerdings wurde das Holz als tragendes Element seinerseits zunehmend von Eisen und Stahl ersetzt. Das Holz konnte auf der Eisenbahn transportiert werden und wurde so zum Gegenstand nationaler und internationaler Märkte. Dazu trug der Abbau von Zollschranken und anderer Hindernisse, wie unterschiedlicher Maß- und Währungssysteme, entscheidend bei.

Um den Wiederaufbau der Wälder gelingen zu lassen, mussten einige Voraussetzungen erfüllt sein: Die vielleicht wichtigste war, dass die Förster sich als neuer, eigenständiger und kompetenter Berufsstand entwickelten, der sich vom Vorrang der Jagd befreien konnte. Es wurde eine einheitliche Forstverwaltung als staatliche Behörde, die sowohl für hoheitliche Aufgaben

Denkmal für den forstlichen »Klassiker« Georg Ludwig Hartig im Schurwald bei Winterbach. Der aus Hessen gebürtige Forstmann leitete von 1806 bis 1811 die württembergische Forstverwaltung.

(Einhaltung der Forstgesetze) als auch für die Bewirtschaftung der Staats- und Gemeindewälder zuständig war, geschaffen. In dieser Forstverwaltung konnte nur tätig sein, wer die vorgeschriebene Ausbildung absolviert und die entsprechenden Prüfungen abgelegt hatte.

Die Forstverwaltung war in den neuen Ländern Baden und in Württemberg eine selbstständige Verwaltung, sie war nicht in die allgemeine Verwaltung eingegliedert. In beiden Ländern herrschte zunächst das sogenannte Revierförstersystem, das heißt, die Aufgaben auf der Bezirksebene waren auf eine Inspektionsinstanz (Oberforstamt, Forstamt alter Ordnung) und auf eine Vollzugsinstanz (Bezirksforstei, Oberförsterei) aufgeteilt. Eine selbstständige Bezirksverwaltung (Oberförstersystem) gab es in Baden seit 1849, in Württemberg erst seit 1902. Die Bezeichnung »Forstamt« statt der Bezeichnung »Bezirksforstei« wurde in Baden 1899 eingeführt. Die Waldhut und die Anleitung der Waldarbeiten lagen bei den Bannwarten, Waldhütern oder Waldschützen.

Zunächst einmal musste die Ausbildung der Forstleute verbessert werden. Das Erfahrungswissen der alten hirsch- und holzgerechten Jäger reichte

Gegenüberliegende Seite: Die Stadt Freudenstadt erhielt einen großen Teil ihres berühmten Waldbesitzes erst um 1830 vom Land als Entschädigung für abgelöste Holz- und Weiderechte ihrer Bewohner im Staatswald. Die etwa 300 Jahre alte »Großvatertanne« war damals schon ein stattlicher Baum.

nicht mehr aus. Die Ausbildung der höheren Forstbeamten (Forstmeister) übernahmen nach und nach die Universitäten. Die örtlichen Waldhüter und Forstschützen wurden zu Forstwarten und Förstern, ihre Ausbildung bei einem Lehrherrn wurde durch Forstschulen ergänzt. Heute ist daraus eine Fachhochschule geworden.

Johann Heinrich Jung-Stilling, der Freund Goethes, lehrte 1784 an der Universität Heidelberg unter anderem Forstwissenschaft. Die ersten forstlichen Vorlesungen an der Universität Freiburg hielt der vorderösterreichische Oberforstmeister Johann Jacob Trunck von 1787 an.

Von den drei wichtigsten »forstlichen Klassikern«, Cotta, Hartig und Pfeil, hatte Georg Ludwig Hartig den größten Einfluss auf die Entwicklung in Württemberg. Der Hesse Hartig war um 1800 in Oberschwaben als Gutachter tätig gewesen. Von 1806 bis 1811 stand er als Oberforstrat an der Spitze der Württembergischen Forstverwaltung und unterhielt gleichzeitig ein privates Forstinstitut in Stuttgart.

Der erste forstliche Lehrstuhl an der Universität Tübingen wurde 1818 errichtet, das Studium der Forstwissenschaft 1825 an die landwirtschaftliche Lehranstalt in Hohenheim verlegt. 1881 kehrten die Forststudenten nach Tübingen zurück.

In Baden existierten ebenfalls zunächst private Meisterschulen (von Drais in Gernsbach seit 1795, Laurop seit 1809 in Karlsruhe). 1832 wurde das forstliche Studium am Polytechnikum in Karlsruhe begründet.

Unerlässlich für das große Aufbauwerk war es, moderne Forstgesetze zu schaffen, die für klare Eigentumsverhältnisse sorgten und halfen, den Wald von der Last der Berechtigungen (Holzrechte, Weiderechte) zu befreien. Neue Ideen in der Rechts- und Wirtschaftsordnung machten dies möglich. Die Ablösung der »Gerechtigkeiten« in den Staatswäldern erfolgte gegen Wald oder gegen Geld. Im Nordschwarzwald haben zum Beispiel Baiersbronn und Freudenstadt großen Waldbesitz (2900 bzw. 2500 Hektar) dieser Ablösung in den Jahren 1832/33 zu verdanken. Freudenstadt wurde dadurch zu einer der reichsten Städte Württembergs. Die Trennung von Wald und Weide dauerte im Südschwarzwald bis in die 50er-Jahre des 20. Jahrhunderts.

Schließlich mussten alle Wälder des Staates und der Gemeinden durch die Forsteinrichtung erfasst werden. Voraussetzung für die erste allgemeine Inventur im Öffentlichen Wald war die Vermarkung und Vermessung der Wälder, ihre Einteilung in Distrikte und Abteilungen und die Ermittlung ihrer Fläche. Im Badischen Forstgesetz von 1833 wird gefordert, alle Wälder binnen fünf Jahren zu vermessen, was man allerdings nicht schaffte.

Es war die Aufgabe der Forsteinrichtung, die Menge an Holz zu bestimmen, die in der Zukunft nachhaltig zur Verfügung stehen würde. Nachhaltig bedeutet, nie mehr Holz zu schlagen, als nachwächst. Diesen Zuwachs an Holz exakt zu bestimmen, war damals aber noch nicht möglich. Es gab drei Möglichkeiten, sich zu behelfen. Man konnte den Wald in so viele Schläge einteilen, wie es dem angestrebten Nutzungsalter entsprach. Dieses Verfah-

FORSTGESETZE FÜR BADEN UND WÜRTTEMBERG

In Baden wurden bereits bald allgemeine Vorschriften über die Waldbewirtschaftung erlassen: »Verordnung, die Bewirtschaftung der Wälder betreffend« von 1810. Am 15. November 1833 folgte dann das Badische Forstgesetz. Als Grundsatz postulierte es in Paragraph 8: »Die Forstbehörden besorgen und leiten die Waldwirtschaft; sie weisen die Hölzer und Forstnutzungen an.« Das Gesetz machte die Umwandlung von Wald in eine andere Nutzungsart (Ausstockung) genehmigungspflichtig, verbot die Waldverwüstung, ordnete die Aufforstung öder Flächen im Wald an und regelte die Waldweide (die Weide mit Schafen und Ziegen wurde verboten), die Streunutzung und die Ablösung der Forstrechte. Starke liberale Kräfte sorgten dafür, dass die strengen Vorschriften des Gesetzes im Privatwald erst durch eine Novelle von 1854 zur Wirkung kamen.

In Württemberg galten zunächst die alten Forstordnungen weiter. Es war dies die Forstordnung von 1614 in Verbindung mit den »Generalrescripten«, zum Beispiel von 1767. In der »Kommunordnung« von 1758 war die staatliche Aufsicht über die Gemeindewälder verankert. Eine vollständige Forstgesetzgebung erhielt Württemberg erst mit dem Forstgesetz von 1875, dem Körperschaftsforstgesetz vom gleichen Jahr und dem Forstpolizeigesetz von 1879. Erst von da an konnte – im Gegensatz zu Baden, dessen Forstgesetz von 1833 in allen drei Besitzarten Staats-, Gemeinde- und Privatwald galt – eine nachhaltige und fachmännische Bewirtschaftung des Gemeindewaldes durchgesetzt werden.

Die aufgeführten Forstgesetze galten zumeist bis zum einheitlichen Landeswaldgesetz für Baden-Württemberg von 1975.

ren war vom Nieder- und Mittelwald her bereits bekannt. Bei einem Eichenwald von 200 Jahren Lebensdauer wären dies 200 Schläge gewesen, von denen jährlich einer genutzt wurde. Das war natürlich zu umständlich. Man fasste daher die Schläge in 20-jährigen Perioden zusammen, den Verteilungsplan nannte man »Fachwerk«. In unserem Eichenbeispiel wären das zehn Perioden, sie hätten von 1800 bis zum Jahr 2000 gedauert. Man konnte auch die vorhandene und erwartete Holzmasse dieser Perioden festlegen oder, als dritte Möglichkeit, Letzteres mit der Zuweisung der Flächen kombinieren.

Angesichts dessen, was unser Wald in diesen 200 Jahren an Kriegen und Notzeiten, an Sturm- und Insektenkalamitäten, an Trockenzeiten und Luftverschmutzung erlebt hat, kann man sich über diesen Mut, 200 Jahre vorauszuplanen, nur wundern.

Das Fachwerkdenken entsprach aber den geistigen Strömungen, die hinter dem großen Umbruch in der Waldwirtschaft standen. Die Aufklärung (etwa 1720 bis 1785), »der Ausgang des Menschen aus seiner selbst verschuldeten Unmündigkeit« (Kant 1784), bestärkte die Menschen in der Auffassung, dass sie die Natur im Interesse des Fortschritts beherrschen könnten, wenn sie die Natur nur gut genug kennen und sich stets nur durch die Vernunft leiten lassen würden. Der Dichter Friedrich Schiller soll um 1800 im Thüringer Wald Forstleuten bei der Inventur begegnet sein. Sie erklärten ihm die Aufstellung des Fachwerks. Das soll Schiller zu folgendem Ausspruch (als Dichter sprach er natürlich druckreif) veranlasst haben: »Wahrlich, ich hielt Euch Jäger für gemeine Menschen, deren Taten sich nicht über das Töten des Wildes hinaus erheben. Aber Ihr seid groß, Ihr wirkt unbekannt, unbelohnt, frei von des Egoismus Tyrannei, und Eures stillen Fleißes Früchte reifen der späten Nachwelt noch.«

DER WIEDERAUFBAU DER WÄLDER

Es ist wohl nicht zu weit hergeholt anzunehmen, dass die Forstleute aus der aufklärerischen Überzeugung, den Wald durch Wissen und Vernunft beherrschen zu können, auch Kraft und Ausdauer für die ungeheure Aufgabe schöpften, die devastierten Wälder wieder aufzubauen. Erste Nachrichten über dieses Aufbauwerk stammen aus dem Besitz von Kurmainz im Raum Amorbach, Buchen und »Dürren« (Walldürn?) im Jahr 1659.

ಞ Im **Nordschwarzwald** begann der Wiederaufbau um Eberstein 1784 und auf dem Kaltenbronn 1788 unter dem Oberforstmeister Friedrich Heinrich Georg von Drais (dem Onkel des Fahrraderfinders). In Altensteig machte sich der Oberforstmeister von Sponeck seit 1797 und im Hagenschieß bei Pforzheim Oberforstmeister von Gaisberg 1760 bis 1770 um die Aufforstung der Ödländer verdient. Im Wesentlichen säte man Fichte und Kiefer sowie etwas Tanne und Lärche. Welche gewaltige Mengen an Saatgut verbraucht wurden, ist für den württember-

Beim Wiederaufbau der Wälder zu Beginn des 19. Jahrhunderts entstanden vorwiegend reine Fichtenbestände, die sich als anfällig für Sturm, Schnee und Insekten erwiesen. Aber auch so ein reiner Fichtenwald kann schön sein.

gischen Schwarzwald zwischen 1820 und 1850 nachgewiesen worden: Auf insgesamt etwa 45 000 Hektar Wald wurden 168 000 Pfund Fichten- und Tannensamen, 59 000 Pfund Kiefernsamen und 37 000 Pfund Lärchensamen ausgesät. Außerdem wurden 16 Millionen Nadelbäume und eine Million Laubbäume gepflanzt. Der Erfolg dieser gewaltigen Anstrengungen ließ nicht auf sich warten: Auf dem Kaltenbronn war man bereits 1803 mit der Wiederaufforstung praktisch fertig und im badischen Hornisgrindegebiet 1825 zu 80 Prozent. Am längsten dauerte es auf den Waldbrandflächen von 1800 im württembergischen hinteren Murgtal bei Schönmünzach.

- Im **Mittleren Schwarzwald** wird von den ersten Saaten südlich des Kniebis 1804 berichtet. Fichte und Kiefer säte man vor allem auf ehemaligen Reut- und Weidfeldern. In Wolfach pflanzte man 1804 bis 1806 mehrere Tausend Fichtenwildlinge aus Triberg.

- Ein erster Bericht über eine Saat im **Südschwarzwald** stammt aus Lenzkirch, wo 1814 Fichten gesät und als Wildlinge gepflanzt wurden. Die erste Pflanzung dürfte in St. Peter erfolgt sein, wo man 1802 am Kandel 14 000 »Rottännchen« (Fichten) pflanzte. Auf dem Köhlgarten oberhalb von Müllheim wurden von 1839 bis 1841 216 Hektar stockschlägiger, schlechter Buche durch Kahlhieb mit Anbau von Fichte umgewandelt.

- Im **Odenwald** brannte man die Heide zusammen mit den Krüppelbeständen ab, entwässerte versumpfte Flächen, bearbeitete den Boden mit Hacke und Pflug – gelegentlich auch durch Schafeintrieb – und säte Kiefer, Fichte und Birke oder die »Odenwälder Mischsaat« von Fichte, Kiefer und Lärche. Die Regierung von Kurmainz stiftete 1785 zwei goldene Medaillen für diejenigen Amtskeller (Amtmänner), die binnen drei Jahren am meisten Nadelholz angebaut hätten.

- Ab 1840 benutzte man im **Neckarland** die Saat von Kiefer, Fichte und Lärche allgemein zur Walderneuerung auf geringen Standorten mit fehlender Buchenverjüngung. Devastierte ältere Laubbaumbestände wurden kahlgeschlagen und Nadelbäume in die Eichen- und Buchenverjüngung gepflanzt.

- Im 19. Jahrhundert verwendete man im **Schönbuch** Mischsaaten von Fichte und Kiefer, auch von Tanne und Lärche zum Waldaufbau, nachdem das Saatgut für die Laubbaumsaaten auf die Dauer nicht ausreichte. Die Böden waren verarmt und oft auch vernässt. Vielfach war vor der Kultur Entwässerung erforderlich. Auch hier ging man 1840/50 zur Pflanzung über.

- Nehmen wir die Schwäbische Alb als weiteres Beispiel. Auf der **Ostalb** begann man mit der Saat von Kiefer und Fichte bereits im 18. Jahrhundert. Um die Mitte des 19. Jahrhunderts traten die bis dahin üblichen Mischsaaten von Fichte, Tanne, Kiefer und Lärche zurück und wurden durch Pflanzung von Fichte abgelöst.

- Auf der **Mittleren Alb** konnte man nach Regulierung der Weiderechte in der ersten Hälfte des 19. Jahrhunderts Fichte und Kiefer säen, später auch pflanzen.
- In **Oberschwaben** und im **Bodenseegebiet** wurde schon seit Langem auf großen Flächen – in der Regel nach Waldfeldbau – Fichte, teilweise auch Kiefer, gesät. Nach 1819 säte man die Fichte auch zur Ausbesserung mangelhafter Naturverjüngungen, zum Teil nach Bodenbearbeitung. Erst nach 1840 bis 1850 errichtete man die vorgeschriebenen Saatschulen und ging zur Pflanzung der Fichte über. In Messkirch und Kloster Wald wurde seit 1830 mit Erfolg auch Tanne eingebracht, und zwar zunächst durch Plattensaat (auf den kreisrunden »Platten« hatte man den Bodenbewuchs abgezogen und ein Saatbeet gehackt) unter Buche und später durch Pflanzung. Umfangreiche Tannensaaten im südlichen Oberschwaben zwischen 1840 und 1850 misslangen hingegen, ebenso wie die spätere Pflanzung der Tanne, wegen Vergrasung und Wildverbiss.

Aus den vielen einzelnen Berichten ergibt sich ein ziemlich einheitliches Bild. Die Saat der Waldbäume war zunächst das meistbenutzte Verfahren zur Wiederbestockung kahler Flächen, zur Aufforstung von Reutbergen und ehemaligen Weideflächen und zur Umwandlung devastierter Stockschlagbestände. Daneben benutzte man die Untersaat von Tanne, Buche und Eiche unter das

In den Hardtwaldungen am Oberrhein verwendete man zur Aufforstung der ruinierten Laubwälder die Kiefer. Später wurden die meisten von ihnen wieder mit Buchen und anderen Laubbäumen unterpflanzt.

Altholz zur Anreicherung der Naturverjüngungen. Laubbäume säte man verhältnismäßig selten. Die Pflanzung hatte man zunächst nur in geringen Mengen zur Ausbesserung der Naturverjüngungen benutzt. Gegen die Jahrhundertmitte hatte man die Vorteile der Pflanzung von Bäumchen, die man in den Saatschulen erzog, erkannt und arbeitete bald nur noch mit dieser.

Bis 1840/1860 benutzte man nur Saatgut aus einheimischen Wäldern. Danach wurden die staatlichen »Klengen« (in denen der Samen aus den geernteten Zapfen der Nadelbäume durch Wärme gewonnen wird) geschlossen, weil die privaten Klengen billigeres Saatgut, das sie oft aus Tirol, Bayern, aus Hessen und dem Harz bezogen, anboten.

Eigentlich hatte man nur mit der Kultur von Fichten und Kiefern einen ziemlich sicheren Erfolg. Sie besaßen die notwendigen Pioniereigenschaften für den Anbau auf den kahlen Flächen. Der Anbau der Schattbaumarten Tanne und Buche misslang häufig. Meist waren daran der Graswuchs und der Wildverbiss schuld. Vielfach beabsichtigte man, Fichte und insbesondere Kiefer nur als vorläufigen Wald (»Vorwald«) zu benutzen und unter ihnen später Tannen und Buchen einzubringen. In der Regel blieb es jedoch bei der guten Absicht.

Karl Gebhard, der damalige Leiter der Fürstenbergischen Forstverwaltung, äußerte sich geradezu euphorisch über die Vorzüge der Fichte und ihre Pioniereigenschaften. Sie ersteige die höchsten Höhen, nehme die exponiertesten Freiflächen ein, bewohne genügsam die von Fels und Geröll übersäten, flachgründigen und steilen Berghänge, lohne sich durch reiche Holzerträge und bereite die geringstmöglichen »Difficilitäten« bei der Behandlung, namentlich beim künstlichen Anbau.

Von den Gefahren, die den reinen Kiefern- und Fichtenwäldern durch Sturm, Schnee und Insekten drohten, ahnte man noch kaum etwas. Schmälert das die großen Verdienste der Forstleute in der ersten Hälfte des 18. Jahrhunderts? Wir glauben es nicht, denn man kann nicht nach den Maßstäben unserer Erfahrung, sondern nur auf dem Hintergrund der damaligen Verhältnisse urteilen.

Lassen wir nochmal einen Zeitgenossen, den Klassiker Wilhelm Pfeil (»Die deutsche Holzzucht«, 1860) sprechen: »Darum ist es auch naturgemäß, daß wir den Boden, der zu arm zur Ernährung von Laubholz geworden ist, mit Nadelholz anbauen. [...] In vielen Fällen bleibt aber doch auch nichts weiter übrig, als eine Pflanzung von Kiefern und Fichten, wenn man überhaupt unter schwierigen Verhältnissen noch Holz erziehen will.«

WALDBAU AUF DEM SCHACHBRETT

Mittels des weiter oben beschriebenen Fachwerks verwandelten die Forstleute »einen wirren Flickenteppich in ein säuberliches Schachbrett«, meint Pogue Harrison in seinem Buch »Forests, The Shadow of Civilization«. Tatsächlich hatte man in der klassischen Periode der Forstwissenschaft eine ganz andere Vorstellung von einem idealen Wald als heute. Der Wald sollte dicht geschlossen und einförmig, gleich hoch und gleich alt sein. Man bevorzugte reine Bestände aus einer einzigen Baumart. So erinnerte ein Wald immer ein wenig an ein preußisches Infanterieregiment bei einer Parade.

Bei einer gelungenen Saat und erst recht bei einer gelungenen Pflanzung war dieses Ideal leicht zu erreichen. Aber wie sah es bei der Naturverjüngung

In den Buchenwäldern benutzte man die reichliche Naturverjüngung, im Verfahren des Großschirmschlags nach Hartig, um neuen Wald zu begründen.

DAS 19. JAHRHUNDERT

aus den Samen der alten Bäume aus? Auch dafür hatten die Klassiker eine Antwort: den Schirmschlag. Er hatte sich im Laufe der Zeit in den Buchenwäldern Hessens entwickelt. Die Technik des Schirmschlages hat Georg Ludwig Hartig in seinem Buch »Anweisung zur Holzzucht für Förster« (1791) genau beschrieben.

In dem zu verjüngenden Wald ließ man einen Schirm von sorgsam ausgesuchten alten Buchen in regelmäßigen Abständen als Samenbäume stehen. Sie sollten in einem Samenjahr den ganzen Boden mit Samen überwerfen. In ein bis zwei Hieben wurde über der ankommenden Verjüngung gelichtet, in einem dritten, wenn der Jungwuchs etwa 65 Zentimeter hoch war, das restliche Altholz geräumt. Die Verjüngung konnte so innerhalb einer Fachwerksperiode von 20 Jahren fertiggestellt werden.

Dieses Verfahren wurde in Baden bereits 1810 für Wälder aller Baumarten und unabhängig von den Besitzverhältnissen verbindlich vorgeschrieben. Man hoffte, mit dem Hartig'schen Verfahren die Naturverjüngung auf großer Fläche zu erreichen. Allerdings scheint diese erste Verordnung wenig Erfolg gehabt zu haben. Man wirtschaftete munter weiter in Form der regellosen Plenterung.

Das Badische Forstgesetz von 1833 enthielt deshalb als bekannteste waldbauliche Vorschrift in seinem Paragraphen 17 das Verbot der Plenter- oder, wie man in Baden sagte, Femelwirtschaft (Femeln = einzelstammweise Nutzung), welche zusammen mit der Übernutzung und der Waldweide nach damaliger Meinung zum Ruin des Waldes geführt hatte. Außerdem wurde der Kahlhieb verboten, Ausnahmen konnte die Forstbehörde genehmigen. In Paragraph 10 wurde die Naturverjüngung in Form des Hartig'schen Schirmschlages erneut allgemein und verbindlich vorgeschrieben. Das alles galt auch für die Privatwälder.

In Württemberg war die Grundlage des Waldbaus zunächst noch die Forstordnung von 1614 in Verbindung mit der Kommunordnung von 1758. Die Anordnung, schlagweise zu hauen (erstmals bereits in der Landordnung von 1495 enthalten), hatte in der Praxis keineswegs zum Aufhören der regellosen Plenterwirtschaft geführt. Neue Vorschriften über die Waldbewirtschaftung enthielt die »Instruktion für die Kgl. Kreisforstmeister oder Instruktion für das Kgl. Forstpersonal« von 1818 und die »Technische Anweisung« von 1819. In dieser Zeit war Johann Georg Freiherr Seutter von Lötzen Direktor des Königlichen Forstrates und der Neuorganisator der Forstverwaltung des Landes. Der Einfluss Georg Ludwig Hartigs, der von 1806 bis 1811 als Leiter der Württembergischen Forstverwaltung gearbeitet hatte, ist unverkennbar. Für die Hochwaldungen wurde allgemein der Schirmschlag mit natürlicher Verjüngung vorgeschrieben. Die Verjüngung sollte bei Fichte und Tanne in der Regel sechs Jahre, bei der Eiche sieben Jahre und bei der Buche acht Jahre dauern.

DER ERFOLG DER SCHLAGWEISEN WIRTSCHAFT

Der sogenannte Großschirmschlag nach Hartig baute auf den alten Bemühungen auf, auf einmal immer nur in einem bestimmten Teil des Waldes (dem Schlag) zu wirtschaften, und benutzte dafür ein einheitliches Verfahren. Das angestrebte Ziel der allgemeinen Naturverjüngung der Wälder ist mit dem einheitlichen Verfahren des Großschirmschlages in Baden und in Württemberg trotz damals extrem niedriger Wildbestände nicht erreicht worden. Ungeachtet dieses Urteils sind unter günstigen Umständen aus dem Verfahren sehr gelungene und schöne Jungbestände hervorgegangen. Die besten Erfolge hatte man bei der Buche. Auch bei der Tanne sind teilweise gute Verjüngungserfolge nachzuweisen. Misserfolge bei den Schattbaumarten Tanne und Buche lagen nicht am Verfahren, sondern an dem zu schnellen Vorgehen unter dem Periodenzwang des Fachwerks. Mangelnde Verjüngungserfolge veranlassten in vielen Gebieten bald die Rückkehr zu Kahlschlag und künstlicher Verjüngung.

In Baden hatte der baldige Abschied vom Großschirmschlag keine waldbaulichen, sondern ökonomische Ursachen. Sein Motor waren nicht so sehr die Forstleute, sondern die Waldbauern und Gemeinden einer bestimmten Region, nämlich des Kinzigtales im Mittleren Schwarzwald. Aus den Kompromissen, die die Kinzigtäler im Laufe der Zeit erreichten, entstand nach und nach ein neues Verfahren zur Naturverjüngung, der »Badische Femelschlag«, auch wenn das Kind noch nicht auf diesen Namen getauft war.

Im Kinzigtal herrschte in der Zeit der ersten Forsteinrichtungen um 1835 noch immer die Plenter- oder Femelwirtschaft, das heißt der Hieb auf einzelne starke Stämme. Sie hatte ihre Ursache in dem seit Jahrhunderten betriebenen Floßholzhandel, bei dem für den Erlös eines Tannen- oder Fichtenstammes die Stammlänge und der Zopfdurchmesser entscheidend waren (siehe oben). Das Wirtschaftsziel war deshalb, starkes Stammholz zu erzeugen.

Die moderne Schlagwirtschaft in den Öffentlichen Waldungen sollte nun zwei im Grunde unvereinbare Forderungen erfüllen. Einmal sollten die Waldungen in ihrem Zustand verbessert, die Gefahren einer ungeregelten Bewirtschaftung, in erster Linie durch den Sturm, vermieden und die Waldungen im Fachwerk (sozusagen für die Ewigkeit) streng nachhaltig bewirtschaftet werden. Zum anderen wurde aber in keinem Einrichtungswerk Zweifel daran gelassen, dass die Nutzholzerzeugung für den Floßholzhandel das Wirtschaftsziel bleiben sollte.

Die Anpassung der Ernte an den Markt war aber für den in das Fachwerk eingezwängten Waldbau nicht möglich. Nach dem Fachwerksplan durften nur in Beständen Erntehiebe geführt werden, die in der ersten Periode, das heißt in den ersten 20 Jahren, zur Nutzung vorgesehen waren. In den übrigen Beständen durften keine Erntehiebe erfolgen – selbst dann nicht, wenn die Stammhölzer ihren vollen Wert bereits erreicht hatten oder schon abgängig waren und laufend an Wert verloren. Auf der anderen Seite fielen in den unregelmäßigen Beständen der ersten Periode Hölzer zum Einschlag an, die nicht die erstrebten Zielstärken aufzuweisen hatten, so dass sie vielfach unverkäuflich waren. Dieses Dilemma war den ersten Forsteinrichtern im Kinzigtal durchaus bewusst. Die Forsteinrichtung war aber an das Femelverbot des Forstgesetzes und an das Fachwerk gebunden.

Die Kinzigtalgemeinden liefen Sturm gegen das Femelverbot. Sie richteten zahlreiche Petitionen an die zweite Kammer des Landes. Außer den ökonomischen Nachteilen führten die Gemeinden den Zustand der Wälder, die Bedürfnisse der Baumart Tanne und zunehmende Sturmschäden in den Schlagwaldungen als Argumente gegen die Schlagwirtschaft an. Der erste Erfolg ihres ständigen und hartnäckigen Drängens war der Kompromiss der »Modifizierten Schlagwirtschaft«, bei der der Zeitraum der Verjüngung über die 20 Jahre der ersten Fachwerksperiode hinaus verlängert wurde. Der nächste Schritt war dann die »Rationelle Schwarzwälder Nutzholzwirtschaft«, bei der in den Schlägen der ersten Periode nur das Altholz, hiebsreife und schlechte Bäume, aber im ganzen Wald, geschlagen werden sollten. Die Verjüngung war nicht nur in den Schlägen, sondern im ganzen Wald willkommen. Die Kinzigtäler gaben sich jedoch nicht zufrieden, bis sie 1854 die Aufhebung des Femelverbotes im Privatwald und bald danach die völlige Aufgabe der Schlagwirtschaft auch im Gemeindewald erreichten. Der Forstwissenschaftler Friedrich Wilhelm Bauer meint, »es mag in dem Volkscharakter jener Schwarzwaldbauern begründet liegen, daß sie immer und immer wieder auf das hartnäckigste […] das Ziel verfolgten, der alten, verbannten Femelwirtschaft, die sie von ihren Vätern gelernt hatten, den Einzug in ihre Wälder wieder zu verschaffen«.

Gegenüberliegende Seite: Im sogenannten Plenter- oder Femelwald stehen ständig Bäume jeden Alters auf der ganzen Fläche. Die Verjüngung des Waldes erfolgt durch Entnahme einzelner alter Bäume statt auf großen Schlägen. Leider funktioniert dieses »Perpetuum mobile« nur mit Tannen, Buchen und Fichten in höheren, feuchten Berglagen.

INDUSTRIALISIERUNG UND WALDWIRTSCHAFT

Die Zeit von 1850 bis 1920 war eine außerordentlich ereignisreiche Spanne der politischen Geschichte. Sie reicht von der gescheiterten bürgerlichen Revolution von 1848/49 über den Norddeutschen Bund und den Deutschen Bruderkrieg von 1866, den Deutsch-Französischen Krieg und die Reichsgründung 1870/71 bis zum Ersten Weltkrieg 1914/18 und dem Friedensvertrag von Versailles.

Die Wirtschaft wurde durch die rasante technische Entwicklung bestimmt. Maschinen, Eisenbahnen, Schiffsbau, Verhüttung von Eisen mittels Koks, Elektrizität, erste Kunststoffe sind einige Stichworte. Die Entwicklung der Industrie, die Bildung großer Kapitalgesellschaften, die Auflösung von Zünften und Ständen, die Entstehung von Großstädten, die Auseinanderentwicklung von Stadt und Land überforderten nicht wenige Zeitgenossen. Die einen erfreuten sich ungeahnten Wohlstands, andere blieben auf der Strecke. Die Industriearbeiterschaft entstand und wurde nur allzu oft das Opfer sozialer Missstände. 1867 erschien von Karl Marx »Das Kapital«. Reichskanzler Bismarck bekämpfte die aufstrebenden Sozialdemokraten (Sozialistengesetz von 1878), versuchte aber durch die nach ihm benannten Sozialreformen (1881–89) die Not der Arbeiter zu lindern.

Die Wirtschaft wurde durch die Lehren des »Manchester-Kapitalismus« geprägt. In Industrie und Landwirtschaft herrschte scharfe internationale Konkurrenz. Erste internationale Wirtschaftskrisen traten ein. Die rigorose Freihandelspolitik wurde danach durch Schutzzölle eingeschränkt.

Die Zeit nach Bismarck führte durch den scharfen Wettbewerb mit England (Schiffahrt, Kolonien) und das internationale Wettrüsten schließlich zum Ersten Weltkrieg.

Es muss wie ein Widerspruch klingen, dass wir dieselbe Zeit für den Wald als eine Zeit der Konsolidierung beschreiben. Aber tatsächlich entwickelten sich die wieder aufgebauten Wälder, abgesehen von einigen Sturm- (1870, 1902) und Schneebruchjahren (1886), in dieser Zeit der politischen Unruhe gut. Die Wälder waren dicht geschlossen, leisteten einen hohen Zuwachs, und die Holzvorräte waren gegen Ende dieses Zeitraums dank der sehr konservativen Bewirtschaftung höher als je zuvor.

Die Zeit rasanter wirtschaftlicher und sozialer Entwicklungen veränderte naturgemäß auch die Ziele der Waldwirtschaft. Nutzholz zu produzieren wurde in den meisten Waldungen das vorrangige Ziel. Zunehmend ging es nicht mehr in erster Linie darum, den örtlichen Holzbedarf zu befriedigen.

Im 19. Jahrhundert lernte man, aus Holz Zellstoff und Papier zu machen. Das Bild zeigt die Papierfabrik Schaeuffelen in Heilbronn um 1890.

Vielmehr produzierte man für überörtliche Märkte, für den Bedarf der sich mächtig entwickelnden Industrie. Die Holzproduktion in den heimischen Wäldern reichte von nun an nicht mehr aus, um den gestiegenen Holzbedarf zu befriedigen. Deutschland wurde ab 1864 zum Importland für Holz und Holzprodukte. Neue Nutzholzsortimente entstanden im Gefolge der technischen Entwicklung: Eisenbahnschwellen, Leitungsmasten und Grubenholz.

1874 hatte der Chemiker Alexander Mitscherlich die Aufschließung des Zellstoffs im Holz mittels des Sulfitverfahrens erfunden. Die Zellstofffabriken (Waldhof 1884, Feldmühle 1885, Neustadt 1887) verlangten ein neues Sortiment, das Papierholz, welches an Stelle von Brennholz aufgearbeitet werden konnte.

Wesentlichen Anteil an der Entwicklung des überörtlichen Holzabsatzes hatte die Eisenbahn, mit der man das Holz in die Zentren des Verbrauchs transportieren konnte. Freilich verursachte sie auch das Ende der glorreichen Zeit der Flößerei im Schwarzwald. Gebietsweise, wie im Odenwald, im Neckarland und am Oberrhein, und vor allem in den kleineren Gemeindewaldungen, blieb die Erzeugung von Brennholz aber noch lange das eigentliche Produktionsziel.

Wir haben bereits gehört, dass die Beanspruchung des Waldes durch die Weide und andere Nebennutzungen parallel zu den Veränderungen in der Landwirtschaft und zu der Abnahme des Brennholzbedarfes nachließ. Viele Berechtigungen waren bereits abgelöst worden. Nach wie vor spielte aber die Nutzung des Waldes für Brennholzrechte, Weide und Gras gegendweise (Rheintal, Odenwald, Mittlerer und Südschwarzwald, Neckarland) eine große Rolle. Zum Beispiel bildete der Wald im Odenwald und im Schwarzwald nach wie vor eine Grundlage der Viehwirtschaft für die »Wald-Vieh-

Ist der Schonwald Diebsteig im Schönbuch ein schöner Wald? Mit der Schönheit des Waldes befasste sich die Forstästhetik. Aber was ist überhaupt ein schöner Wald? Da gingen die Ansichten oft auseinander.

bauern«. Besonders schädlich, vor allem in landwirtschaftlichen Notzeiten, war, wie schon erwähnt, die Streunutzung, die »Streupest«.

Die finanziellen Erträge aus der Waldwirtschaft waren bedeutend. Zum Beispiel reichten die Reinerträge aus dem Freiburger Stadtwald zwischen 1840 und 1870 aus, um 16 bis 23 Prozent der gesamten städtischen Ausgaben zu begleichen; 1912 machten sie wegen des stark gestiegenen Haushaltsvolumens nur noch zwei Prozent der Ausgaben aus. Heute kann man nur noch von Promille sprechen.

Wenn es auch draußen im Walde ruhig zuging, in der Forstwissenschaft tobte im Gefolge des ungehemmten Kapitalismus ein heftiger Streit. Es ging um die Forderung, auch im Wald eine angemessene Verzinsung des eingesetzten Kapitals zu erwirtschaften.

Max Pressler, Professor an der Forstakademie Tharandt, hatte 1858 in seiner kleinen Schrift »Der rationelle Waldwirt« die »Bodenreinertragslehre« auf die Tagesordnung gebracht, wo sie gegen die Lehre vom »Waldreinertrag« anzutreten hatte. Der Waldreinertrag war einfach der Überschuss der Einnahmen aus dem Wald über die Ausgaben. Die Bodenreinertragslehre verlangte hingegen die Verzinsung des im Wald angelegten Kapitals. Je mehr der finanzielle Überschuss den geforderten Zins überstieg, desto höher war der sogenannte »Bodenreinertrag«. Der höchste Bodenreinertrag war in einem gleichmäßig aus Beständen aller Alter aufgebauten, reinen Fichtenwald zu erwarten, der in kurzen Umtriebszeiten und durch Kahlschlag bewirtschaftet wurde. Die Waldreinerträger stellten diesem kapitalistischen Modell das Ziel gegenüber, im Wald möglichst viel und möglichst wertvolles Holz bei höchstmöglicher Sicherheit vor Sturm- und anderen Schäden zu erzeugen. Der große bayerische Waldbauer und Forstwissenschaftler Karl Gayer lehrte, dass das am ehesten in einem standortgemäßen Mischwald möglich sei, und begründete damit den Waldbau auf ökologischer Grundlage.

In diesem Streit deutete sich etwas an, das noch bis in unsere Tage diskutiert wird: der vermeintliche Gegensatz zwischen der Rentabilität der Waldwirtschaft und ihrer Naturnähe. Der Wald war nämlich für viele Menschen schon damals mehr wert als das Holz, das aus ihm verkauft werden konnte. Ein Franzose hatte zum ersten Mal die »Wohlfahrtswirkungen« des Waldes für die Landschaft beschrieben. Die Schrift von Alexandre Moreau des Jonnès von 1825 über die Auswirkungen der Entwaldung auf Wasserhaushalt und Klima erregte Aufsehen. Die praktischen Auswirkungen auf die Waldbewirtschaftung lagen zunächst auf dem Gebiet der Wasserversorgung, die der gesteigerten Bevölkerungszahl angepasst werden musste. Die erforderlichen Wasserreservoire wurden in erster Linie im Wald angelegt und aus diesem versorgt.

In der zweiten Hälfte des 19. Jahrhunderts spielte auch der Gesichtspunkt der »Forstästhetik« eine wichtige Rolle für das waldbauliche Vorgehen. Mit der Frage, was im Waldbau als »schön« empfunden wird, beschäftigten sich zum Beispiel Bücher von Heinrich Christian Burckhardt (1855) und Heinrich von Salisch (1885).

Mit der Entstehung eines regelmäßigen Fremdenverkehrs gewann die Erholungsfunktion des Waldes an Bedeutung. Als Beispiel hierfür soll ebenfalls der Stadtwald Freiburg dienen, in dessen Wirtschaftspläne dieser Gesichtspunkt bereits zur Zeit des Bezirksförsters Christian Näher (»Freiburgs Waldgärtner«) um 1850 aufgenommen wurde, und der in der Amtszeit des Oberbürgermeisters Otto Winterer zu Anfang des neuen Jahrhunderts großzügig durch die »Waldfahrstraßen« für die Kutschfahrten der Bürger erschlossen wurde.

Schließlich hatte der Wald für das Gefühlsleben der Deutschen einen ganz neuen Stellenwert bekommen. Ein Begründer dieses »Feelings« war der Dichter Friedrich Gottfried Klopstock (1724–1803). Er hatte in einer Ode »Der Hügel und der Hain« den Eichenwald (eigentlich die mächtigen alten Eichen auf einer Weidefläche, in einer »Hudelandschaft«) zum Symbol des Vaterlandes gekürt. Jüngere Dichter aus Göttingen gründeten daraufhin den »Hainbund«. In den Freiheitskriegen gegen Napoleon erinnerte man an die Schlacht im Teutoburger Wald und nutzte Symbole aus dem Wald (»Eichenlaub« statt Lorbeer). Der Turnvater Friedrich Ludwig Jahn hätte am liebsten einen dichten Wald als Grenze gegen den französischen Erbfeind am Rhein entlang gepflanzt. In der Romantik wurde der Wald erst so recht zum nationalen Mythos und zum Sehnsuchtsort der deutschen Seele. In der Dichtung (Eichendorff, Gebrüder Grimm, Hauff), Malerei (Caspar David Friedrich, Ludwig Richter) und in der Musik (Carl Maria von Weber) ist er nicht mehr nur Hintergrund, sondern Gegenstand des Werks.

In Baden und Württemberg hat die Bodenreinertragslehre, im Gegensatz zu Sachsen, sich lange Zeit in der waldbaulichen Praxis kaum ausgewirkt.

Das änderte sich kurz nach der Jahrhundertwende. In Baden herrschte »eine ausgesprochen konservative Waldwirtschaft, man freute sich der steigenden Holzvorräte als Folge der Aufbauarbeit des vergangenen Jahrhunderts und pflegte unter dem Einfluss Karl Gayers, wo immer nur möglich, natürliche

Gemälde »Der einsame Baum« von Caspar David Friedrich von 1821 zeigt eine einsame, absterbende Eiche in einer Hude-Landschaft.

Verjüngung und Mischwald. Rechnen im Wald war verpönt«. Angemessene Holzvorräte aufzubauen war unter dem Eindruck der Holznot am Anfang des Jahrhunderts zu Recht das Leitbild der Forstwirtschaft gewesen. Die »zwar sehr ehrenwerten, aber wenig tatkräftigen, übervorsichtigen« Männer in der Leitung der Badischen Forstverwaltung vermochten die forstliche Jugend nicht zu begeistern. »Begabte, junge, vorwärts drängende Kräfte« – genannt seien Otto Eberbach (Bonndorf), Emil Fieser (Freiburg), Karl Philipp (Sulzburg) und Karl Nüssle (Säckingen) – sammelten sich in einer Gegenbewegung, der »Jungen Forstlichen Schule« (Zitate aus der »Biographie bedeutender Forstleute«, 1980). Ihre Kritik und ihre Forderungen machten sie durch Zeitungsaufsätze und Denkschriften öffentlich und konnten einiges mit Hilfe der Politik auch tatsächlich durchsetzen. Fast gleichzeitig mit einem entsprechenden Vorgehen in Bayern richteten die jungen Forstamtsleiter Emil Fieser und Karl Philipp in Baden schwere Vorwürfe gegen die Forstverwaltung: Sie würde Altholz horten und nur eine ungenügende Rente aus der Waldwirtschaft erzielen. Die Länderparlamente griffen diese Kritiken gerne auf und zwangen die Forstverwaltungen zu Stellungnahmen und in der Folge zur Erhöhung des Holzeinschlages (Bayern 1908, Baden 1910). In Württemberg wurden von 1905 bis 1910 Überhiebe für einen »Forstreservefonds« gehauen und die Erlöse in mündelsicheren Papieren angelegt. In der Inflation 1923 gingen diese Erlöse dann verloren. Im Ersten Weltkrieg wurde die erhöhte Nutzung für Kriegsanleihen und den großen Bedarf an Nutz- und Brennholz überall fortgesetzt. Der gute Zustand der Wälder sorgte aber dafür, dass die Erhöhung des Holzeinschlags keine neuerliche Waldverwüstung zur Folge hatte.

WALDBAU IN BADEN UND WÜRTTEMBERG

In Baden entwickelte sich aus den von den Waldbesitzern im Kinzigtal erzwungenen Korrekturen an Schirmschlag und Fachwerk der Badische Femelschlag (siehe Kasten).

Eine wichtige Voraussetzung für den Femelschlag war, dass die Forsteinrichtung vom Fachwerk zu einem moderneren und weniger starren Verfahren zur Bestimmung des Hiebssatzes (des nachhaltig möglichen Holzeinschlags) gefunden hatte.

Der Femelschlag hat sich in der Praxis im Zuge der Erfahrungen immer mehr entwickelt. Er war nicht von oben her überall vorgeschrieben. In reinen Laubbaumwäldern konnte weiterhin der Schirmschlag angewandt werden. Auch bei der Fichte zweifelten manche Fachleute seine Eignung an und sprachen sich für andere Verfahren oder gar für den Kahlhieb und Pflanzung aus. Die Forstamtsleiter in Baden waren waldbaulich so frei wie nirgends sonst in Deutschland. Einige von ihnen, die beispielhaft wirkten, seien mit ihrem ersten Forstamt genannt: Adolf Diesslin (Schönau im Wiesental), Otto Eberbach (Bonndorf), Hubert Ganter (Stadt Villingen), Friedrich Gerwig (Oberried bei Kirchzarten), Joseph Schätzle (Wolfach), Karl Schuberg (Oberweiler/Badenweiler), Xaver Siefert (St. Blasien).

FEMELSCHLAG UND FEMELWALD

Im »Femelwald« oder »Plenterwald« stehen infolge der einzelstammweisen Nutzung (»Femeln«) ständig Bäume aller Stärken und Alter gleichmäßig auf der ganzen Fläche verteilt, und zwar im Idealfall in einem stabilen Gleichgewicht zwischen stark und schwach, jung und alt. Der Wald wird nicht planmäßig verjüngt, vielmehr kommt der Jungwuchs von selbst in den Löchern hoch, die beim Femeln entstehen.

Beim »Femelschlag« wird ebenfalls auf den einzelnen Stamm gehauen. Der dadurch mehr oder weniger zufällig entstehende Jungbestand wird dann aber gruppen- und horstweise erweitert. Nach einer langen Zeit von 60 Jahren und mehr sind schließlich alle starken Stämme geerntet und nur noch Jungwald vorhanden, der in sich ziemlich ungleichaltrig ist.

Beide Verfahren funktionieren nur bei schattenertragenden Baumarten, wie Tanne, Buche und (in höheren Lagen) Fichte, und bei ausreichenden Niederschlägen, also nur im Mittelgebirge und im Hochgebirge. Übergänge zwischen beiden Verfahren sind leicht möglich.

Der Femelschlag hatte durchaus auch Nachteile: Wo die Wege zur Holzbringung (das heißt, um das Holz an den Fahrweg zu schleifen und auf diesem abzutransportieren) fehlten, entstanden bei der Räumung der restlichen Altbäume Schäden am Jungwuchs; der Sturm konnte bei der unregelmäßigen Hiebsführung an vielen Orten angreifen, und der Wildverbiss war schwer zu verhindern.

Im Ganzen war der Badische Femelschlag ideal für die Tannen-Fichten-Buchenwälder der Mittelgebirge und verdiente es nicht, im beginnenden 20. Jahrhundert durch den badischen Landesforstmeister Karl Philipp und seine Anhänger in Grund und Boden verdammt zu werden. Der Badische Femelschlag ist heute noch auf großen Flächen erfolgreich im Gebrauch, so in St. Märgen und Todtmoos.

In Württemberg änderte sich bis zur Jahrhundertwende waldbaulich wenig. 1865 erschienen die »Allgemeinen Grundsätze und Regeln für den Wirtschafts- und Kulturbetrieb in den Staatswaldungen des Königreichs Württemberg«. Sie waren fortschrittlich, weil sie für fünf von der Natur her verschiedene Waldgebiete unterschiedliche Regeln aufstellten und weil ihr Ziel der gemischte Wald, ein höherer Anteil der natürlichen Verjüngung und eine bessere Pflege (Durchforstung) der Bestände war. Aber sie brachten keinen wirklichen Fortschritt, weil – im Gegensatz zu Baden – nach wie vor das Fachwerk galt, und die Verjüngung unter seinem Zwang schnell vonstattengehen musste. Das war vor allem für die Tanne nachteilig.

Nach wie vor war der Schirmhieb in Württemberg das bevorzugte Verjüngungsverfahren. Dieser bewährte sich bei der Buche, zum Beispiel in dem Jahrhundert-Samenjahr 1888. In vielen anderen Fällen endete man wieder beim Kahlhieb und bei der Pflanzung reiner Fichte. Kein Wunder, dass sich die Forstamtsleiter, vor allem im Nordschwarzwald und im Schwäbisch-Fränkischen Wald, für den Badischen Femelschlag begeisterten oder sich neue Verjüngungsverfahren ausdachten. In diesem Zusammenhang seien beispielhaft genannt: Julius Friedrich Eberhard (Langenbrand), Richard Eifert (Hirsau), Albert Grammel (Stadt Freudenstadt), Albert von Uxkull (Neuenbürg).

Einem genialen württembergischen Forstmann, Hugo von Speidel, gelang es schließlich 1898, den Waldbau aus den Fesseln des Fachwerks zu befreien. Speidels Grundsatz war es, jeden Waldbestand individuell, seinem Zustand entsprechend, nach festen waldbaulichen Regeln zu behandeln (was man »Bestandeswirtschaft« nannte). In seinen waldbaulichen Regeln fanden sich mit dem Mischwald, dem Standort angepassten, stabilen (sturmsicheren) Baumarten und dem Femelhieb Elemente aus dem Programm des bayerischen Waldbaumeisters Karl Gayer und aus dem Badischen Femelschlag wieder. Es gab aber kein allgemein vorgeschriebenes Verfahren zur Verjüngung der Wälder. Tragisch war, dass Speidel ein Jahr nach seiner Ernennung zum Chef der Württembergischen Forstverwaltung 1902 an einer Gehirnerkrankung starb.

Ältere Gruppe natürlich verjüngter Tannen aus Badischem Femelschlag in einem Tannen-Buchen-Altbestand in Sulzburg, Markgräflerland.

WALDARBEIT VOR 100 JAHREN

Gegenüberliegende Seite: Die Eisenbahn revolutionierte den Ferntransport des Holzes. Die Dampflok der Höllentalbahn von Freiburg nach Neustadt im Schwarzwald überquert im Bild, um 1900, gerade die Ravennaschlucht und zieht auch zwei Wagen für den Holztransport.

Die Waldarbeiten wurden damals nur zu ganz bestimmten Zeiten durchgeführt. In den mittleren Höhenlagen fand die Holzhauerei im Spätherbst statt. Die Schläge wurden dann bis zum Frühjahr geräumt. In den höheren Lagen herrschte dagegen Sommerwirtschaft. Dabei wurde das Holz vom Spätwinter bis zur Saftzeit im Frühjahr gefällt und nach Austrocknung im Herbst aus dem Wald gebracht. Im Niederwald der Ebenen musste der Hieb im Februar/März, zu Beginn des Saftsteigens in den Bäumen, erfolgen.

In den übrigen Zeiten war der Wald für die Bürger gesperrt. Zum Beispiel war in Sulzburg um 1820/30 die Holzabfuhr nur an ganz bestimmten Tagen und bis 15. Februar erlaubt. Vom 1. Mai bis zum 30. Juni, während der Zeit der Heuernte und der Setzzeit für die Rehkitze, war es verboten, im Wald spazieren zu gehen, zu reiten oder zu fahren. Ebenso während der Getreideernte und der Jagdzeit auf den Rehbock im Juli/August. Für die armen Bürger waren spezielle Holzlesetage festgelegt.

Alle Waldarbeit war Handarbeit. Die Fällung erfolgte nur mit der Axt, später mit Axt und Zweimann-Säge. Arbeitskräfte standen reichlich zur Verfügung. Der Anmarsch zur Arbeit im Wald war lang und beschwerlich. Oft mussten die Holzknechte in Waldhütten übernachten.

Der Transport des Holzes aus dem Wald erfolgte auf primitiven, immer neu ausgefahrenen Wegen mit dem Pferde- oder Ochsengespann, im Mittelgebirge auch hangabwärts in Erdriesen (Rinnen im Boden) oder in Stammriesen (mit Holz ausgekleideten Rinnen). In Bad Rippoldsau wurde eine solche Stammriese in den 70er-Jahren des vergangenen Jahrhunderts noch einmal zu Demonstrationszwecken errichtet. Bis zum Weg oder der Riese wurde das Holz auf der Ebene von Hand oder von Pferden oder Ochsen geschleift. Am steilen Hang wurden die Stämme im Mittleren Schwarzwald sorgfältig von Hand abgeseilt, ansonsten »am langen Seil«, das heißt ohne Seil nur der Schwerkraft folgend, hangabwärts getrieben. Brennholz wurde in den Mittelgebirgen mit Schlitten, aber in der Regel in der schneefreien Zeit, weil es sonst viel zu gefährlich gewesen wäre, zu Tal gebracht. An manchen Orten gab es besondere Riesen aus Brettern (»Kähner«) oder Blech für das Scheiterholz.

Für den weiteren Transport des Holzes benutzte man, wie schon gehört, in erster Linie Flößerei und Trift. Um die Mitte des Jahrhunderts begann man auf die Eisenbahn oder auf neu gebaute Straßen (wie die durch Friedrich

Gerwig 1848 fertiggestellte Straße über den »Notschrei« von Todtnau nach Freiburg) überzugehen. Die um 1900 gegendweise gebräuchlichen Waldeisenbahnen wurden hierzulande kaum verwendet.

Daran, dass sie sogar Eisenbahnen bauen konnten, sieht man, dass die Forstleute bereits gute Kenntnisse im Ingenieurbau hatten. Sie nutzten sie in vielen Wäldern zum systematischen Ausbau eines Netzes von Fahrwegen und Schleif- bzw. Schlittwegen (Wege bis zum Fahrweg). Durch die neuen Wege hatte man um die Jahrhundertwende die Möglichkeit zu erhöhten Nutzungen. Vor allem war die Erschließung der Wälder aber eine grundlegende Voraussetzung für die Weiterentwicklung des Waldbaus.

DIE GOLDENE ZEIT DER FORSTKULTUREN

Der Zeitraum von 1850 bis 1920 stellt eine Blütezeit des Forstkulturwesens dar. Pflanzschulen wurden eingerichtet, feuchte Standorte entwässert, im Untergrund verdichtete Böden mit schweren Pflügen umgebrochen, eine Fülle neuer Pflanzverfahren (zum Teil so skurrile wie die »Lochhügelpflanzung«) beschrieben und die erforderlichen Gerätschaften und Maschinen entwickelt. Erste Düngungsmaßnahmen im Wald erfolgten zwischen 1905 und dem Ersten Weltkrieg.

Auch bei der Beschaffung des Saatgutes gab es eine grundlegende Änderung. Mit dem Übergang von der Saat zu Pflanzen aus der Pflanzschule um 1850 wurde bedeutend weniger Saatgut als bisher benötigt. Der Handel bot preiswertes und gutes Saatgut an. Die großen privaten Klengen und Samenhandlungen bezogen ihr Saatgut aber aus allen möglichen Erntegebieten in ganz Europa. Bedauerlicherweise wusste man noch zu wenig über die Bedeutung der Herkunft des Saatgutes, so dass immer mehr genetisch ungeeignetes Material Eingang in die Wälder fand. Erst 1911 verpflichteten sich die führenden Klengen und Pflanzschulen in Deutschland, nur noch inländische Herkunftsgebiete zu beernten, und gaben wenigstens großräumig die Herkunft bei ihren Lieferungen an. Zwischen 1880 und 1910 kam daher eine Vielzahl von Pflanzen ungeeigneter Herkunft, vor allem bei Fichte (aus dem Harz, Bayern und Tirol) und bei Kiefer (aus dem Raum um Darmstadt und dem Norddeutschen Tiefland), in unsere Wälder. Vor allem Fichtensaatgut aus dem Flachland war für die Verwendung in den höheren Lagen der Mittelgebirge ungeeignet.

In Südwestdeutschland stand zwischen 1800 und 1850 der Wiederanbau der Ödländer und der devastierten Bestände im Vordergrund der Kulturtätigkeit. In der darauffolgenden Periode wurden vor allem aufgelassene landwirtschaftliche Flächen und Weidberge aufgeforstet. Die Forstkulturen in den intakten Hochwäldern traten demgegenüber in ihrer Bedeutung zurück. Man benötigte die Pflanzung dort in erster Linie bei Versagen der Naturverjüngung und zur Einbringung von Nadelbäumen in Laubbaumgebieten. Nach wie vor war die Unterstützung der Naturverjüngung durch Untersaat und Vorauspflanzung (»Vorbau«) in den Verjüngungshieben weit verbreitet.

Der Erfolg der Forstkulturen war von jeher auch vom Wild abhängig. Die rechtlichen Regelungen der Jagd hatten stets unmittelbare Auswirkungen auf den Waldbau. Beispiele aus früherer Zeit sind die Anordnungen aufgeklärter Monarchen zur Reduktion des Schalenwildes (Württemberg 1817 und Baden

Rotwild im Schönbuch: Verbissschäden stellten zu allen Zeiten ein Problem bei der Aufforstung dar.

1830), die allerdings in erster Linie wegen des Wildschadens in der Landwirtschaft erfolgten. Infolge der 1848er-Revolution wurde das Jagdregal der Standesherren aufgehoben. Das Jagdrecht stand nun jedem Grundstückseigentümer selbst zu. Für die Ausübung dieses Rechts wurden Mindestflächen festgesetzt. Die Mindestgröße einer eigenen Jagd in Baden (1850) war 72 Hektar und in Württemberg (1855) 50 Morgen (= etwa 16 Hektar). Die Verpachtung der kleineren Flächen erfolgte durch die Gemeinden.

Infolge dieser wahrlich revolutionären Änderung wurde viel Wild geschossen und die Schäden an den jungen Bäumchen blieben gering. Nur ausnahmsweise, wie in den Hofjagden oder am Oberrhein, wo Schweizer Pächter die Jagd ausübten, finden sich Klagen über Wildschäden im Wald. Im Laufe der Zeit gewann aber eine neue Ideologie Vorrang gegenüber den bisherigen groben, aber erfolgreichen Jagdmethoden. Das Wild sollte gehegt, die Jagd »weidgerecht« ausgeübt werden. Die Achtung vor den Jagdtieren, die neue Ethik in der Jagd, war eine großartige Sache. Freilich wurde sie bald, insbesondere von den jagenden Mitgliedern der neureichen Schichten, pervertiert. Man hielt die größtmögliche Zahl an Rotwild (Hirschen) und Rehen (Böcken), um sich die Jagd zu erleichtern. Der schädliche Einfluss des Wildes auf die Verjüngung der Wälder nahm deshalb gegen die Jahrhundertwende deutlich zu.

BAUERNLAND IN »TOTER HAND«

Unterwegs mit dem Förster im Südschwarzwald, zwischen Hinterzarten und dem Feldberg. Wir wandern durch weite Wälder; je höher wir kommen, desto mehr besteht der Wald aus reiner Fichte. Der Förster geht an einer Forststraße etwas seitwärts in den Altbestand und zeigt auf eine Steinmauer. Sie ist ganz von Moos überwachsen. »Hier stand vor 160 Jahren der Rufenhof«, erklärt er. »Das sind die Reste von seinen Grundmauern.« Auf der Straße zum Rinken deutet der Förster auf die Wälder unterhalb der Straße. »In dem Waldgebiet, das Sie hier überblicken, gab es früher sechs Bauernhöfe mit Äckern, Wiesen und Weidbergen.« Was war geschehen?

Überall in Baden-Württemberg finden sich im Wald Hinweise auf die ehemalige landwirtschaftliche Nutzung: Lesesteinhaufen, die Terrassen ehemaliger Weinberge, und eben Steinmauern als Reste ehemaliger Höfe und »Häusle«, wie man die Anwesen der armen Tagelöhner nannte. Am meisten aber im südlichen Schwarzwald.

Der Beitritt Badens zum Zollverein 1835 stürzte die Landwirtschaft in eine tiefe Krise. Bisherige Absatzgebiete für landwirtschaftliche Erzeugnisse jenseits des Rheins fielen weg. Getreide und andere Nahrungsmittel konnten nun viel billiger mit der Bahn und dem Schiff ins Land gebracht werden; die Landwirtschaft lohnte sich nicht mehr überall. Das traf naturgemäß die Bauern im Hochschwarzwald besonders hart, die unter extrem schwierigen Klima- und Bodenverhältnissen Landwirtschaft betrieben. Die Folge war eine ausgeprägte Landflucht. Das Leben auf den Waldbauernhöfen war hart, der Winter lang, und eine Frau schwer zu finden. Mancher Bauer tröstete sich allzu häufig mit dem selbstgebrannten Schnaps. Nicht wenige Höfe, vor allem im Mittleren Schwarzwald, wo man mit dem Floßholz viel Geld verdienen konnte, gingen an der Großmannssucht zu Grunde, die Besitzer »hausten ab«, wie man dort sagte. Der Dichter Hansjakob erzählt die Geschichte des Bauernfürsten Andreas Harter aus Kaltbrunn bei Schenkenzell, der mit seinen Knechten Militär spielte und im Bad in Rippoldsau mit dem Großherzog speiste, aber im Alter verarmt in einem Hühnerhaus auf einem seiner ehemaligen Höfe lebte.

Die Ersten, die die bankrotten Höfe aufkauften, waren oft Güterschlächter, besser »Waldschlächter«, die zuerst den Hofwald zu Geld machten, um danach den Hof weiterzuverkaufen. Als Käufer kam in erster Linie der »Domänenärar«, also der badische Staat, die Kirchen und nicht selten die Gemeinden in Frage. Auf jeden Fall die »tote Hand«, die keine Landwirtschaft mehr betrieb, sondern den Hof abreißen ließ und sein Gelände aufforstete. Viele weitere

Äcker und Wiesen wurden von den Bauern selbst aufgeforstet. Die Reutberge waren weitgehend überflüssig geworden. Die Ablösung von alten Weiderechten und die Trennung von Wald und Weide erlaubten die Aufforstung vieler ehemaliger Weidberge. Aufforstung und Umwandlung von Niederwald wurden bereits damals durch den Staat finanziell und praktisch unterstützt.

Die Aufforstung erfolgte natürlich in erster Linie wieder mit der für solche Fälle bewährten Fichte. Auf vielen ehemaligen Weidbergen war die Fichte auch schon von selbst, durch Samenflug aus benachbartem Wald, angekommen. Auf armen Standorten nahm man auch die Kiefer. Es sind auch zahlreiche Versuche zur Begründung von Mischbeständen überliefert, die allerdings häufig nicht gelangen.

Um den Umfang dieser Aufforstungen zu begreifen, sollen einige Zahlen genannt werden. Auf der Gemarkung Hinterzarten zum Beispiel nahm der Wald von 1841 bis 1886 um 602 Hektar zu. Der Waldanteil an der Gemarkung betrug 1810 25 Prozent, heute sind es rund 75 Prozent. 86 Prozent des Waldes sind heute Fichten.

In der Feldberg-Monographie von Karl Müller aus dem Jahr 1948 heißt es: »Dadurch änderte sich das Landschaftsbild auf großen Flächen vollkommen, denn statt des ehemaligen Laubwaldes oder Mischwaldes und statt zahlreicher Weidfelder und Hofanlagen entstanden besonders auf den weniger steilen Hanglagen nördlich und östlich vom Feldberg nun reine Fichtenwälder.«

Karl Abetz hat den Versuch unternommen, zu schätzen, wie viel Waldfläche die Bauern in ganz Baden an die »tote Hand« verloren haben. Er nennt für den Zeitraum von 1878 bis 1948 einen Verlust von rund 20 000 Hektar.

Bauernhofsterben im Schwarzwald: Vom ehemaligen Rufenhof oberhalb von Hinterzarten ist nur noch ein Häufchen Steine übrig.

EINE »STAATSKOLCHOSE« IN BADEN

1960 ging die Nachricht durch die bundesdeutsche Presse, es gäbe im Zastlertal am Fuße des Feldbergs die einzige Kolchose Westdeutschlands. Das Wort von der »Staatskolchose« hatte der damalige CDU-Landtagsabgeordnete Hermann Person, später Regierungspräsident in Freiburg und danach Präsident des Schwarzwaldvereins, geprägt. Der historische Hintergrund dieser Meldung: Zwischen 1840 und 1927 wurden im Zastlertal alle neun großen Waldbauernhöfe aufgegeben. Fünf davon kaufte der badische Staat, dazu noch drei »Stöckle« (Altensitze), zwei »Berghäusle« und zwei »Gütle«, drei Taglöhnergütchen, eine Wagnerei und eine bankrotte Bürstenfabrik. Die 32 Familien (263 Einwohner) in der Gemeinde lebten im Jahr 1960 fast ausschließlich von der Waldarbeit im Staatswald. Die Anwesen, die sie sehr preiswert gepachtet hatten, waren überwiegend in einem schlechten Zustand. 1960 konnten sich die wenigsten von ihnen eine Reprivatisierung, das heißt den Kauf der Anwesen, vorstellen. Heute ist die Privatisierung schon lange erfolgt, vielleicht auch wegen der damaligen Pressekampagne.

Dazu kommen mindestens ebenso viele aufgeforstete Äcker und Weiden, die den Bauern verloren gingen. Staats- und Körperschaftswald nahmen also gegenüber dem Bauernwald überproportional zu.

Auch in anderen Landesteilen wurden große Aufforstungen durchgeführt:

- Auf der **Baar** handelte es sich großflächig um ehemalige landwirtschaftliche Böden, die (im Gebiet der Saline Bad Dürrheim schon ab 1822) zunächst mit Fichte, Kiefer und Tanne besät, später hauptsächlich mit Fichte bepflanzt wurden.
- Am **Oberen Neckar** forstete man zwischen 1800 und 1880 Weideflächen und Ödungen auf der Hochfläche über dem Neckartal auf. Ab 1880 kamen dann die steilen Einhänge zum Neckar an die Reihe, die bis dahin Schafweide und Reutfeld gewesen waren. Anfänglich verwendete man vor allem die Kiefer. Nach schweren Schneebruchschäden ging man zur Fichte über.
- Im **Taubergrund** wird für die Zeit von 1850 bis 1870 von einer Welle der Aufforstung ehemaligen Ödlandes auf geringsten Muschelkalkstandorten durch Saat der Kiefer berichtet. Die Kiefer war als Vorwald für spätere Laubbäume gedacht.
- Auf der **Mittleren Alb** gingen die Aufforstungen ehemaliger Weiden nach Regulierung der Weiderechte weiter. Jetzt wurde nicht mehr gesät, sondern Nadelbäume gepflanzt.
- Auch auf der **Südwestalb** begannen etwa 1880 umfangreiche Aufforstungen, meist mit Fichte.
- Auf der **Adelegg** bei Isny wurden die durch die »Vereinödung« erst im 18. Jahrhundert entstandenen Höfe in oberen Berglagen zumeist wieder aufgegeben und mit Fichte aufgeforstet.

DER NIEDER- UND MITTELWALD WIRD UMGEBAUT

In der ersten Hälfte 19. Jahrhunderts tat sich in den weitverbreiteten Nieder- und Mittelwäldern nicht viel Neues. Nach wie vor waren Brennholz, Gras- und Streunutzung die hauptsächlichen Ziele der Wirtschaft. Im Odenwald und Mittleren Schwarzwald wurden sogar neue Niederwälder von Eiche angelegt, um in ihnen Rinde für die Gerberei zu schälen. In den unmittelbar an den Rhein angrenzenden Niederwäldern erzeugte man Faschinen (Reisigbündel), die für die Rheinkorrektur unter Johann Gottfried Tulla und danach in großen Mengen benötigt wurden.

In den Mittelwäldern in Staats- und Gemeindebesitz erlangte um 1850 das Nutzholz als Wirtschaftsziel allmählich größere Bedeutung. Die Wirtschaft trug dem durch eine »Modifizierte Mittelwaldwirtschaft« Rechnung, bei der das Oberholz allmählich angereichert und Eichen oder Eschen in das Unterholz gepflanzt wurden.

Dadurch bereitete man den Mittelwald auf den Umbau in Hochwald vor. Für die Umstellung gab es zwei Verfahren: Bei der sogenannten »Überfüh-

Aus den Niederwäldern am Rhein wurden solche Faschinen (Reisigbündel) gemacht, die zum Beispiel bei der Rheinkorrektur unter dem badischen Obersten Tulla und seinen Nachfolgern von 1817 bis 1876 zum Einsatz kamen.

rung« ließ man geeignete Bäumchen (bevorzugt solche aus Kernwuchs, das heißt aus Samen und nicht aus Stockschlag) aus dem Unterholz nach und nach in das Oberholz einwachsen. Besonders erwünscht waren dafür auf den besten Standorten die Edellaubbäume (Esche, Ahorn, Erle, Linde, Ulme, Kirsche), auf den geringeren Standorten Eiche und Buche oder Hainbuche. Bei der sogenannten »Umwandlung« wurde der bisherige Mittelwald natürlich verjüngt. Als Notlösung bei vielen unerwünschten Bäumen und bei fehlender Naturverjüngung diente der Kahlhieb und wieder einmal die Pflanzung von Fichte oder Kiefer.

Um 1920 war Mittel- und Niederwald nur noch in wenigen Gebieten, vor allem im Odenwald und in der Rheinebene, und dort wiederum nur noch im Gemeindewald und im Kleinprivatwald, großflächig anzutreffen. In ihnen ging es nach wie vor darum, die Bürger möglichst preiswert mit Brennholz zu versorgen. Der Mittel- und Niederwald war nun nur noch ein Kind der Not, der »Wald des kleinen Mannes«.

HOLZ SÄGEN PFLEGT DEN WALD

Das Badische Forstgesetz von 1833 und die Technische Anweisung von 1819 in Württemberg schrieben in den jüngeren Wäldern Durchforstungen vor. Im Badischen Forstgesetz heißt es: »Die jungen Bestände sind von Zeit zu Zeit und bis sie haubar werden von dem unterdrückten, nämlich im Wachstum zurückgebliebenen Holze zu reinigen oder zu durchforsten.« Unter dem Einfluss Hartigs verstand man unter Durchforstung also zunächst nur den Aushieb absterbender und unterdrückter Bäume. Die Bestände sollten in der Jugend dicht gehalten werden, um

Dieser mittelalte Buchenwald müsste dringend durchforstet werden.

sie vor Unkrautwuchs und klimatischen Gefahren wie Sturm und Schnee zu schützen. Erst wenn die Bäume nicht mehr viel in die Höhe wuchsen, konnten die besten von ihnen durch Eingriffe in die herrschende Bestandesschicht gefördert werden. Der Bestand sollte aber auch dann geschlossen gehalten werden. In der Praxis dauerte es noch längere Zeit, bis diese Anordnungen wirklich erfüllt wurden. Schuld daran war der fehlende Markt für das schwache Holz aus den Durchforstungen. Das änderte sich erst, als nach 1890 Papierholz und noch später Grubenholz von der Industrie verlangt wurden.

Von entscheidender Bedeutung für die weitere Entwicklung waren dann die wissenschaftliche Beschäftigung mit der Durchforstung und die Veröffentlichung neuer Durchforstungsverfahren durch fortschrittliche Praktiker. Von nun an betrieb man »Hochdurchforstung«, das heißt, man entnahm frühzeitig die mitherrschenden Bäume in der oberen Kronenschicht, die die künftigen Erntebäume bedrängten, und lockerte den Bestand dadurch bewusst auf.

Die Läuterung in den jüngsten Beständen war an manchen Orten schon in der ersten Hälfte des 19. Jahrhunderts im Gebrauch. Meistens ging es darum, erwünschten Baumarten den erforderlichen Vorsprung gegenüber weniger erwünschten Baumarten, Sträuchern und Dornen zu geben. In der Praxis unterblieb die Pflege allerdings häufig, um Geld zu sparen oder um die »Dickungen« als Einstände des Wildes zu erhalten.

DER SIEGESZUG VON FICHTE UND KIEFER

Wir haben erfahren, dass die menschlichen Eingriffe in den Wald schon in uralter Zeit zu Veränderungen im Anteil der Baumarten führten. Um die forstwirtschaftlich bedingten Veränderungen in der Artenzusammensetzung unserer Wälder zu beschreiben, nehmen wir die Verhältnisse um 800 v. Chr. als Basis.

Wie erkären sich die Veränderungen von 800 v. Chr. bis 1850 (siehe Tabelle unten)? Die Eiche hat an Fläche verloren. Zwar wurde sie im Mittelalter in Ortsnähe bewusst geschont und vermehrt, weil sie wertvolles Bauholz und den Eckerich lieferte. Saat und Pflanzung der Eiche waren schon früh vorgeschrieben, zum Beispiel mussten in manchen Gegenden Brautpaare Eichen pflanzen. Viele Forstordnungen enthielten Schutzvorschriften für die Eiche. Andererseits wurde die Eiche als begehrtes Nutzholz für den örtlichen Bedarf und für die Hollandflößerei übernutzt, so dass sie zum Beispiel im Nordschwarzwald stark zurückging.

ENTWICKLUNG DER BAUMARTENANTEILE (IN PROZENT) ÖFFENTLICHER WALD BADEN-WÜRTTEMBERG 1850–2000

Baumart	-800*	1850	1875	1900	1925	1950	1965	1980	2000	Ziel**
Fichte	1,5	20	25	31	34	37	39	40	36	28
Tanne	17	13	14	14	13	12	10	8	8	11
Kiefer	1,5	9	11	13	13	13	11	10	9	3
Lärche							2	2	2	1
Douglasie							1	3	3	7
Buche	60	40	34	28	25	23	21	22	24	31
Eiche	20	10	7	6	7	8	7	6	7	8
s. Lbb.***		8	9	8	8	7	9	9	11	11

* Natürliche Wald-Gesellschaft um 800 v. Chr.
** Zielvorstellung der Landesforstverwaltung
*** sonstige Laubbäume

Auf dem Bild einer Landschaft am Oberrhein von Johann Wilhelm Schirmer (1835) kann man erkennen, wie wenig Wald es vor der Rheinkorrektur unmittelbar am Fluss gab.

Noch ein Wort zu den Eichenwäldern am Rhein. Auf alten Karten und Bildern sind unmittelbar am Strom außer den Niederwäldern (Faschinenwäldern) aus Erlen, Weiden, Pappeln und Strauchholz viele waldfreie Flächen, meist Wiesen und Weiden, zu sehen. Größere Bäume konnten wegen der regelmäßigen Überschwemmungen des hin und her mäandrierenden Flusses nicht heranwachsen. Eine Ausnahme machten die Pyramidenpappeln (Napoleonspappeln), die man im 19. Jahrhundert gerne auf die Wiesen pflanzte, weil sie wenig Schatten warfen. Eichen-Ulmenwälder, die heute vielfach als die wichtigste natürliche Waldgesellschaft der Rheinauen gelten, gab es nur auf weiter vom Fluss entfernten, trockeneren Standorten. In ihnen wuchsen auch Aspen (Zitterpappeln), etwas Wildobst und viele Dornsträucher. Diese Wälder wurden seit jeher intensiv wegen ihrer Früchte genutzt. Die Eichen in ihnen waren in der Regel schon in alter Zeit gepflanzt worden. Die Eiche hätte sich in dem Buschwerk und der reichen Bodenvegetation gar nicht natürlich verjüngen können. Die meisten Eichen-Mischwälder (mit Ulme, Esche, Erle, Hainbuche oder Buche) sind aber erst der Pflanzung nach der Rheinkorrektion unter Tulla und seinen Nachfolgern (1817 bis 1876) zu verdanken.

Die Buche war als Brennholz, für die Köhlerei und für die Herstellung von Pottasche für die Glashütten im Mittelalter sehr wichtig und wurde dadurch reduziert. Das Verhältnis von Tanne und Buche in den Bergwäldern veränderte sich, je nachdem, ob Tannennutzholz oder Buchenkohlholz stärker gefragt waren. Da die Buche für die Flößerei nicht gebraucht werden konnte, war sie im Mittleren Schwarzwald bis 1600 fast ausgerottet. Auch in anderen Gegenden mit vorrangiger Nutzholzfunktion, wie im Nordschwarzwald, wurden Fichte, Kiefer und Eiche zulasten der Buche gefördert. Kahlschlagbetrieb und Weide waren für die Buche nicht günstig. Da die Buche weniger Stockschläge bildet als die Hainbuche, verlor sie auch im Niederwald an Fläche. Die Buche hat ihren Anteil trotz ihrer guten Anpassung an die meisten Standorte, ihrer Wüchsigkeit und ihrer Schattenerträgnis also ebenfalls nicht halten können.

Am meisten litt die Tanne unter den waldzerstörenden Praktiken der neueren Zeit. Als Schattbaumart mit langsamem Jugendwachstum hatte sie Übernutzung und Kahlhieben, der Beweidung und dem Wildverbiss wenig entgegenzusetzen. So hielt sie sich in den Randgebieten ihrer Verbreitung, wie auf der Schwäbischen Alb und in Oberschwaben, allenfalls einzeln. Besser sah es im Schwarzwald und im Schwäbisch-Fränkischen Wald aus; vor allem dort, wo der regellose Femelbetrieb herrschte.

Im Gegensatz zu der Tanne profitierte die robuste Fichte von der Devastation der Wälder. Zusammen mit der Kiefer war sie schon im 18. Jahrhundert die bevorzugte Baumart zur Wiederbestockung kahler und öder Flächen. Das kühlere Klima begünstigte die Fichte beim Vordringen in neue Wuchsräume. Im Nordschwarzwald wurde sie außerdem vom Menschen wegen der Harznutzung gefördert. Im Osten des südlichen Schwarzwaldes, bis auf den Feldberg, dominierte sie spätestens seit 1750. In Oberschwaben spricht man von einem »Natürlichen Fichtenvorstoß« im 16. und 17. Jahrhundert, welcher von den Moorrandwäldern aus erfolgte. Er wurde außer durch Waldweide und Streunutzung durch den verbreiteten Waldfeldbau gefördert.

Die Kiefer kann als Weiser für einen sich verschlechternden Waldzustand betrachtet werden. In Oberschwaben und dem Bodenseegebiet wurde sie durch Saat auf den durch die Waldweide verarmten und ausgeplünderten Waldflächen eingebracht. Ebenso wie die Fichte sollte sie auf der Schwäbischen Alb nur Vorholz für die Laubbäume sein. Große Verbreitung erfuhr sie im Hardtwald, aber auch im Kaiserstuhl (bis zum Schneebruch 1886), im Odenwald seit 1750/80 und im Bauland. Dort wird sie erstmals schon 1579 als »Danne« erwähnt.

Der unaufhaltsame Siegeszug der Fichte und Kiefer auf Kosten der Eiche, Buche und Tanne hatte also den allgemeinen Wiederaufbau der devastierten Wälder und die großflächigen Aufforstungen von Ödland und aufgelassenen Weiden als Ursache. Indem die Forstleute Nadelwald statt Laubwald anbauten, veränderten sie zunehmend das Landschaftsbild. Sie taten dies allerdings meist dort, wo eben noch große Kahlflächen als Wunden in der Landschaft zu sehen waren. Das große Aufbauwerk wurde überraschend schnell geschafft, aber es hinterließ den zukünftigen Generationen mit den für Sturm, Schnee und Insekten anfälligen Reinbeständen der Fichte und Kiefer eine schwere Hypothek.

In der zweiten Hälfte des 19. Jahrhunderts verstärkte sich die Zunahme der Fichte weiter. Die Fichte wurde wegen der Nutzholzwirtschaft und der Bodenreinertragslehre forstpolitisch bewusst gefördert. Die Fichte und in eingeschränktem Maße die Kiefer profitierten vor allem von den umfangreichen Erstaufforstungen landwirtschaftlich genutzten Geländes und der Umwandlung von Mittel- und Niederwald. Und schließlich war die Fichte auch immer die Baumart, welche als Notlösung in Frage kam, wenn eine Naturkatastrophe eingetreten war oder die Naturverjüngung bzw. der Anbau gemischter Be-

Die Fichte löste um 1900 die Buche als häufigste Baumart ab. Heute müssen labile Fichten-Reinbestände nur noch auf acht Prozent der Waldfläche unseres Landes in Mischwald umgebaut werden.

stände versagt hatte und die Baumart, welche sich unter den widrigen Verhältnissen auf der Freifläche und trotz des Wildverbisses durchsetzte.

Die Kiefer trat durch Schneebruch, besonders durch den von 1886, zurück. Dass die Tanne nicht bereits im 19. Jahrhundert, über das ganze heutige Land hinweg betrachtet, stärker zurückging, ist sicherlich einerseits gelungenen Naturverjüngungen zu verdanken (mit Hilfe der nach 1848 noch länger niedrigen Wildbestände), andererseits den enormen Bemühungen, sie künstlich einzubringen.

Die Eiche schließlich nahm mit der Fläche des Mittelwaldes weiter ab. Zwar wurde sie vor allem in Württemberg seit etwa 1900 energisch gefördert, ihre Nachzucht blieb aber schwierig.

Die große Verliererin bei der Baumartenentwicklung zwischen 1850 und 1900 war in erster Linie – trotz des großen Samenjahres 1888 – wieder die Buche, die noch kaum Nutzholz lieferte.

Große Anstrengungen wurden – meist vergeblich – für die Lärche unternommen. Allein im Odenwald wurden zwischen 1820 und 1865 800 Hektar Lärchenbestände, meist durch Mischsaat, begründet. Ähnlichen Umfang hatten die Saaten im württembergischen Unterland, an Kocher und Jagst. Auf kaum eine Baumart haben die Forstleute im 18./19. Jahrhundert so viel Mühe verwandt wie auf die Europäische Lärche. Ein Spötter hat einmal gesagt, wenn alle diese Versuche gelungen wären, bestünde der Wald in unserem Land heute nur aus Lärchen.

Der Anbau fremdländischer Baumarten in Deutschland wurde nach 1871 von dem schottischen Baumschulbesitzer John Booth, der die Unterstützung Bismarcks erlangt hatte, nachhaltig propagiert. Er konnte erreichen, dass der Verein Deutscher Forstlicher Versuchsanstalten bei seiner Sitzung in Baden-Baden am 7. September 1880 planmäßige Versuchsanbauten beschloss. Man wollte »mit den Fremdlingen absolut besseres Holz und größere Massen erhalten und vielleicht in mancher Hinsicht auch waldbaulich besser als mit Einheimischen fahren«. Die Badische Versuchsanstalt nahm ebenso wie die Württembergische an dem Versuchsprogramm seit 1883 teil. In die Versuche waren zunächst 24 meist nordamerikanische Baumarten einbezogen, ab 1890 auch japanische Baumarten. Anderen Forstämtern in Baden als den ausgesuchten 14 Versuchsforstämtern (die meist von adeligen Forstmeistern geleitet wurden) war der Fremdländeranbau verboten. Größere Bedeutung gewannen von den Exoten auf die Dauer eigentlich nur die Robinie, die nordamerikanische Roteiche, die Japanische Lärche und vor allem die Douglasie.

Wer sich für fremdländische Bäume interessiert, findet diese in sogenannten Arboreten (Baumsammlungen), zum Beispiel in Güglingen, Metzingen, im Liliental bei Ihringen im Kaiserstuhl, im Stadtwald Freiburg, im Exotenwald von Weinheim an der Bergstraße, im Exotischen Garten der Universität Stuttgart-Hohenheim oder im Botanischen Garten der Universitäten Freiburg und Tübingen.

Diese etwas über 100 Jahre alte Douglasie mit dem Namen »Waldtraut vom Mühlwald« im Stadtwald von Freiburg ist mit rund 65 Metern der höchste Baum Deutschlands.

DIE DOUGLASIE

Jede Wette, kaum einem von zehn oder mehr Waldbesuchern würde die Douglasie als ein »Fremdling« in unseren Wäldern auffallen. Vielleicht sollte man besser sagen, als ein »Gastarbeiter«. Denn die Douglasie wächst, zumindest im Westen unseres Landes, sehr viel schneller und höher als die einheimischen Fichten und Tannen. Sie erzeugt nicht nur viel, sondern auch sehr schönes Holz mit einem rotbraunen Kern. Holz, das sehr stabil und unempfindlich gegen Feuchtigkeit ist – daher ideal für Außenwände, Balkone oder Treppen.

Dass die Douglasie bei uns so leicht heimisch geworden ist, verdanken die Förster einem Zufall. Glücklicherweise bekamen sie nämlich aus dem großen Verbreitungsgebiet der Douglasie im Westen Nordamerikas, vom Pazifik bis zu den Rocky Mountains, ausgerechnet das Saatgut, welches für unser Klima am besten geeignet war. Es stammte aus dem Küstengebirge in Washington und British Columbia und den östlich anschließenden Cascades.

Eine etwa 100 Jahre alte Douglasie im Stadtwald Freiburg, die sogenannte Waldtraut vom Mühlenwald, ist mit etwa 65 Metern der höchste Baum Deutschlands. Ein untrügliches Merkmal der Douglasie kann man nur bei den jungen Bäumen feststellen: Die feinen Nadeln riechen, wenn man sie zwischen den Fingern zerreibt, intensiv nach Zitrone.

DAS 20. JAHRHUNDERT

SCHICKSALSJAHRE FÜR MENSCH UND WALD

Vorhergehende Doppelseite: Naturschutz als modernes Ziel der Forstwirtschaft: das Naturschutzgebiet Eisenbachhain im Schönbuch.

Die ersten fünfzig Jahre des 20. Jahrhunderts waren Schicksalsjahre Europas, die unermessliches Leid für Millionen von Menschen mit sich brachten. Der Inflation von 1923 und dem wirtschaftlichen Zusammenbruch im Gefolge des Börsenkrachs von 1929 standen nur wenige Jahre der wirtschaftlichen Aufwärtsentwicklung von 1924 bis 1929 gegenüber. Das Streben nach wirtschaftlicher Autarkie und die Aufrüstung nutzten zwar der Wirtschaft nach 1933. Es gelang der Naziregierung, die Arbeitslosigkeit in verhältnismäßig kurzer Zeit zu beseitigen. Andererseits war die Finanzierung des Aufschwungs nur durch gewagte Finanzmanipulationen und einen erneuten überdimensionalen Geldumlauf möglich. Die verdeckte Inflation stieg ab 1936 von 4,5 Milliarden Mark bis auf 56,4 Milliarden Mark im Jahr 1945. Der von Deutschland verschuldete Zweite Weltkrieg von 1939 bis 1945 endete mit dem Zusammenbruch des verbrecherischen Naziregimes und der weitgehenden Zerstörung Deutschlands.

Die politische und wirtschaftliche Lage bestimmte natürlich auch die Wirtschaftsziele der Forstwirtschaft. Die Zeit bis zur Wirtschaftskrise 1929 war durch eine eindeutige Orientierung auf den finanziellen Ertrag des Waldes bestimmt. Die Nutzungen lagen zum Abbau der vermeintlichen Übervorräte über dem Zuwachs. Im Gefolge des wirtschaftlichen Niederganges nach 1929 kam es zum Zusammenbruch der Nachfrage nach Holz und der Erträge der Forstwirtschaft. Im Dritten Reich führte das Streben nach wirtschaftlicher Autarkie zu erneuten Übernutzungen und zu einer gewissen Renaissance einheimischer Baumarten, vor allem der Laubhölzer. Die Orientierung der Waldwirtschaft an der Vorstellung vom Wald als Lebensgemeinschaft entsprach der nationalsozialistischen Ideologie, wurde aber durch die sogenannte Dauerwaldbewegung (siehe unten) auch alsbald pervertiert. Aufrüstung und Kriegswirtschaft machten schließlich die maximale Rohstoffproduktion zum beherrschenden Wirtschaftsziel.

Von den Gesetzen der nationalsozialistischen Regierung besaßen das Reichsnaturschutzgesetz von 1935 und die Naturschutzverordnung von 1936 erhebliche Bedeutung für die Forstwirtschaft. Weitblickende Forstleute, wie die Württemberger Otto Feucht, Otto Link und Richard Lohrmann hatten wesentlichen Anteil an der Entwicklung des Naturschutzes.

Am meisten beeinflusste den Waldbau das sehr wildfreundliche Reichsjagdgesetz von 1934. Es verbot unter anderem die Rehbockjagd bei herbstli-

chen Treibjagden und den Schrotschuss auf Rehwild. Die Wildbestände und die Schäden durch das Wild stiegen in der Folge rasch an.

Die Bildung eines Reichsforstamtes im Jahre 1934 zeigt den hohen Stellenwert von Forst und Jagd für die nationalsozialistische Regierung. Der Waldbau blieb zunächst Ländersache. Von 1940 an waren die beiden Forstdirektionen in Stuttgart und Karlsruhe dem Reichsforstamt unterstellt.

Die Revierbeamten (Förster) erkämpften sich in der »Försterbewegung« nach dem Ersten Weltkrieg gegen den Widerstand der Verwaltung und der höheren Forstbeamten erhebliche Verbesserungen in ihrer Ausbildung und Stellung. 1928 wurden die staatlichen Revierleiter Beamte des mittleren Dienstes, seit 1935 mit der Bezeichnung »Revierförster«. Von 1939/40 an kamen die staatlichen Revierförster zum Teil in den gehobenen Dienst. Im Gemeindewald gab es noch lange nach dem Zweiten Weltkrieg überwiegend Waldschützen mit keiner oder Forstwarte mit einer geringeren Ausbildung als die Revierförster, aber nicht selten mit sehr guten praktischen Kenntnissen.

Ein Teil des 1939 gegründeten Naturschutzgebiets »Wilder See« unterhalb der Hornisgrinde (Nordschwarzwald) wurde bereits 1911 als »Bannwald« ausgewiesen und seither der natürlichen Entwicklung überlassen.

Ein Mercedes-Benz Sattelschlepper Typ L 3500, um 1950. Auch die Holzabfuhr aus dem Wald veränderte sich in der ersten Hälfte des 20. Jahrhunderts erheblich.

In beiden Ländern wurde die Forsteinrichtung in den 20er-Jahren modernisiert. In Baden wurde 1924 ein selbstständiges Forsteinrichtungsbüro geschaffen. Es leitete und prüfte alle Forsteinrichtungarbeiten. In Württemberg war die Forsteinrichtung nach der Dienstvorschrift von 1902 in allen Teilen vom Forstamtsvorstand zu fertigen. Der Inspektionsbeamte bei der Forstdirektion hatte die Arbeit zu beraten, zu überwachen und die örtliche Prüfung durchzuführen. Nach 1924 erschien eine neue Einrichtungsvorschrift, durch die eine unabhängige Einrichtungsanstalt ins Leben gerufen wurde. Bei der Waldarbeit gab es wesentliche Fortschritte. Die Forstliche Arbeitslehre entstand als selbstständige Disziplin. Die Betriebsarbeiten wurden durch die Entwicklung von Arbeitsbestverfahren rationalisiert, die Ausbildung der Waldarbeiter systematisch durch den Einsatz sogenannter Arbeitslehrer verbessert. Erste Motorsägen wurden erprobt. Das Rücken des Holzes erfolgte zunehmend mit Traktoren, der Abtransport mit dem LKW.

WALDBAU VON OBEN

Es ist eine merkwürdige Parallele, dass der Waldbau in Baden und in Württemberg nach dem Ersten Weltkrieg zunächst jeweils durch einen einzelnen führenden Forstmann bestimmt wurde, durch Karl Philipp in Baden und durch Christoph Wagner in Württemberg. Beide schrieben in autoritärer Weise ein nur in ihrem eigenen Forstbetrieb in kurzer Zeit erprobtes Verfahren zur Naturverjüngung für alle Standorte und Baumarten in ihrem Land vor.

Als Einziger aus der »Jungen Badischen Schule« – das Verhältnis zu seinen Mitstreitern kühlte sich allerdings später ab – bekam Karl Philipp die Gelegenheit, seine Ideen über eine moderne Forstwirtschaft als Leiter der Badischen Forstverwaltung von 1924 bis 1930 im ganzen Land in die Tat umzusetzen. Dafür war der »Tatmensch« Philipp auch berufen, und es ist erstaunlich, was er in der kurzen Zeit von sechs Jahren alles bewirkt und verändert hat.

Philipp legte seine Absichten sofort in einer neuen Forsteinrichtungsvorschrift und in »Richtlinien für die Erziehung und Verjüngung der Hochwaldungen in Baden« fest. (Sie galten direkt nur im Öffentlichen Wald, nicht im Privatwald.) Er stand dabei ganz »im Banne der Bodenreinertragslehre«. Diese forderte die Vermeidung zu langer, unrentabler Umtriebszeiten (Zeit bis zur Ernte des Holzes). Dadurch ergaben sich rechnerisch erhebliche »Übervorräte«, die von der alten badischen Forstverwaltung in »unersättlicher Gier« aufgestapelt worden seien. Diese Übervorräte sollten nun unverzüglich abgeschöpft werden.

Das waldbauliche Ziel war »die planmäßige Begründung und Erziehung gesunder, gut bestockter, frohwüchsiger Mischbestände auf tunlichst natürlichem Weg und gehobener Wirtschaftsstufe (das heißt mit intensiver Durchforstung) im Rahmen der erstrebenswerten Holzartenverteilung« (Zitate nach der »Biographie bedeutender Forstleute«, 1980, und Lukas Leiber, 1966).

Das war zweifellos ein modernes und gutes Konzept. Philipp hat es allerdings selbst unmöglich gemacht, das Ziel zu erreichen, indem er überall im Land und bei allen Baumarten den von ihm entwickelten »Keilschirmschlag« als einziges Verjüngungsverfahren anordnete. Für die Wahl der Baumarten bedeuteten seine betriebswirtschaftlichen Forderungen, dass die Fichte weiter gefördert und die Buche, die er als »Waldhure« bezeichnete, zurückgedrängt werden sollte.

Wie hat sich die Ära Philipp im badischen Wald ausgewirkt? Man kann diese Fragen nicht beantworten, ohne auch etwas über Philipps Charakter zu sagen. In seinen Schriften setzte er die maßlose und ungerechte Kritik an der Vergangenheit, die er bereits vor seiner Bestellung zum Landesforstmeister geübt hatte, fort. Über die älteren Forstmeister, die er gelegentlich als »Ignoranten, Faulpelze und Dummköpfe« bezeichnete, urteilte er mit erbarmungslosem Spott und kannte auch für bewährte Forstmänner kaum je Lob und Anerkennung.

So verwundert es nicht, dass die Forstamtsleiter »meist abseits standen und suchten sich anzupassen, wobei natürlich auch mancherlei Unfug geschah«. Da es Philipp nicht gelang, die ältere Generation für sich zu gewinnen, wandte er sich an die begeisterungsfähige und noch unerfahrene forstliche Jugend, die er durch seine einfache, klare und präzise Argumentation überzeugte und begeisterte. Mit Karl Abetz, Friedrich Wilhelm Bauer, Adolf Crocoll, Hermann Leonhard, Lukas Leiber und Paul Mörmann sammelte er eine Garde hervorragender junger Taxatoren (Forsteinrichter) um sich, die später mit Ausnahme Bauers aber auch zu seinen schärfsten Kritikern wurden.

Auf den Waldzustand konnte Philipp in den sechs Jahren seines Amtes natürlich nur begrenzt Einfluss nehmen. In der unmittelbar danach folgenden Weltwirtschaftskrise kam der Holzmarkt zum Erliegen und der Absatz für einen weiteren Vorratsabbau fehlte.

Das von Philipp propagierte Verjüngungsverfahren des Keilschirmschlags konnte die vom Femelschlag geprägten Wälder nicht so schnell verändern. Selbst in seinem früheren Forstamt Huchenfeld, wo Philipp begeisternde Waldbilder vorzeigen konnte, gelang die Verjüngung mit diesem Verfahren auf die Dauer nicht. Der allzu rasche Verjüngungsgang, die Verjüngung im »Schweinsgalopp«, war vor allem für die Weißtanne absolut ungeeignet. Am Scheitern der Tannenverjüngung hat der Wildverbiss großen Anteil gehabt. Die Folgen waren wieder einmal Kahlschlag und Pflanzung der Fichte. Die Buche verdrängte man vielfach zu radikal.

Vor allem machte Philipp bei seinem Keilschirmschlag einen entscheidenden Fehler: Er verallgemeinerte das Verfahren und differenzierte nicht nach Standort und Baumart. Trotzdem hat Philipp viele wertvolle Anstöße für die künftige Waldwirtschaft gegeben. Philipp war »eine der großen Persönlichkeiten der Badischen Forstgeschichte, […] die machtvoll das Tor in die Zukunft aufgestoßen und weit in diese hineingewirkt hat«.

Die Entwicklung in Württemberg verlief ganz ähnlich wie in Baden. Dort waren in den ersten zwei Jahrzehnten nach dem Ersten Weltkrieg Christoph Wagner und sein Blendersaumschlag richtungsweisend für den Waldbau. Christoph Wagner war von 1896 bis 1903 Leiter des Gräflich Pückler-Limpurgischen Forstamts in Gaildorf im Schwäbisch-Fränkischen Wald und danach Professor der Forstwissenschaft an der Universität Tübingen. Wagner entwickelte den Blendersaumschlag um die Jahrhundertwende

in Gaildorf in Mischbeständen von Fichte, Tanne und Buche anstelle des bis dahin üblichen Kahlschlagbetriebes mit Anbau reiner Fichte. Er hat seine Wirtschaftsweise wissenschaftlich begründet und zu einem »Betriebssystem« ausgebaut.

Landesweit konnte Wagner seine Vorstellungen verwirklichen, als er 1920 die Leitung der Württembergischen Staatsforstverwaltung übernahm. Ähnlich wie Philipp in Baden erließ er sofort (1921) »Allgemeine Wirtschaftsgrundsätze der württembergischen Staatsforstverwaltung«. Die Grundsätze verlangten Erhaltung der Bodenkraft, Mischwaldwirtschaft, Naturverjüngung und stetige Bestandeserziehung und galten indirekt auch im Körperschaftswald.

Wagners oberstes Ziel war es, den Gegensatz zwischen der schlagweisen und der Einzelbaumwirtschaft, dem Kahlhieb und dem Femel bzw. – wie er sagte – Blenderhieb zu versöhnen. Schon bald lehnten sich in Württemberg prominente Forstleute, an ihrer Spitze Julius Friedrich Eberhard, Karl Dannecker und Viktor Dieterich gegen die generalisierende und schematisierende Tendenz der Wirtschaftsgrundsätze auf.

Wagner hatte bereits 1924 die Leitung der Württembergischen Forstverwaltung mit dem Lehrstuhl für Forstliche Betriebslehre an der Universität

Naturverjüngung der Weißtanne. Sie war schon immer ein wichtiges waldbauliches Ziel. Weder der Keilschirmschlag von Philipp noch der Blendersaumschlag von Wagner waren dabei besonders erfolgreich.

Freiburg vertauscht. Die Auseinandersetzungen um seine Wirtschaftsgrundsätze und die mangelnde Akzeptanz des Blendersaumschlages in der Praxis erleichterten ihm den Entschluss.

Unter der Federführung Paul Wörnles erschienen 1933 die »Richtlinien und Vorschriften für die Wirtschaftsführung in den württembergischen Staatswaldungen (RVW)«, in denen der Blendersaumschlag nochmals als im Öffentlichen Wald allein gültiges Betriebssystem vorgeschrieben wurde. Es blieb auch bei der Abkehr von der Großflächen- und Reinbestandswirtschaft und bei den Zielen Mischwald und Naturverjüngung.

Der Blendersaumschlag konnte sich allerdings praktisch kaum auswirken, da ab 1936 im Rahmen der Autarkiebestrebungen und der Kriegsvorbereitungen Mehreinschläge von 150 Prozent der Hiebssätze vorgeschrieben waren. Die Folge waren vermehrte Kahlschläge anstelle von Naturverjüngungen.

Der von Wagner erstrebte Waldaufbau ist fast nirgends auf die Dauer verwirklicht worden. Die Verjüngung am Saum hat sich in der Regel ebenso wenig wie beim Keilschirmschlag bewährt. Das gilt insbesondere wieder für die Tanne, deren Verjüngung zu früh freigestellt wurde und dann durch den Wildverbiss extrem gefährdet war. Verfehlt war aber vor allen Dingen, ebenso wie bei Philipp, die Annahme, dass man mit einem einzigen, allgemein vorgeschriebenen Verjüngungsverfahren der Vielzahl von Baumarten auf den unterschiedlichsten Standorten gerecht werden könnte.

Wagner bleibt aber das Verdienst, die Abkehr von Reinbestandswirtschaft und Kahlschlag in Württemberg, die von Speidel eingeleitet hatte, fortgesetzt zu haben.

In seinem Vortrag bei der Versammlung des Deutschen Forstvereins 1937 in Freiburg trat Lukas Leiber (damals Waldbaureferent bei der Badischen Forstdirektion in Karlsruhe, später beim Reichsforstamt in Berlin und nach dem Krieg Leiter der Fürstlich Fürstenbergischen Forstverwaltung) nachhaltig für waldbauliche Freiheit, für einen freien Stil des Waldbaus, ein, was ihm viel Beifall, aber auch einen Verweis des Generalforstmeisters Walter von Keudell eintrug.

Der Hintergrund für die Rüge von Keudells war ein neues, von oben herab eingeführtes waldbauliches System, der »Dauerwald«. Er strebte die »Kontinuität des Waldorganismus« und die Gesundheit des Waldbodens an. Es sollten ständig nur die schlechten Bäume ausgehauen und der Bestand nicht bewusst verjüngt werden. Der Kahlschlag war verpönt. Der sächsische Forstmeister Krutzsch prägte den Begriff »Naturgemäßer Wirtschaftswald«. Die Dauerwald-Ideologie stand dem nationalsozialistischen Gedankengut nahe, weil man die »Lebensgemeinschaft Wald« mit der von den Nazis propagierten »Volksgemeinschaft« gleichsetzte.

Walter von Keudell, der erste Chef des neu geschaffenen Reichsforstamtes, war ein überzeugter Anhänger des Dauerwaldes. Also schrieb das Reichsforstamt allgemein vor, nur noch Pflegehiebe zu hauen, und verbot den Kahlschlag. Das Reichsforstamt konnte aber nur für Preußen bindende

Zweig einer jungen Weißtanne.

Anweisungen erlassen, welche dem Waldbau wieder Zwang antaten. In Süddeutschland stand man dieser Entwicklung skeptisch gegenüber. Man betonte, dass in den zahlreichen Naturverjüngungsbetrieben die Forderung nach der Stetigkeit des »Waldwesens« ja bereits verwirklicht sei, und wies auf die erforderliche Vielfalt der tatsächlichen Waldbehandlung hin. Im gleichen Jahr, in dem Leiber auf der Forstvereinsversammlung in Freiburg gesprochen hatte, wurde von Keudell als Generalforstmeister abgelöst. In einem waldbaulichen Grundsatzerlass des Reichsforstamtes von 1937 bejahten sein Nachfolger Friedrich Alpers und dessen Waldbaureferent Otto Hermann Mahler (nach dem Krieg Forstamtsleiter der Stadt Baden-Baden) zwar die Dauerwaldidee, lockerten aber den einseitigen Druck und Zwang.

Die Ergebnisse der Forstlichen Standortskunde, wie sie von Gustav Adolf Krauss und Walther Wittich gelehrt wurde, waren die Basis für den regional ausgerichteten Waldbau, der sich allmählich durchsetzte. Die Umtriebszeit wurde wieder erhöht, die als zu hoch bemängelten Hiebssätze herabgesetzt. Das Ziel der Baumartenwahl war nach wie vor, möglichst reichhaltig gemischte, standortsgerechte Bestände zu schaffen. Die Fichte sollte zu Gunsten der Tanne und des Laubholzes etwas eingeschränkt werden. Die Entstehung reiner Fichtenbestände sollte unter allen Umständen vermieden werden. Die Buche sollte als »Gerippe eines widerstandsfähigen Waldaufbaus« sowie aufgrund ihrer »ungeahnt gestiegenen Verwertbarkeit« künftig nicht mehr so reduziert werden. Wo irgend möglich, sollten die Bestände natürlich verjüngt werden, wobei der Waldbau jedes Verfahren anwenden konnte, das örtlich zum Erfolg führte.

Über die Weißtanne hieß es in dem Erlass »Schutz der Weißtanne«, den Leiber als Nachfolger Mahlers als Waldbaureferent des Reichsforstamtes 1943 herausgab: »Die Tanne, einst eine der Hauptholzarten des deutschen Waldes, ist vielerorts schon völlig oder bis auf kleine Altholzbestände verschwunden, im Übrigen allenthalben in erschreckendem Rückgang begriffen. [...] Fehler in der waldbaulichen Behandlung der Tanne und ein dieser besonders empfindlichen Holzart abträglicher Wildstand« sind zweifellos »Hauptursachen für den Rückgang der Tanne«. Weiter hieß es: »In der Lebensgemeinschaft Wald hat die Tanne eine bevorzugtere Stellung einzunehmen als das Wild! [...] Die Eingatterung (Zäunung) von Tannenflächen ist nur ein Notbehelf.«

Wegen des nahen Kriegsendes wirkte sich der »Weißtannenerlass« allerdings nicht mehr aus. Er verdeutlicht aber das Wildproblem, welches den Waldbau in der Nachkriegszeit schwer beschäftigen sollte.

Alle Versuche einer einheitlichen, theoretisch begründeten Ausrichtung des Waldbaus erwiesen sich als Irrweg, weil sie die großen Unterschiede zwischen den Standorten, Baumarten und Waldbeständen nicht berücksichtigten. Die Fichte nahm deshalb, landesweit gesehen, weiter zu – trotz der Erkenntnisse über die Gefahren des Reinbestandes für den Boden und die Stabilität der Bestände. Eindeutige Verliererin war, trotz ihrer ökologischen Bedeutung und neuer Verwendungsmöglichkeiten, die Buche. Bei der Tanne muss man die gewöhnliche Meinung über ihre Verluste in dieser Zeit gebietsweise etwas differenzieren. Kiefer, Lärche, Eiche und die Edellaubbäume erfuhren eine gewisse Förderung. Der Douglasienanbau stagnierte, verglichen mit den Leistungen der Douglasienpioniere des 19. Jahrhunderts, in erster Linie wegen einer Pilzerkrankung (Douglasienschütte), die in Württemberg sogar Anlass zum zeitweisen Verbot des Anbaus der Douglasie war.

In den 1930er-Jahren begann der moderne naturnahe Waldbau auf standörtlicher Grundlage. Die guten Ansätze scheiterten allerdings in der katastrophalen Zeit des Zweiten Weltkrieges mit ihren Übernutzungen und den nach dem Krieg folgenden Zwangseinschlägen.

»AM SCHÖNSTEN HAT'S DIE FORSTPARTIE, DIE BÄUME WACHSEN OHNE SIE«

So sangen die Studenten über ihre Kollegen in der Forstlichen Abteilung an der Freiburger Universität. 1920 hatte man die akademische Ausbildung der Forstleute in unserem Land von Karlsruhe und Tübingen nach Freiburg verlegt. In jener Zeit der in die Natur strebenden Jugend, des »Wandervogels«, war Förster ein Traumberuf, der in der Beliebtheit bei den Jungen (Försterinnen gab es noch nicht) unmittelbar auf den Lokomotivführer folgte. Der Zugang zum Forstberuf war immer begrenzt und nur bei voller Gesundheit und guten Schulnoten zu schaffen. Unter den

Unter den Nationalsozialisten legte man besonderen Wert auf die korrekte Uniform der Forstbeamten. Außer dem abgebildeten kleinen und großen Walddienstanzug gab es für besonders festliche Anlässe sogar einen Forstfrack.

Nationalsozialisten mussten die Anwärter auch in bestimmten Truppenteilen dienen. Die Verbindung von Militär und Forstberuf hat eine alte Tradition, die bis auf Friedrich den Großen und sein Feldjägerkorps zurückgeht.

Deshalb sagte man in Preußen auch scherzhaft: »Ein Forstmeister ist ein zum Zwecke der Jagd mit Wald umgebener Reserveoffizier.« Die Forstleute trugen von jeher Uniform, und unter dem »Reichsforstmeister« Hermann Göring, der ja ein Uniformfetischist war, kam zum Dienst- und zum Ausgehanzug sogar noch ein Frack für große Anlässe. Die Jagd war Teil der großen Anziehungskraft des Forstberufes. Tatsächlich gab es nicht wenige Forstleute, für die die Jagd der wichtigste Aspekt ihres Berufes war.

Die Forstamtsleiter wirkten, vor allem in Baden, in der Regel nicht irgendwo in der tiefen Einsamkeit der Wälder, sondern in den Amtsstädtchen, wo sie natürlich zu den Honoratioren gehörten. Viele von ihnen erwarben sich große Verdienste um Naturschutz, Fremdenverkehr, den Schwarzwald- oder den Albverein, Vorgeschichte und Heimatkunde. Ihr Korpsgeist war sprichwörtlich und manchem anderen Beamten, schon wegen der Dienstwohnungen, ein Dorn im Auge. Nicht immer zu Recht, denn die Forstämter waren zwar teilweise in ehrwürdigen historischen Gebäuden untergebracht, aber oft auch bar jeglichen modernen Komforts. In den Dörfern oder in einsamen Gehöften lebten die Revierförster und Forstwarte, die in ihrer Umgebung vielerlei praktische außerdienstliche Aufgaben, vom Leiter des Gemeindebauhofs bis zum Totengräber, übernehmen mussten.

NACH DEM VERLORENEN KRIEG

Winter 1945/1946 – die deutschen Großstädte lagen in Trümmern, die Väter waren in der Gefangenschaft, die Alten, Mütter und Kinder hungerten und froren. In langen Schlangen zogen die Menschen in den Wald, um mit ihrem Leiterwagen oder im Rucksack etwas Abfallholz oder Reisig nach Hause zu bringen. Heute sagen manche Leute: »Ja, damals war der Wald sauber und aufgeräumt.« Dabei fehlte dem Wald der Humus, der aus dem Abfallholz entsteht. In vielen Wäldern machte man sogenannte »Brennholznothiebe«, um Feuerholz für die Städte zu bekommen. Da es nicht genug Waldarbeiter gab, mussten die Städter das Holz oft selbst schlagen, was natürlich nicht ohne Unfälle und nicht ohne Schäden an Holz und Wald abging. Damit nicht genug: In der französisch besetzten Zone wurden große Mengen von Holz in »Franzosen- und Exporthieben« (»F- und E-Hieben«) als Teil der Reparationen an die Siegermächte geschlagen. In den meisten Fällen hatten die Zwangseinschläge, die vielfach durch die Beauftragten der Besatzungsmacht rücksichtslos erhoben wurden, verderbliche Folgen für den Waldbestand. Im Gesamtland waren es 8,4 Millionen Festmeter F- und E-Hiebe.

Dank eines verständnisvollen französischen Forstoffiziers, Colonel Pierre Meyer, gelang es im Südschwarzwald, einige besonders wertvolle Bestände vor dem Einschlag zu retten. An Meyer erinnert heute eine Tafel an einem Felsen im Zastlertal bei Freiburg.

Zu allem Unglück verursachten die Großeinschläge, Arbeitermangel, warme und trockene Witterung und mangelnde Waldhygiene eine Massenvermehrung der Borkenkäfer mit der Folge zusätzlicher Großkahlflächen. Die verbreiteten reinen Fichtenbestände waren nach einer Folge von trockenen Sommern (1943, 1945 und 1947) sehr anfällig für den Käferbefall. Die Katastrophe bisher unbekannten Ausmaßes begann im Jahre 1945 mit den Schwerpunkten Nordschwarzwald, Oberschwaben und Bodenseegebiet und dauerte bis 1951. Für das gesamte Land werden rund sechs bis fast acht Millionen Festmeter Schadholz und etwa 15 000 Hektar Kahlflächen angegeben.

Die Bekämpfung der Kalamität stellte unter den zeitbedingten Behinderungen eine schwer lösbare Aufgabe dar. Trotz mancher Bedenken beschloss man im Sommer 1947 eine kombinierte mechanisch-chemische Käferbekämpfung, bei der nach dem Vorschlag von Gustav Wellenstein (Leiter der 1949 gegründeten Forstschutzstelle in Ringingen/Südwürttemberg) massiv mit Kalkarsenbrühe gearbeitet wurde. Schließlich kamen die bitterkalte

Frühlingswitterung und der regenreiche Sommer 1948 den Waldbesitzern zur Hilfe. Aus heutiger Sicht fragt man sich, ob man im Hinblick auf den natürlichen Zusammenbruch der Massenvermehrung den massiven Gifteinsatz mit seinen Auswirkungen auf nützliche Räuber und Parasiten des Käfers hätte vermeiden können. Aber konnte man das vorhersehen?

Einige Zahlenangaben mögen die enorme Beanspruchung der Wälder in der ersten Nachkriegszeit verdeutlichen: Im Gesamtwald des damaligen Lan-

DIE BORKENKÄFER

Neben vielen Insekten, die sich durch den Abbau von Totholz und die Bildung von Humus im Wald nützlich machen, gibt es eine ganze Reihe schädlicher Raupen und Käfer. Eine besonders große Gruppe unter ihnen sind die Borkenkäfer. Borkenkäfer sind in der Regel auf eine bestimmte Baumart spezialisiert. Einige von ihnen leben unter der Rinde, andere im Holz der Bäume.

Der gefährlichste Schädling an der Fichte ist der Buchdrucker. Wie kommt er zu diesem seltsamen Namen? Der männliche Käfer lockt das Weibchen zur Begattung in die sogenannte Rammelkammer. Von dort aus fressen die jungen Käfer unter der Rinde Seitengänge. So entsteht ein Fraßbild, das den Zeilen eines gedruckten Buches ähnlich sieht. In warmen, trockenen Jahren erzeugen die Altkäfer bis zu drei Bruten und auch die jungen Käfer haben bereits im selben Sommer Nachkommen. So kommt es zu einer Massenvermehrung, der die durch die trockene, warme Witterung geschwächten Fichten leicht zum Opfer fallen.

Die ökologisch beste Gegenwehr gegen die Borkenkäfer ist der rechtzeitige Aushieb der befallenen Bäume. Man muss sie entweder sofort aus dem Wald bringen oder entrinden, solange die neue Käferbrut noch nicht ausgeflogen ist, und die Rinde verbrennen.

Vom Borkenkäfer befallene Fichten bekommen rote Nadeln, die bald danach »geschüttet« werden, so dass der Baum kahl dasteht. Gegenüberliegende Seite: Mit Hilfe von Lockstoffen werden die Borkenkäfer in diesen Fallen gefangen. Das reicht allerdings nicht, um eine Massenvermehrung der Käfer zu bekämpfen.

des Südwürttemberg-Hohenzollern (348 000 Hektar) betrug der Einschlag von 1945 bis 1953 22,6 Millionen Festmeter. Davon waren 3,8 Millionen Festmeter F- und E-Hiebe und 2 Millionen Festmeter Käferholz. Die Kahlflächen durch die Exploitationshiebe betrugen 7600 Hektar und durch den Käfer 5000 Hektar. Im Land Südbaden mit einem Gesamtwald von 418 000 Hektar betrug der Einschlag von 1945 bis 1952 24,3 Millionen Festmeter, davon 4,2 Millionen Festmeter für F- und E-Hiebe.

Daneben wurden erhebliche Mengen an Nebennutzungen in Form von Holzkohle, Rinde und Stockholz aufgebracht, Gras, Laub- und Nadelstreu genutzt und Bucheckern sowie Eicheln für die Ernährung von Mensch und Tier gesammelt. Für die Produktion von Lebensmitteln, die Ansiedlung der Flüchtlinge und die Bauten der Besatzungstruppen mussten erhebliche Waldflächen gerodet werden.

Die Schäden im Wald waren dramatisch: Kahlflächen, unbefriedigende Jungbestände, enorme Pflegerückstände und mangelnde Betriebssicherheit kennzeichneten den Zustand der baden-württembergischen Wälder im Jahr 1949.

DIE FORSTORGANISATION IN BADEN-WÜRTTEMBERG

Im Südwesten waren durch die Aufteilung in Besatzungszonen drei neue Länder geschaffen worden: Württemberg-Baden, Südbaden und Südwürttemberg-Hohenzollern. Am 25. April 1952 entstand aus ihnen nach einer Volksabstimmung das Bundesland Baden-Württemberg.

In den drei Ländern wurden drei voneinander unabhängige Länderforstverwaltungen in Stuttgart, Tübingen und Freiburg gebildet. Im Land Württemberg-Baden gab es je eine Forstdirektion für den ehemals badischen und den ehemals württembergischen Landesteil.

Im neugebildeten Bundesland Baden-Württemberg wurde die Forst- und Holzwirtschaft 1952 dem Ministerium für Ernährung, Landwirtschaft und Forsten zugewiesen. Die Holzwirtschaft ging 1956 auf das Wirtschaftsministerium über.

Die Landesforstverwaltung wurde als eine in allen Stufen selbstständige Sonderverwaltung organisiert. Die Landesforstverwaltung war eine Einheitsverwaltung für alle drei Besitzarten. Sie bündelte betriebliche, hoheitliche und Leistungsaufgaben. Diese Organisationsform der Landesforstverwaltung hat sich über ein halbes Jahrhundert als effektiv, kostengünstig und bürgernah bewährt und allen kritischen Überprüfungen standgehalten.

Bis 1998 war die Landesforstverwaltung in eine oberste Landesbehörde, das Ministerium für den Ländlichen Raum, vier Forstdirektionen als höhere Sonderbehörden und 190 Staatliche Forstämter eingeteilt. Gemäß dem Beschluss der Landesregierung wurde die Zahl der Forstämter ab 1. Oktober 1998 auf 163 (dazu kommen noch vier körperschaftliche Forstämter) und die Zahl der Forstdirektionen ab 2001 auf zwei verringert.

Bei der großen Verwaltungsreform von 2004 wurde die eigenständige Forstverwaltung ohne überzeugende fachliche Begründung zerschlagen und die zwei Forstdirektionen in die Regierungspräsidien Freiburg und Tübingen, die Forstämter in die Landratsämter eingegliedert.

Einschneidende Veränderungen liefen beim forstlichen Revierdienst ab. Die Forstgesetznovellen in Baden von 1939 und in Südwürttemberg-Hohenzollern von 1949 hatten den Weg zur Bildung gemeinsamer Forstreviere aus Staats-, Gemeinde- und Privatwald gewiesen. Das neue Bundesland übernahm diese Regelung. Immer mehr Gemeinden nutzten die Möglichkeit, ihren Wald vom Staat zu günstigen Gebühren beförstern zu lassen. Das Landeswaldgesetz schrieb im Regelfall für den forstlichen Revierdienst Ausbildung und Prüfung zum gehobenen Forstdienst vor. Der insbesondere im badischen Landesteil sehr bewährte mittlere Forstdienst (= Forstwartlaufbahn) lief danach aus. Die Ausbildung für den gehobenen Forstdienst erfolgte zunächst an der verwaltungseigenen Forstschule und neuerdings an der verwaltungsunabhängigen Fachhochschule in Rottenburg am Neckar.

1992 zählte man 1074 staatliche Reviere des gehobenen und mittleren Forstdienstes. Nach der Reform von 1998 blieben noch 894 Reviere des gehobenen Forstdienstes übrig.

Im Jahre 1958 wurde die Forstliche Versuchs- und Forschungsanstalt Baden-Württemberg (FVA) mit Sitz in Freiburg begründet. Sie ist die Nachfolgerin der 1870 (Baden) bzw. 1872 (Württemberg) gegründeten und nach 1945 stark zersplitterten Versuchsanstalten der beiden ehemaligen Länder. Die Versuchsanstalt ist eng mit der Forstwissenschaftlichen Fakultät der Universität Freiburg verbunden.

Eine wichtige Aufgabe war es, die Forsteinrichtung im neuen Bundesland zu vereinheitlichen. Mit der Dienstanweisung von 1960 kam man diesem Ziel schon ziemlich nahe. Seither ist die Forsteinrichtung laufend auf die neuen Wirtschaftsziele ausgerichtet und unter Nutzung des technischen Fortschritts (Luftbild, Informationstechnik) modernisiert worden.

DIE GESETZLICHEN GRUNDLAGEN DER FORSTWIRTSCHAFT

In der unmittelbaren Nachkriegszeit galt das Forstrecht von vor dem Krieg zunächst weiter. Die bestehende Rechtszersplitterung, inhaltliche Mängel des alten Forstrechtes und das Bundeswaldgesetz vom 2. Mai 1975 als Rahmengesetz machten das neue Landeswaldgesetz vom 12. Dezember 1976 notwendig. Es stellt die Umwandlung von Wald in eine andere Nutzungsart (Landwirtschaft, Siedlung, Straßenbau) unter den Vorbehalt der Genehmigung, verlangt von allen Waldbesitzern die pflegliche, planmäßige und sachkundige Bewirtschaftung des Waldes, es beschränkt die Kahlhiebe, ordnet die Wiederaufforstung der Kahlhiebe an und sieht Schutzmaßnahmen gegen Waldbrände und Naturereignisse vor. Die Vorschriften über die Erstaufforstung von landwirtschaftlichem Gelände oder Ödland stehen nicht im Landeswaldgesetz, sondern im Landwirtschafts- und Landeskulturgesetz vom 14. März 1972.

Im Laufe der Jahre wurde die Zusammenarbeit von Waldbesitzern aller Besitzarten in den Forstwirtschaftlichen Zusammenschlüssen immer effektiver. Äußerst hilfreich, in vielen Fällen ausschlaggebend, war die finanzielle Förderung der Erstaufforstung und Niederwaldumwandlung im Kommunal- und Privatwald durch das Land, den Bund und die Europäische Gemeinschaft. Seit 1978 wurden auch Bestandespflegemaßnahmen, seit den 80er-Jahren die Kalkdüngung gegen Bodenversauerung und waldbauliche Maßnahmen in Folge der »neuartigen Waldschäden« bezuschusst. Im Katastrophenfall tritt das »Forstschäden-Ausgleichsgesetz« des Bundes in der Fassung von 1985 in Kraft, das den Einschlag in den nicht von Sturm oder Schnee geschädigten Gebieten beschränkt. Die von den Schäden betroffenen Waldbesitzer erhielten bedeutende finanzielle Hilfen zur Aufarbeitung des Schadholzes und zur Aufforstung der Schadflächen. Ganz entscheidend für den waldbaulichen Fortschritt, besonders im Privatwald, war die Walderschließung. 1956 bis 1982 wurden 74 000 Kilometer Waldwegebauten mit 215 Millionen D-Mark bezuschusst.

DER WIEDERAUFBAU BEGINNT

In seiner berühmt gewordenen Harvardrede vom 5. Juni 1947 forderte der amerikanische Außenminister Georg C. Marshall den gemeinsamen Wiederaufbau Europas. Im Rahmen des Marshallplanes flossen insgesamt 1,5 Milliarden sogenannter ERP-Mittel nach Westdeutschland. Zusammen mit der Währungsreform vom Juni 1948 bewirkten sie einen überraschend schnellen Aufschwung der Industrie. Das »deutsche Wirtschaftswunder« hatte begonnen.

Der Kalte Krieg zwischen den Westmächten und der Sowjetunion verursachte die Bildung und zunehmende Trennung zweier deutscher Staaten. Am 23. Mai 1949 wurde das Grundgesetz für die Bundesrepublik Deutschland verkündet. Im Oktober 1949 entstand aus den Ländern der sowjetischen Besatzungszone die Deutsche Demokratische Republik. Beide Staaten entwickelten sich weltanschaulich, politisch und wirtschaftlich immer mehr auseinander.

Brennholztransport im Schwarzwald mit dem Schlitten, um 1945.

Arbeitskopf eines modernen Harvesters (Holzerntemaschine) vom Typ John Deere 1170e.

Die Zeit von 1960 bis 1990 ist als Zeit mit einer relativ ungestörten, positiven wirtschaftlichen und sozialen Entwicklung zu bezeichnen. Vorübergehende wirtschaftliche Schwierigkeiten brachten die Energiekrisen von 1973 und 1978 sowie die Jahre 1981/82. 1970 bis 1973 begann die Entspannung gegenüber dem Osten und der DDR (Ostverträge), 1973 wurden beide deutsche Staaten in die UNO aufgenommen. Der Zusammenbruch des Kommunismus in Osteuropa, der historische Glücksfall der deutschen Wiedervereinigung 1989/90 sowie die andauernde politische Instabilität und wirtschaftliche Not in der Dritten Welt bestimmten das politische Geschehen des letzten Jahrzehnts im 20. Jahrhundert.

Wirtschaftlich gesehen zeigten der Neoliberalismus, der Wandel von der Produktions- zur Informationsgesellschaft und die zunehmende weltweite Verknüpfung (Globalisierung) ein Janusgesicht von Chancen und Gefährdungen. Zunehmende Sorgen bereitete die hohe strukturell bedingte Arbeitslosigkeit in Deutschland (1999 rund 5 Millionen Arbeitslose) und die beeinträchtigte wirtschaftliche Wettbewerbsfähigkeit. Die weltweite Übernutzung der natürlichen Ressourcen und die zunehmende Gefährdung unserer Umwelt schärften das ökologische Bewusstsein, schürten aber auch das Misstrauen gegen neue und zukunftsträchtige Technologien.

Wie wirkte sich das alles auf die Forstwirtschaft aus? Die kriegsbedingte Planwirtschaft und die gesetzliche Bindung der Rohholzpreise hatten die

Waldbesitzer benachteiligt. 1952 wurde die Preisbindung für Rohholz aufgehoben. In den Römischen Verträgen vom 1958 (EWG) wurde das Holz nicht in die Regelungen für den Agrarmarkt einbezogen, sondern ein freier Holzmarkt festgelegt. Der Import von Holz und Holzerzeugnissen wuchs ständig und der inländische Markt wurde mehr und mehr mit dem Weltmarkt verflochten. Die finanziellen Erträge der Forstwirtschaft gerieten immer stärker in die Schere zwischen den importbedingt nur mäßig wachsenden Erlösen und den steigenden Lohnkosten (der durchschnittliche Waldarbeiterlohn je Stunde stieg von 1,69 D-Mark im Jahr 1955 auf 20,56 D-Mark im Jahr 1992).

Der Zwang zur Verbesserung und Verbilligung der forstlichen Betriebsarbeiten war maßgeblich für die stürmische Entwicklung der Forsttechnik. Sie lässt sich im Rahmen dieser Darstellung nur andeuten. Die Waldarbeiterzahlen sind in den letzten Jahrzehnten des 20. Jahrhunderts laufend gesunken. Die Beschäftigungsdauer der verbliebenen Waldarbeiter nahm umgekehrt dazu ebenso wie ihre Leistung und ihr Verdienst kontinuierlich zu. Viele Forstbetriebe arbeiten heute vorwiegend oder ausschließlich mit Unternehmern. Der produktive Zeitaufwand im Staatswald ist von 60 Stunden je Hektar im Jahr 1953 auf etwa 8 Stunden je Hektar im Jahr 1998 gesunken. Ermöglicht wurde diese Entwicklung durch vermehrte Aus- und Fortbildung der Beschäftigten und die bessere Erschließung des Waldes. Die Wegedichte im Staatswald stieg von 1953 bis 1992 von 36 auf rund 50 laufende Meter je Hektar. Trotz rationeller Planung wurde im Allgemeinen sehr landschaftsschonend gebaut. Ende der 50er-Jahre begann der Siegeszug der Einmannmotorsäge. Die Handentrindung wurde durch Entrindungsmaschinen im Wald und Werksentrindung abgelöst. Vollernter und Prozessoren (die den geernteten Baum entasten, entrinden und in die passenden Längen schneiden) ersetzen heute die manuelle Fällung und weitere Bearbeitung des Holzes. Am Steilhang wird das Holz möglichst schonend mit Seilkränen transportiert.

AUFBAU UND UMBAU AUCH IM WALD

Gegenüberliegende Seite: Fichtenbestand aus Pflanzung nach »Franzosenhieb« (1953) in Tannheim, Oberschwaben. Der Autor hat seinerzeit bei der Pflanzung mitgearbeitet.

Die Wiederaufforstung der Kahlflächen wurde nach 1945 als vorrangige und langfristige Aufgabe angesehen. Der Münchner Waldbauprofessor Josef Nikolaus Köstler fragte 1947: »Werden wir in zehn Jahren außer der Aufforstung der Kahlflächen noch ernstliche forstliche Aufgaben haben?« Die Aufforstung musste großflächig geplant werden. Dabei setzte man sich das eindeutige Ziel, Mischbestände zu schaffen. In Südbaden erschien 1947 ein »Kulturerlass« als erstes Konzept der Wiederaufforstung in allen drei Waldbesitzarten. In ihm wird bereits vor der Gefahr der großflächigen Verfichtung gewarnt. Man wollte klare Mischungen mit einer Hauptbaumart und truppweisen Mischbaumarten.

Nach einer Statistik über die Kahlflächen in ganz Westdeutschland entfielen am 1. Oktober 1949 rund 40 000 Hektar auf das heutige Land Baden-Württemberg. Eine andere Quelle beziffert die aufzuforstende Fläche bis 1950 sogar auf 80 000 Hektar. Die einzelnen Kahlflächen aus den F- und E-Hieben waren nicht selten größer als fünf Hektar. Die meisten von ihnen waren in einem für die Wiederaufforstung schlecht geeigneten Zustand. Die Flächen waren ungeräumt, verunkrautet und vernässt. Im Graswuchs gediehen forstschädliche Mäuse. Die kleinklimatischen Verhältnisse auf den Kahlflächen waren extrem ungünstig (Trockenheit, Fröste, Wind). Vor allem fehlte es am notwendigen Saatgut und Pflanzenmaterial. Nicht minder schwierig war es, die für die Wiederaufforstung erforderlichen Arbeitskräfte zu beschaffen und sie mit Gerät, Fahrzeugen, Reifen, Treibstoff, Arbeitskleidung, Schuhen und vor allem mit Lebensmitteln zu versorgen.

Zunächst galt es, das erforderliche Saatgut und Pflanzenmaterial zu beschaffen. Die gewerblichen Pflanzschulen waren weitgehend ausgefallen, die Großbetriebe in Norddeutschland mussten Gemüse anbauen. In Südwürttemberg gelang es 1947, aus privater Hand eine Samenklenge und Pflanzschule mit sieben Hektar in Nagold anzukaufen, die zur Staatsklenge und Landespflanzschule mit zuletzt 14 Hektar ausgebaut wurde. Überall setzte man die Eigenanzucht von Forstpflanzen in Gang.

Mit der Währungsreform von 1948 verloren die Schwierigkeiten mit der Finanzierung, den Arbeitskräften und der Pflanzenbeschaffung an Gewicht. Bis 1952 hatte man beispielsweise in Südbaden zwei Drittel der Kahlflächen in Bestockung gebracht.

Aus Mangel an Pflanzen verwendete man zunächst Wildlinge (aus Naturverjüngungen ausgestochene Pflanzen). Die heißen Frühjahre bzw. Sommer

von 1947 bis 1949 machten zahlreiche Nachbesserungen von ausgefallenen Pflanzen erforderlich. Wegen des Pflanzenmangels steuerte man wieder überwiegend auf Fichte zu. Soweit man Tannen pflanzte, gingen diese oft zwischen den schneller wachsenden Fichten unter. Zum Schutz der jungen Tannen gegen Frost und Hitze pflanzte man bisweilen einen »Vorwald« aus Birken oder Erlen, der später aber aufwändig entfernt werden musste. Die erstrebten Mischbestände waren sehr problematisch in der Kulturpflege gegen Gras und unerwünschten Strauchwuchs.

Am schwierigsten gestaltete sich der Schutz gegen die Schäden durch das Wild. Die Besatzungsmächte hatten sich zunächst die Jagd vorbehalten. Die deutschen Jäger hatten keine Waffen mehr und die Zahl des Rotwilds (Hirsche) und der Rehe nahm enorm zu. Der Schutz einzelner Bäumchen reichte nicht aus, um Verbiss- und Fegeschäden, besonders an der Tanne, der Buche und den übrigen Laubbäumen, zu verhüten. Nur zögernd entschloss man sich zum Bau von Zäunen. Die großen Zäune waren in der Folge schwer wilddicht zu halten.

Trotz des Pflanzenmangels machte man bei den Großflächenaufforstungen umfangreiche Versuche mit der Japanischen Lärche und der Douglasie. In der Rheinebene entstanden in dieser Zeit große Kiefernflächen mit Laubbaumstreifen aus Hainbuche und Linde. Oft bearbeitete man vorher die Böden gründlich durch sogenannten Vollumbruch. Dabei werden die Böden gewendet, damit der Humus an die Wurzeln kommt und undurchlässige Bodenschichten durchbrochen werden. Im Auewald setzte man auf den besseren Böden stark auf die Pappeln. In vielen Fällen scheiterten die Pappeln wegen falscher Sortenwahl und wegen des Rindentodes (einer Pilzerkrankung) oder anderen Schädlingen.

Eine südwürttembergische Besonderheit waren die Buntmischungen nach dem Chef der dortigen Forstverwaltung, Max Maier. Da die standörtlichen Verhältnisse nicht gründlich genug erfasst werden konnten, sollten buntgemischte Kulturen begründet werden, in denen sich die jeweils bestgeeigneten Baumarten mittels lenkender Pflegeeingriffe herausentwickeln sollten.

In Oberschwaben griff man ortweise zur Wiederaufforstung auf das von alters her übliche Wald-Feldbau-Verfahren mit Hackfruchtanbau, Birkenvorwald, Beimischung von Stickstoff sammelnden Pflanzen, wie Besenginster oder Lupinen, und Düngung zurück.

Hans-Jörg Oeschger hat 1967 die Ergebnisse der Großflächenaufforstungen im ganzen Land abschließend untersucht. Von den Wirtschaftsbaumarten war die Fichte technisch am besten geeignet, die Tanne nur bei garantiertem Schutz gegen Wild und Frost. Die Europäische Lärche wurde, außer am Waldrand, fast überall von den Fichten überwachsen, ebenso je nach Standort die Japanische Lärche. Die Douglasie hatte sich, vor allem im atlantischen Klima im Westen des Landes, gut bewährt. Laubbäume waren insgesamt weniger geeignet. Vom Standort her bereiteten die ebenen Lagen wegen Frost,

Vernässung und Verunkrautung größere Schwierigkeiten als die Hänge, auch wenn sie steil waren.

Insgesamt wurde das Ziel, verbreitet Mischbestände zu schaffen, bei den Großflächenaufforstungen nach 1945 wegen der ungeheuren Schwierigkeiten nicht erreicht. Trotzdem – oder gerade wegen aller Schwierigkeiten – bleibt die Wiederaufforstung der gewaltigen kriegs- und nachkriegsbedingten Kahlflächen in verhältnismäßig kurzer Zeit eine großartige Leistung.

Im neuen Bundesland Baden-Württemberg stand, nachdem die Wiederaufforstung der Großkahlflächen weitgehend abgeschlossen war, die Steigerung der Produktivität des Waldes im Vordergrund der waldbaulichen Bemühungen. Das Augenmerk richtete sich dabei auf die überalterten und geringwüchsigen Bestände, die eingeschlagen und durch wuchskräftige und auf dem Holzmarkt gefragte Baumarten ersetzt werden sollten. Man hatte aus der Kriegs- und ersten Nachkriegszeit die Lehre gezogen, dass man für die Zukunft eine maximale Holzversorgung sichern müsse. Insbesondere in den vom Krieg besonders betroffenen Gebieten, zum Beispiel am Oberrhein, wollte man ertragreiche Wälder schaffen. Alle Waldbesitzer sollten nachhaltige finanzielle Überschüsse aus ihrem Wald erwarten können. Man muss es der vorausgegangenen Notzeit zuschreiben, dass man dabei auf die gewachsene Landschaft zu wenig Rücksicht nahm.

Zum Umbau in den Mittel- und Niederwäldern des Oberrheinischen Tieflandes, des Odenwaldes und des Neckarlandes bevorzugte man die Pappeln, die Roteiche, die Douglasie und die Fichte, auf den ärmsten Standorten die Kiefer. Im Schwarzwald wurden großflächig ehemalige Reut- und Weidberge sowie überalterte Waldbestände auf schwächeren Standorten durch die Douglasie, auf besseren Standorten durch Fichte bzw. Fichte-Tanne und anfänglich auch durch die Europäische Lärche mit Tanne ersetzt. Die Buche konnte seit langen Jahren nur schwer abgesetzt werden, die Buchenwirtschaft wurde als unproduktiv betrachtet und ihr Jungwuchs, gebietsweise auch mit Hilfe von Wuchsstoffen (Tormona), brutal zurückgedrängt. Auf großer Fläche wurden aus damaliger Sicht unbefriedigende Buchenreinbestände abgetrieben und im günstigsten Falle durch Nadelbaum-Buchenmischbestände ersetzt.

Das Ergebnis der Wiederaufforstung der Kahlflächen aus der Kriegs- und ersten Nachkriegszeit, der Umwandlung ertragsschwacher Bestände, des Umbaus von Mittel- und Niederwald und der Kulturen auf den Sturmflächen von 1967 war eine neuerliche Nadelbaumwelle. Zum Teil entstanden erneut labile und standortswidrige Bestockungen, die heute zu naturnahen Wäldern zurückgebaut werden müssen.

NEUE ZIELE FÜR DIE FORSTWIRTSCHAFT

Gegenüberliegende Seite: Der Wald als Erholungsort und Naturschutzraum – schon lange wichtige Aufgaben der Förster, wie hier im Naturschutzgebiet »Hohlohsee« im Nordschwarzwald.

In den 60er-Jahren stellten sich die Förster und Waldeigentümer einer neuen großen Herausforderung. Der Forstwissenschaftler Karl Hasel spricht 1968 sogar von einer Wende von »säkularem Ausmaß«. Jahrhundertelang war das Ziel der Forstwirtschaft die Erzeugung von möglichst viel Holz der jeweils benötigten Sorten (Brennholz oder Nutzholz, Floßholz oder Sägeholz) gewesen. Ein weiteres Ziel war ab der zweiten Hälfte des 19. Jahrhunderts nachhaltig einen möglichst hohen finanziellen Ertrag aus dem Wald zu erwirtschaften.

Nun sollten auch die »Wohlfahrtswirkungen des Waldes« für Boden, Wasser, Klima, Luft, für die Pflanzen und Tiere des Waldes und die Erholung der Menschen berücksichtigt werden. Das war zwar etwas, das vorausblickende Forstleute schon seit Jahrzehnten bei ihrer Arbeit getan hatten. Nun wurde es, nach Überwindung schlimmer Notzeiten für den Wald, aber zum allgemeinen Gebot, auch im Privatwald, erhoben. Zunächst nahm man noch an, dass Landschaftsschutz und Erholung bei einer ordnungsgemäßen Bewirtschaftung des Waldes gewissermaßen automatisch gewährleistet seien (sogenannte Kielwassertheorie, weil diese Leistungen, wie der damalige Landesforstpräsident Hubert Rupf formulierte, im Kielwasser einer normalen Forstwirtschaft folgen würden). Tatsächlich gewannen jedoch die Schutz- und Erholungsfunktion des Waldes nach und nach vorrangige Bedeutung und bewirkten eine Bewusstseinsänderung bei den Forstleuten. Man anerkannte, dass die Bedeutung der Holzproduktion und ihrer finanziellen Ergebnisse verhältnismäßig im Rückgang sei, und dass die Dienstleistungsaufgaben des Waldes für die Industriegesellschaft ein umso größeres Gewicht erlangen würden.

Mit der Waldfunktionenkartierung von 1975 bis 1977 (eine kartenmäßige Darstellung, welche Funktionen für die einzelnen Waldflächen vorrangig waren) stellte sich die Landesforstverwaltung Baden-Württemberg dieser Herausforderung. Im Europäischen Naturschutzjahr 1970 erhielt die Ausweisung von Waldschutzgebieten (Bannwäldern und Schonwäldern), die in Württemberg bis auf das Jahr 1911 zurückgeht, einen kräftigen Schub.

Das Landeswaldgesetz von 1976, das die Handschrift von Fritz Lamerdin, Wilfried Ott, Max Scheifele und Werner Schumacher trägt, legte in Paragraph 1 die Ziele der Landesforstverwaltung für alle drei Besitzarten folgendermaßen fest:

Zweck des Gesetzes ist:
1. den Wald wegen seines wirtschaftlichen Nutzens (Nutzfunktion) und wegen seiner Bedeutung für die Umwelt, insbesondere für die dauernde Leistungsfähigkeit des Naturhaushaltes, das Klima, den Wasserhaushalt, die Reinhaltung der Luft, die Bodenfruchtbarkeit, das Landschaftsbild, die Agrar- und Infrastruktur und die Erholung der Bevölkerung (Schutz- und Erholungsfunktion) zu erhalten, erforderlichenfalls zu mehren und seine ordnungsgemäße Bewirtschaftung nachhaltig zu sichern […].
2. einen Ausgleich zwischen den Interessen der Allgemeinheit und den Belangen der Waldbesitzer herbeizuführen.

Mit dem Landesnaturschutzgesetz vom 1. Januar 1976 wurde die Pflege und Erhaltung von wertvollen Biotopen – zusätzlich zum Artenschutz – zum Ziel des Naturschutzes erklärt. Die gesellschaftliche Bedeutung des Naturschutzes wuchs stark an. Gleichzeitig nahm auch die Kritik des Naturschutzes an der Waldbewirtschaftung zu. Kernpunkte der Kritik waren der Fichtenanbau, fehlende Naturnähe, der Waldwegebau und die Erstaufforstungen.

Seit Ende der 70er-Jahre wurde die Waldbewirtschaftung immer stärker ökologisch ausgerichtet. Die Pflege von Flora und Fauna sowie die Berücksichtigung von Gesichtspunkten des Naturschutzes und der Landschaftspflege wurden in der Neufassung des Landeswaldgesetzes von 1995 entsprechend verankert. Der »Biotopschutzwald« wurde als neue Kategorie unter den Schutzwäldern eingeführt und eine Kartierung der Waldbiotope – unter der Leitung des zuständigen Abteilungsleiters bei der Forstlichen Versuchsanstalt Helmut Volk – durchgeführt.

Von Anfang an ist im Landeswaldgesetz deutlich die Tendenz erkennbar, sich um einen harmonischen Ausgleich der verschiedenen Anforderungen an den Wald zu bemühen. Die Dienstanweisung für die Forsteinrichtung von 1985 bestimmt dazu, dass bei grundsätzlicher Gleichwertigkeit der Waldfunktionen die Entscheidung im Konfliktfall »zumindest im Staatswald und unter den derzeitigen Rahmenbedingungen« für den Vorrang der Schutz- und Erholungsfunktion vor der Holzproduktion zu treffen ist.

Die Ausstattung des Waldes als Erholungsraum bildete von der Mitte der 60er- bis Ende der 70er-Jahre einen weiteren Schwerpunkt. Für Freizeitsportler wurden überall sogenannte Vitaparcours eingerichtet. Wer es gerne gemütlich hatte, wünschte sich Unterstellhütten, Picknickplätze und Grillstellen. Kritiker warnten vor einer übertriebenen »Möblierung des Waldes«. Der Bau von Erholungseinrichtungen ist seither zu einem gewissen Abschluss gekommen. Die Pflege der vorhandenen Anlagen erfordert viel Zeit und Geld.

Die Privatwaldbesitzer forderten umsonst einen angemessenen finanziellen Ausgleich dieser Leistungen für die Allgemeinheit. Sie wurden im Gegenzug von den Politikern auf die sozialen Verpflichtungen aus ihrem Eigentum (Sozialbindung des Eigentums) hingewiesen.

SCHÄDEN DURCH WETTEREIGNISSE

In der zweiten Hälfte des 20. Jahrhunderts gab es große Schäden durch Sturm und nassen Schnee in unseren Wäldern. Bei den orkanartigen Stürmen oder bei Nassschnee wurden die Bäume einzeln, in Nestern und auf großen, zusammenhängenden Flächen gebrochen oder entwurzelt. Der Schneebruch schädigte in erster Linie jüngere Bestände, die Stürme schadeten vor allem in den Althölzern. Besonders betroffen waren in beiden Fällen die reinen Fichten- und Kiefernbestände aus den umfangreichen Aufforstungen und Umwandlungen. Es gab vor allem dort schwere Schäden, wo man die Fichten aus Unkenntnis der Standorte auf vernässte oder verdichtete Böden gepflanzt hatte, in denen ihre Wurzeln nicht ausreichend Halt fanden.

Sturmwurf durch »Lothar« (1999), hier auf dem Kaltenbronn.

Häufigkeit und Ausmaß der großen und der kleineren Schadereignisse belegen die hohe Anfälligkeit der Wälder. Im Gesamtland fielen 1953 bis 1990 29 Prozent des Hiebsatzes als sogenannte »zufällige Ergebnisse« an.

In gewissem Umfang sind Sturm und Schneebruch unabwendbare Naturkatastrophen, die auch im Urwald vorkommen. Bei den reinen Fichtenwäldern in ebenen Lagen und auf verdichteten, wechselfeuchten oder staunassen Standorten waren die Schäden aber immer besonders hoch. Eine absolute

STURM- UND SCHNEEKATASTROPHEN

Bereits im 19. Jahrhundert wird von großen Sturmwürfen berichtet, so im Oktober 1870, als im ganzen Land 9,4 Millionen Festmeter geworfen wurden. Im Schwarzwald folgte der verheerende Nord-Ost-Sturm vom 31. Januar/1. Februar 1902 (zusammen fast zwei Millionen Festmeter Sturmholz im Schwarzwald und den Vogesen).

Die Sturmkatastrophen häuften sich in der zweiten Hälfte des 20. Jahrhunderts. Zuerst wurden im Juni 1946 in Oberschwaben 160 000 Festmeter von einem Sturm geworfen, die zur Entstehung der Borkenkäferkalamität beitrugen. Am 28. Dezember 1954 und am 16./17. Januar 1955 gab es landesweit – besonders im Schwäbisch-Fränkischen Wald, im Nordschwarzwald, im Schönbuch und wieder in Oberschwaben – 2,5 Millionen Festmeter Sturmholz; 7000 Hektar Sturmflächen mussten wieder aufgeforstet werden. 1958 fielen 1,4 Millionen Festmeter Sturmholz an. Vom 20. bis 28. Februar und vor allem am 12./13. März 1967 kam es zur bis dahin größten Sturmkatastrophe in Baden-Württemberg mit 7,7 Millionen Festmeter Schadholzanfall und rund 10 000 Hektar Kahlflächen. Hauptschadensgebiete waren wieder das Südwestdeutsche Alpenvorland, der Baarschwarzwald, der Obere Neckar und der Ellwanger Raum. Die Folge war eine erneute Bedrohung der Wälder durch den Borkenkäfer in den Jahren 1968/69.

Im November 1984 gab es erneut erhebliche Sturmschäden mit einem Anfall von rund einer Million Festmeter. Übertroffen wurden alle diese Katastrophen durch die Stürme von 1990/91 (»Vivian und Wiebke«), denen in Baden-Württemberg 19 Millionen Festmeter zum Opfer fielen. Die Kahlflächen durch den Sturm betrugen insgesamt 23 000 Hektar.

Und dann kam am 26. Dezember 1999 »Lothar« und warf in Baden-Württemberg 30 Millionen Festmeter – die größte Sturmkatastrophe in der neueren Waldgeschichte. Der Jahrhundertorkan verursachte 40 000 Hektar Kahlflächen.

Schnee- und Eisbruch führten regional immer wieder zu größeren Schäden. Im Jahr 1886 gab es in vielen Landesteilen gewaltige Schneebruchschäden, vor allem in den Kiefernbeständen aus der Zeit des Waldaufbaus. 1951/52 fielen im Südwesten des damaligen Landes Südbaden rund 100 000 Festmeter Schadholz, hauptsächlich in Fichtenstangenhölzern, an. Zu nennen sind weiter die Jahre 1958 mit 650 000 Festmeter, 1963 mit etwa 200 000 Festmeter im Nordschwarzwald und der 10. April 1973 mit 435 000 Festmeter Bruchholz. Die bisher größte Kalamität durch Schnee- und Eisbruch ereignete sich 1981/82 mit einem Gesamtanfall von rund drei Millionen Festmeter.

Tornados gibt es nicht nur in Nordamerika. Erinnerungsstein an den Sturmschaden durch einen Tornado bei Pforzheim im Jahr 1968. Insgesamt fielen 170 000 Festmeter Sturmholz an.

Sicherheit gibt es auch bei den Baumarten mit tieferen Wurzeln als die Fichte, wie Tanne und Kiefer, nicht. Die Laubbäume Buche und Eiche werden im belaubten Zustand gerne das Opfer der selteneren Sommerstürme.

Der für den Waldbau in der Forstdirektion Tübingen zuständige Abteilungsleiter Hermann Oehler schreibt schon unter dem Eindruck der schweren Stürme von 1966/67: »Die Geschichte der Fichten-Wirtschaft im nördlichen Oberschwaben ist, je weiter sich die Fichtenbestände ausdehnten, umso mehr die Geschichte von Katastrophen, die auf lange Jahre hinaus die Holzernte diktierten und den Waldbau dazu zwangen, sich fast nur noch mit der Behebung der Folgeschäden zu befassen.« Ähnlich gilt dies auch für die Baar, den Oberen Neckar, den Schwäbisch-Fränkischen Wald und große Teile des Schwarzwaldes.

Die Sturmkatastrophen waren Anlass zum waldbaulichen Umdenken. Denn der Waldbau kann einiges tun, um künftige Sturmkatastrophen zu verhindern oder ihre Folgen zu mildern: Begründung standortsgerechter Mischbestände, Förderung der Laubbäume, Umbau der Fichtenreinbestände auf ungeeigneten Standorten, Beachtung der räumlichen Ordnung (Hieb gegen die Hauptsturmrichtung), Pflege der Waldträufe und frühe intensive Bestandespflege.

DAS »WALDSTERBEN«

Mitte der 80er-Jahre des vorigen Jahrhunderts ging die Meldung durch den bundesdeutschen Blätterwald, der Schwarzwald läge im Sterben. Das »Waldsterben« war freilich nicht auf den Schwarzwald beschränkt. Die Sorge um den deutschen Wald bewegte viele Menschen. Alle Welt, selbst der Bundespräsident, reiste an, um sich selbst ein Bild zu machen. Im Ausland wurde das deutsche Wort »Waldsterben« so bekannt wie »Rucksack« oder »Kindergarten«.

Die ausführliche Geschichte des »Waldsterbens« ist noch zu schreiben. Wir müssen uns kurzfassen. Um das Jahr 1975 kamen aus dem Schwarzwald Berichte über Nadelverluste, Minderung der Vitalität und Absterben von Tannen. Sie veranlassten ein Forschungsprogramm »Tannensterben« der Forstlichen Versuchsanstalt unter der Leitung ihres damaligen Direktors Hans Ulrich Moosmayer, das auf der Basis von Dauerbeobachtungsflächen auf alle Wuchsgebiete der Tanne ausgedehnt wurde. 1981/82 beobachtete man ein deutliches Übergreifen der Krankheitssymptome auf die Fichte und man legte auch für diese Baumart Dauerbeobachtungsflächen an. Besonders bei der Fichte wirkte eine intensive Gelbfärbung der älteren Nadeln beängstigend. Mitte der 80er-Jahre wurden von den Laubbäumen schüttere Belaubung, Wuchsabnormitäten und das Absterben von Zweigen, Teilen der Kronen und ganzer Bäume gemeldet. Buchen- sowie Eichenflächen wurden in das Netz der Dauerbeobachtungen einbezogen.

Seit 1983 wird jährlich eine bundesweite Inventur der Benadelung bzw. Belaubung mit Hilfe von festen Stichproben in einem dichten Netz durchgeführt. Nach einem Höhepunkt der Schäden Mitte der 80er-Jahre folgten eine deutliche Phase der Erholung bei den Nadelbäumen mit Verschwinden der Nadelverfärbungen und eine Verschlechterung bei den Laubbäumen. In den 90er-Jahren unterbrachen kurze Phasen einer erneuten Zunahme der Nadel- bzw. Laubverluste den generellen Trend der Erholung auf einem relativ hohen Schadensniveau.

Die Methodik der Waldzustandsermittlung ist vielfach kritisiert worden. Einige Fragen lauteten: Wie wirken sich Mastjahre (Jahre mit hoher Samenproduktion) und Insektenschäden auf die Belaubung aus und wie aussagekräftig ist der Zustand der Kronen für den Gesundheitszustand des ganzen Baumes, zum Beispiel der Wurzeln? Gibt es überhaupt – in normalen Zeiten – einen zu hundert Prozent gesunden Wald?

Auf der Basis der Schadenserhebungen und von Infrarot-Aufnahmen aus der Luft begannen intensive Forschungen über die Ursachen des »Wald-

Kahle Tannen als Folge des »Waldsterbens« in Köhlgarten im Südschwarzwald, 1985.

sterbens«, in erster Linie die Messung der Schadstoffgehalte in der Luft, Ermittlung des Elementgehaltes im Boden bzw. Bodenwasser, Feststellung des Nährstoffgehaltes in Blättern bzw. Nadeln und baumphysiologische Untersuchungen. Der vermutete direkte Zusammenhang zwischen der Schadstoffkonzentration in der Luft und den Nadel- bzw. Blattverlusten ließ sich nicht nachweisen. Der Anstieg des Zuwachses, der bei den Nadelbäumen von verschiedenen Autoren festgestellt wurde, passte überhaupt nicht zu den beobachteten Nadelverlusten. Als Ergebnis der bisherigen Untersuchungen blieb allenfalls ein gewisser Verdacht auf kumulative Schadwirkung hoher Ozonkonzentrationen in Hochlagen übrig. Sicher waren sich die Forscher über die »Fehlernährung« der Bäume infolge übermäßiger Stickstoffeinträge, die den Nährstoffhaushalt des Bodens nachhaltig verändern und auch eine Gefährdung des aus dem Wald kommenden Grundwassers bedeuten.

Für die Allgemeinheit lag die Ursache des »Waldsterbens« schon lange auf der Hand: Der »saure Regen« war schuld. Die Wissenschaftler konnten das nicht bestätigen. Sie betonten, dass es die eine, allgemeine »neuartige Walderkrankung« nicht gäbe, sondern dass es sich vielmehr um unterschiedliche und sehr komplexe Abläufe handle, die durch eine Reihe von klimatisch für den Wald ungünstigen Jahren ausgelöst wurden.

Neuerdings wird die direkte Einwirkung von Luftschadstoffen auf Blätter und Nadeln, außer im Falle der »klassischen Rauchschäden« (in unmittelbarer Nähe von Schadstoffe ausscheidenden Industrien), ganz bestritten und ausschließlich ein »Wirkungspfad« der Schadstoffe über den Boden angenommen.

Die fachliche Diskussion um waldbauliche Ziele war in der ersten Hälfte der 80er-Jahre vom Waldsterben bestimmt. Althergebrachte und selbstverständliche Vorgaben wie der langfristige Umtrieb bzw. die langfristige Verjüngung, das Mischwaldprinzip und die intensive Bestandespflege wurden in der Diskussion in Frage gestellt. Die Landesforstverwaltung warb vorrangig für die Verringerung der Emissionen als Ursache der Schäden und blieb bei ihren bewährten waldbaulichen Grundsätzen. Sie postulierte in den Schadgebieten eine frühe und intensive Bestandespflege, den Umbau von Nadelbaumreinbeständen in den Hochlagen in Mischbestände, die Naturverjüngung und den Vorbau (Pflanzung unter dem Schirm des Altholzes). Eine Änderung der langfristigen Baumartenplanung zu immissionsresistenteren Baumarten oder Rassen, wie im Erzgebirge, wurde abgelehnt. Im Gebiet eines »waldbaulichen Sonderprogrammes« wurden Vorbaumaßnahmen, Wiederaufforstung von Schadflächen und die Meliorationsdüngung (Kalkung) finanziell besonders gefördert.

Aus der Sicht einer Geschichte von Mensch und Wald sind drei Gesichtspunkte wesentlich:

1. Die Sorge um den Bestand des Waldes in der ersten Hälfte der 1980er-Jahre war berechtigt, die Panikmache durch selbsternannte Autoritäten und sensationslüsterne Medien unverantwortlich. Weder lange berufliche Erfahrung noch die Forstgeschichte gaben den Forstleuten einen Hinweis auf den voraussichtlichen Verlauf der Schäden. Sie konnten gar nicht anders als die Öffentlichkeit über die Gefährdung des ihnen anvertrauten Waldes ebenso sachlich wie engagiert aufmerksam zu machen und alle möglichen Gegenmaßnahmen einzufordern.

2. Der Schwarzwald ist nicht gestorben! Darüber sollten wir froh sein und nicht in nachträgliche Besserwisserei oder gar Schuldzuweisungen verfallen. Auch die größten Skeptiker haben damals nicht gut geschlafen. Das »Waldsterben« hat die Kenntnisse über das Ökosystem Wald enorm vorangebracht und den Menschen die Unentbehrlichkeit des Waldes bewusst gemacht. Schließlich konnten über die Mobilisierung der Öffentlichkeit große Fortschritte in der Verminderung der Luftschadstoffe erzielt werden, was unter anderem auch für die Erhaltung historischer Bauten und die Gesundheit der Menschen gut war. Leider reichen diese Fortschritte noch nicht aus, aber das Thema hat wegen anderer Umweltgefährdungen an öffentlichem Interesse verloren. Heute diskutiert man über die globale Erwärmung und ihre Folgen für den Wald.

3. Waldbaulich wurden der Umbau labiler Reinbestände in den Hochlagen in stabile Mischwälder, die Suche nach geeigneten heimischen Saatgutherkünften und die rechtzeitige Bestandespflege durch die Walderkrankung sehr gefördert. Umfangreiche Meliorationsdüngungen (Kalkungen) haben die Bodenversauerung und den Verlust an Nährstoffen nachweislich verlangsamt.

DER WEG ZUM NATURNAHEN WALDBAU

Zu Anfang der 1960er-Jahre sprach man vom »Freien Stil des Waldbaus«. Der damalige Abteilungsleiter für Waldbau im zuständigen Ministerium, Paul Kirschfeld, erklärte diesen Begriff bei der Versammlung des Deutschen Forstvereins in Stuttgart 1960: Der südwestdeutschen Tradition folgend, werde bei der Waldverjüngung grundsätzlich Naturverjüngung und Mischwald angestrebt. In waldbautechnischer Hinsicht bestünden keinerlei bindende Vorschriften. Der Femelhieb sei ebenso zulässig wie der Kahlhieb. Im Zusammenwirken mit Bodenbearbeitung, Düngung und entsprechender Baumarten- und Hilfspflanzenwahl habe der Kahlhieb seine Schrecken auf vielen Standorten verloren.

In der waldbaulichen Praxis herrschte, wie bereits weiter oben ausgeführt, in den 60er-Jahren der Bestandesumbau durch Kahlhieb und Anbau. Die Naturverjüngung besaß unter diesen Umständen nur wenig Anteil an

> Naturnaher, stabiler Mischwald aus Buchen und Eichen – ein Wald, der gleichzeitig die Funktionen der Holzerzeugung, des Schutzes der Landschaft und der Erholung in idealer Weise erfüllt.

den Jungbeständen. Peter Weidenbach, später Abteilungsleiter für Waldbau am Ministerium, hat ein bitteres Urteil gefällt: »Der ursprünglich propagierte ›Freie Stil des Waldbaus‹ erstarrte nicht selten im Streifenkahlschlag mit nachfolgender Pflanzung von Nadelbäumen.«

Anfangs der 70er-Jahre verbesserten sich die Verhältnisse auf dem Holzmarkt. Eichen- und Buchenstammholz stiegen aufgrund der Verknappung des Tropenholzes im Preis, Brennholz profitierte von der ersten Ölkrise und Laubindustrieholz für Zellstoff und Platten wurde lebhaft nachgefragt.

Starkes Holz wurde das Produktionsziel. Die Erzeugung wertvollen, starken Holzes braucht aber Zeit. Die durchschnittliche Umtriebszeit im Öffentlichen Wald betrug 1961/70 108 Jahre, in der Einrichtungsperiode 1971/80 war sie, den Vorschlägen von Eugen Huber (Forstdirektion Freiburg) entsprechend, bereits auf durchschnittlich 132 Jahre erhöht worden. Die Erhöhung der Betriebssicherheit wurde nach den Sturmwürfen von 1967 als weiterer wichtiger Bestandteil der Rationalisierung im Waldbau erkannt. Das Mischwaldprinzip wurde betont und die verstärkte Einbringung der Tanne auf labilen Standorten propagiert. Leider wurden diese Ziele aber bei der Wiederaufforstung der Sturmwurfflächen von 1967 nur unvollkommen erreicht, weil die Tanne sehr durch das Wild gefährdet war und einzeln gepflanzte große Tannen (sogenannte Heister) später von den Fichten überwachsen wurden.

Gegenüberliegende Seite: Wuchsgebietskarte für Baden-Württemberg (Quelle: Forstliche Versuchs- und Forschungsanstalt Baden-Württemberg).

Die eingehende Standortserkundung und -kartierung (Kasten) wurde zur unentbehrlichen Grundlage für die Baumartenplanung. Man sprach nun vom »wissenschaftlich abgesicherten Waldbau auf standortskundlicher Grundlage«.

Die allgemeinen Zielsetzungen bei der Forsteinrichtung werden über die »Betriebszieltypen«, die vor allem durch die angestrebte Baumartenmischung gekennzeichnet sind, verwirklicht. Es gelten folgende Grundsätze:

STANDORTSERKUNDUNG UND STANDORTSKARTIERUNG

Das Land wird nach den geographischen Räumen, dem Grundgestein und den Klimazonen in regionale Einheiten (Wuchsgebiete) eingeteilt. Innerhalb der Wuchsgebiete wird eine größere Zahl von Standortseinheiten ausgeschieden. Die Standortseinheiten unterscheiden sich nach Ebene und Hanglage (Exposition), Hangneigung (Steilheit), Grundgestein, Boden, Wasserhaushalt und Vegetation (Weiserpflanzen). Die Verbreitung der Standortseinheiten wird kartiert. Wichtigstes Hilfsmittel dafür ist der Bohrstock, mit dem Bodenproben entnommen werden. Für jede Standortseinheit werden die geeigneten Haupt- und Nebenbaumarten aufgelistet. Ferner wird auf die besonderen Gefährdungen der Bäume (Sturm, Schnee, Dürre oder Staunässe, Pilze und Insekten) aufmerksam gemacht. Die Standortskarte ist ein unentbehrliches Hilfsmittel für den Forstmann, insbesondere für Naturverjüngungen, Pflanzungen und Wegebauten.

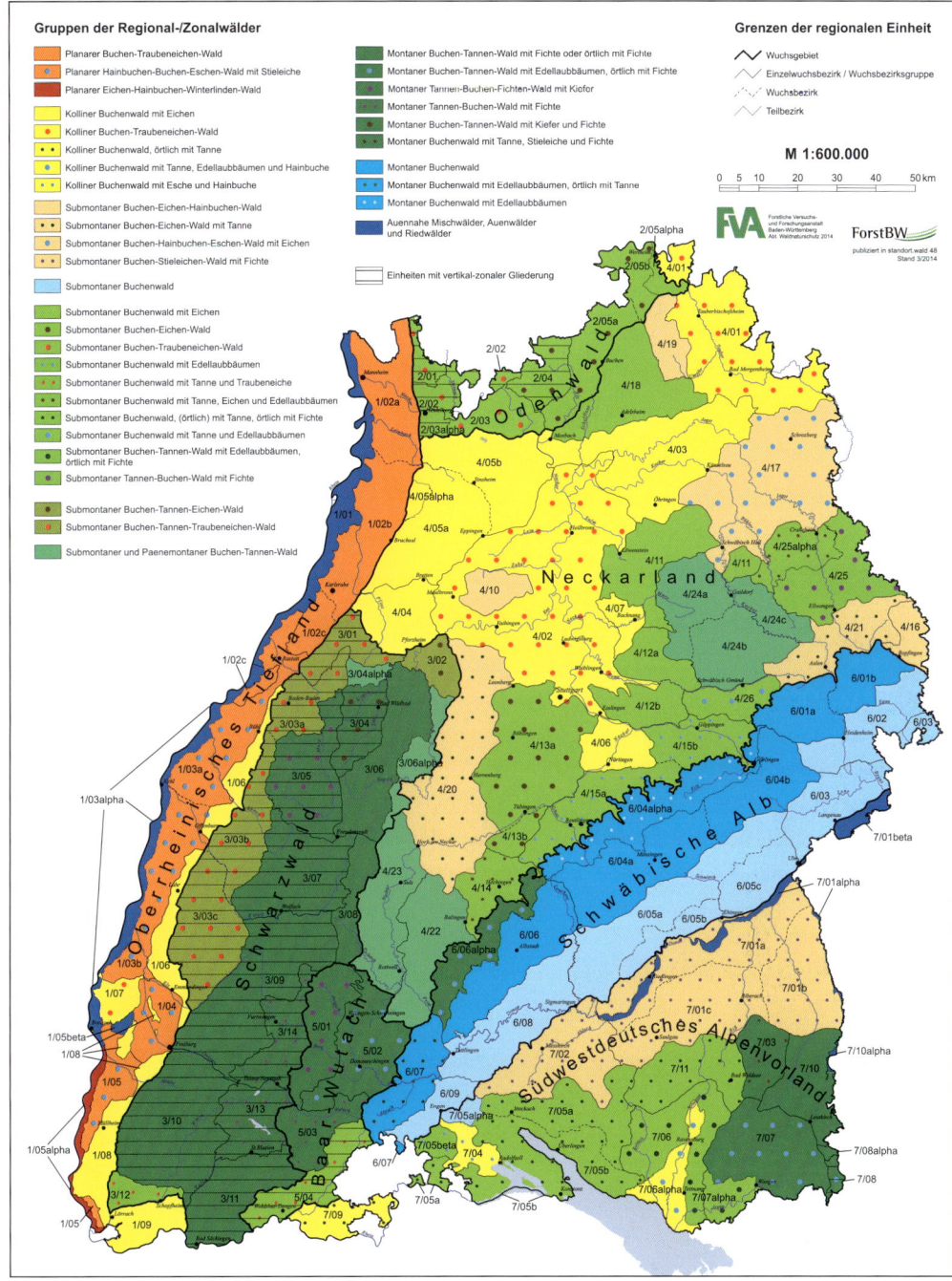

Die Möglichkeit der Naturverjüngung ist, je nach Standort, Altbestand (genetische Veranlagung) und gewünschtem Betriebszieltyp sinnvoll auszunutzen. Die Verjüngungszeiträume werden verlängert. Kahlhiebe sind zu vermeiden. Grundsätzlich werden Mischbestände angestrebt. Reinbestände

So schön ist der »Försterwald«! – Wald und Wasser als wesentliche Elemente unserer Heimatlandschaft, hier am Schluchsee.

sind unerwünscht. Seltene Baumarten sollen besonders gefördert werden. Die Mischungen sollen pflegeleicht sein. Das Landschaftsbild ist zu erhalten, die Schalenwildbestände zu reduzieren. Der Weg zum Ziel bleibt dem Waldbauer im Sinne des »Freien Stils« überlassen.

Mitte der 70er-Jahre wurde begonnen, »Regionale waldbauliche Übersichten und Richtlinien« zu erarbeiten. In ihnen werden die Waldbaugeschichte, die Standortsverhältnisse, die Baumarteneignung und die waldbaulichen Erfahrungen für die einzelnen Wuchsgebiete behandelt.

Ende der 70er-Jahre bemühte man sich, den Waldbau, auf ökologischer Grundlage und mit stärkerer Berücksichtigung der sonstigen Waldfunktionen, weiter zu intensivieren. So gelangte man zum »Naturnahen Waldbau«.

Der Naturnahe Waldbau verspricht optimale Erfüllung der Nutz-, Schutz- und Erholungsfunktion auf der gesamten Waldfläche. Voraussetzung ist dafür die Kenntnis der Standorte (Standortskartierung), der Waldfunktionen (Waldfunktionenkartierung) und der Waldbiotope (Waldbiotopkartierung). Unter Naturnähe wird eine angemessen hohe Beteiligung von Baumarten der natürlichen Waldgesellschaft verstanden. Die natürliche Waldgesellschaft ist ein Denkmodell für Wald ohne menschlichen Einfluss. (In Wirklichkeit haben die Menschen, wie wir schon gehört haben, den Wald seit mehreren Tausend Jahren immer wieder verändert. Und wenn der Mensch aus dem Wald verschwände, so würde der Wald trotzdem noch lange Zeit von ihm geprägt bleiben, vielleicht diese Prägung nicht mehr verlieren.) Der Waldbau soll in weitestmöglichem Umfang natürliche Entwicklungsprozesse schützen und ausnützen. Wohlgemerkt: »Naturnähe« ist nicht das Wirtschaftsziel, sondern ein waldbauliches Konzept, um die Wirtschaftsziele zu realisieren.

Die Naturnahe Waldwirtschaft, wie sie in unserem Land von Siegfried Palmer, Peter Weidenbach und anderen definiert wurde, ist selbstverständlich keine ganz neue Erfindung. Sie baut auf Ideen (Mischbestand, Natur-

Biotoppflege für den seltenen Auerhahn wird im Naturnahen Waldbau groß geschrieben.

NATURNAHER UND NATURGEMÄSSER WALDBAU

Kennzeichen des »Naturnahen Waldbaus«:
- Naturnähe und Vielfalt bei der Baumartenwahl. Naturwaldgesellschaften dienen als Vorbilder für die Wirtschaftswälder, die hohe Anteile von Hauptbaumarten der natürlichen Waldgesellschaft und beigemischte typische Begleitbaumarten enthalten sollen.
- Begründung und Erhaltung stufiger Mischbestände.
- Förderung der Stabilität.
- Anwendung geeigneter Verjüngungsverfahren. Das Potenzial der Wälder zur natürlichen Verjüngung wird konsequent ausgenutzt. Kahlschläge werden weitestgehend vermieden. Sie erfolgen nur in begründeten Ausnahmefällen.
- Pflege der Bestände. Die Maßnahmen sind in natürliche Abläufe eingebettet; sie arbeiten ihnen nicht entgegen.
- Vermeidung von Schäden u. a. durch wald- und wildgerechte Jagd, pflegliche Waldarbeit und integrierten Waldschutz. Der Einsatz von Pflanzenschutzmitteln wird auf das unabdingbare Mindestmaß beschränkt. Auf Herbizide und Fungizide wird verzichtet.
- Beachtung der Aspekte von Naturschutz und Landschaftspflege. Sorge

für Artenschutz, Biotopsicherung und Biotopfplege, Prozessschutz. Anreicherung von Totholz als Lebensraum für spezielle Pflanzen und Tiere.
- Im »Naturgemäßen Waldbau«, wie er von der »Arbeitsgemeinschaft Naturgemäße Waldwirtschaft« (ANW) propagiert wird, wird der Kahlhieb grundsätzlich abgelehnt. Es wird Dauerbestockung und der Übergang zum Plenterwald angestrebt. Das heißt, man will einen horst- bis einzelstammweise ungleichaltrig aufgebauten und gemischten Wald, in dem einzelstammweise gepflegt und genutzt wird.

verjüngung, wo möglich einzelstammweise Nutzung) auf, die bereits auf das 19. Jahrhundert zurückgehen (zum Beispiel auf Karl Gayer und auf die Bauernplenterwälder). Die Leistungen von »Waldbaumeistern« der Vergangenheit (Adolf Diesslin, Otto Eberbach, Friedrich Gerwig, Lukas Leiber und Joseph Schäzle in Baden, Karl Dannecker, Julius Friedrich Eberhard, Karl Pfeilsticker und Hugo von Speidel in Württemberg seien genannt) kommen in ihr wieder zu Ehren.

Im Naturnahen Waldbau ist der Plenterwald (Femelwald) im Gegensatz zum Naturgemäßen Waldbau zwar in allen geeigneten Fällen erwünscht,

»Totholz« im Naturnahen Wald, ein wertvoller Lebensraum seltener Pilze und Insekten.

WALDBAU UND NATURSCHUTZ

Auf einer erheblichen Fläche werden in allen drei Besitzarten ausschließlich Naturschutzziele verfolgt:
- In den Waldschutzgebieten nach dem Landeswaldgesetz: Bannwald und Schonwald. Im Bannwald finden keine menschlichen Eingriffe statt. Im Schonwald finden nur Eingriffe statt, die dem Schutzziel entsprechen.
- Im ausgewiesenen Biotopschutzwald.
- In den festgelegten »Altholz- und Totholzflächen« (A- und T-Flächen).
- In den Naturschutzgebieten, die sich zum Teil mit den Waldschutzgebieten überschneiden.
- Im Nationalpark Nordschwarzwald.
- Im Rahmen der verschiedenen Artenschutzprogramme: Schutz von Auer- und Haselwild, bei der Art- und Generhaltung seltener einheimischer Baumarten, bei der Ameisenhege und beim Vogelschutz.

Eine besonders wichtige Rolle spielen Naturschutz und Landschaftspflege sowie die Erholung im Wald in den Landschaftsschutzgebieten und Naturparks. Die Umsetzung der Vogelschutzrichtlinie der EU von 1979/2009 und des Flora-Fauna-Habitat-Programms (FFH-Programm) von 1992 stellt eine neue Herausforderung für das waldbauliche Handeln dar.

aber keine grundsätzliche und allgemeine Forderung. Plenterwald setzt ja Schattbaumarten, wie Tanne und Buche, in höheren Lagen auch Fichte, und ausreichende Niederschläge, wie sie nur in den Mittelgebirgen gegeben sind, voraus. Plenterwälder stehen derzeit nur auf etwa vier Prozent der Gesamtwaldfläche Baden-Württembergs.

Hinsichtlich des Waldbauverfahrens herrscht in Baden-Württemberg nach wie vor Freiheit; alle Verfahren vom Plenterhieb (einzelbaumweiser Hieb) bis zum Kahlhieb sind möglich, wenn sie zum Ziel führen. Auch wenn man den Kahlhieb so weit wie möglich vermeidet, gibt es Fälle, in denen er unverzichtbar ist. Vor allem wenn die Baumart gewechselt (zum Beispiel von Fichte auf sturmgefährdeten Standorten zu Eiche), genetisch ungeeignete Altbestände ersetzt oder Sturmreste aufgeräumt werden müssen.

Das moderne Konzept des Naturnahen Waldbaus ermöglicht es, die Forderungen des Naturschutzes nach Arten-, Biotop- und Prozessschutz zu erfüllen, ohne die anderen Funktionen des Waldes zu vernachlässigen.

Auf der wirtschaftlichen Seite muss der Waldbau den ständigen und zunehmenden Forderungen nach Rationalisierung und Verbilligung genügen. Auch dafür hat der Naturnahe Waldbau durch »biologische Automation« (geschickte Nutzung natürlicher Prozesse) viele Vorzüge.

WALD UND WILD

Gegenüberliegende Seite: Das harmonische Verhältnis von Wald und Wild ist unabdingbare Voraussetzung des Naturnahen Waldbaus.

Eine dauerhafte Voraussetzung für den Erfolg des Naturnahen Waldbaus ist die Regulierung der Wildbestände.

In den umfangreichen Jungbeständen aus der Wiederaufforstung der Großkahlschläge in der ersten Nachkriegszeit fand das Wild weiträumig Deckung und Äsung. Die deutschen Jäger bekamen erst im Laufe der Zeit wieder die Erlaubnis Waffen zu benutzen. Die Vermehrungsfähigkeit des Rehwildes wurde lange Zeit unterschätzt. Ein starker Anstieg des Rehwildes war die Folge. Empfindliche Schäden durch Verbiss waren schon Ende der 50er-Jahre deutlich zu erkennen. Die Entwicklung der Rotwildbestände verlief ähnlich wie beim Rehwild; aufgrund zu niedriger Bestandesschätzungen lag der Abschuss meist weit unter dem Zuwachs. Verbiss- und Schälschäden nahmen rasch zu. »Anspruchsvoller Waldbau fand in der Nachkriegszeit bis gegen Ende der 70er-Jahre im Zaun statt, oftmals erfolglos«, urteilte Peter Weidenbach.

Das Landesjagdgesetz von 1954 basierte, dem Bundesjagdgesetz von 1952 folgend, auf dem alten Reichsjagdgesetz. Das Wild sollte so gehegt werden, dass Wildschäden möglichst vermieden wurden. Das Wie blieb der Steuerung und praktischen Handhabung der Jagd überlassen. In den staatlichen Regiejagden war das noch relativ einfach. Die Abschüsse an Rot- und Rehwild in den staatlichen Regiejagden wurden im Laufe der Zeit stark erhöht.

Nun war die vorbildliche Reduktion der Schalenwildstände in den Regiejagden natürlich nur eine Teillösung. Es kam darauf an, auch die privaten Jäger für die Erhöhung der Abschüsse zum Nutzen des Waldes zu gewinnen. Meilensteine in diesem Bemühen waren die Allgemeinen Richtlinien für die Hege- und Abschussregelung des Rotwildes von 1982 und die Rehwildrichtlinie von 1979 (auf der Grundlage von Vorarbeiten Ferdinand Raus in Nordwürttemberg). Sie fordern, dass sich die Hauptbaumarten in der Regel ohne Schutzmaßnahmen verjüngen lassen. Die Begründung standortsgemäßer Mischwälder darf durch den Wildverbiss nicht in Frage gestellt werden. Die Höhe des geplanten Abschusses orientiert sich am Ergebnis des Vorjahres, am Zustand der Vegetation und an der körperlichen Verfassung des Wildes. Zur Intensivierung der Jagdausübung werden effektivere Jagdmethoden empfohlen.

Diese Richtlinien sind in enger Zusammenarbeit mit dem Landesjagdverband erarbeitet worden. Mit Hilfe des Forstlichen Gutachtens (jährliche revierweise Ansprache von Wildstand und Verbiss durch die untere Forst-

UNSER ALLER BAMBI – EIN SCHÄDLING?

Die Tiere des Waldes sind uns von Kinderzeiten an vertraut. Das zarte Reh und den majestätischen Hirsch (Rotwild) haben wir besonders ins Herz geschlossen. Das Reh ist ein genäschiges Tier. Es beißt mit Vorliebe zarte Knospen und Triebe ab, und das wiederum besonders an den jeweils seltenen Baumarten. Das Rotwild »verbeißt« entsprechend seiner Größe die jungen Bäumchen massiv und liebt es außerdem, im Winter die Rinde der Bäume zu »schälen«. Richtig schlimm wird das alles, wenn zu viele Rehe und zu viel Rotwild vorhanden sind. Dann bringt der Waldbauer keine Naturverjüngung und keine Pflanzung mehr ohne massiven und teuren Schutz (durch Zäune oder Einzelschutz der Triebe und Knospen) zustande.

Im Urwald wird die Zahl der Tiere durch das große Raubwild (Bären, Luchse und Wölfe) reguliert. Auch der Winter wird vielen Tieren zum Verhängnis. An vielen Orten füttern die Jäger heute aber in schneereichen Wintern das Wild. In der Jagdzeit müssen die Jäger dann an Stelle des Raubwildes dafür sorgen, dass nicht mehr Rehwild und Rotwild im Wald lebt, als dieser erträgt.

Solcher Wildverbiss zeigt einen zu hohen Wildbestand und verhindert die Naturverjüngung der Weißtanne und anderer empfindlicher Baumarten.

behörde) und in mühsamer Überzeugungsarbeit gelang es, die Jäger in der Mehrzahl der gemeinschaftlichen und privaten Jagden dazu zu bewegen, verstärkte Abschüsse vorzunehmen.

Die Situation kann Ende des 20. Jahrhunderts als weitgehend entspannt betrachtet werden. Zäune werden nur noch selten gebaut, vorhandene Zäune in großem Umfang abgebaut. In vielen Wäldern beweist eine üppige Naturverjüngung den Erfolg der intensiven Jagd. Es gilt, den jetzt erreichten Zustand sorgfältig zu bewahren und weiter auszubauen.

Damit wir uns richtig verstehen: Ein gesunder Wald und gesundes Wild gehören zusammen. Es ging darum, beides in ein harmonisches Verhältnis zu bringen. Und wenn die Waldbesucher tagsüber nur selten ein Wildtier zu sehen bekommt, dann liegt das an der Vielzahl menschlicher Aktivitäten im Wald und nicht an der zu geringen Zahl des Wildes.

FORSTKULTUREN HEUTE

In der Zeit der Wiederaufforstung der Großkahlflächen aus der Kriegs- und Nachkriegszeit und des folgenden Umbaus ertragsschwacher Bestockungen hatte die Naturverjüngung einen geringen Anteil an der Walderneuerung. Der Naturverjüngungsanteil betrug im Jahr 1960 etwa zehn Prozent. 1980 schätzte man ihn auf 20 bis 25 Prozent. Um 2000 lag der Naturverjüngungsanteil etwa bei 40 Prozent; er sollte weiter ausgebaut werden. Die Begründung tannenreicher Mischbestände im Gebiet des Tannen-Fichten-Buchen-Bergwaldes war ein vorrangiges Ziel des Waldbaus. Gute Erfolge erzielte man im württembergischen Nordschwarzwald zunächst bei natürlicher Verjüngung der Tanne unter Zaunschutz. Seit Ende der 70er-Jahre wurden zunehmend großflächige Tannenverjüngungen ohne Zaunschutz möglich.

Im Südschwarzwald griff man zur Pflanzung der Tanne auf der Freifläche, wenn das Wild die Naturverjüngung ohne Zaun nicht zuließ. Man

Durch rechtzeitigen »Vorbau« von Buchen, nach dem Vorbild von Victor Moosmayer in Zeil, wurde die Umwandlung dieses labilen Fichtenreinbestandes bei Waldburg (Ravensburg) in Mischwald eingeleitet.

verwendete dabei oft ungeeignete Mischungsformen, so dass die Tanne von der Buchenverjüngung und der mitgepflanzten Fichte oder Douglasie überwachsen wurde.

Die Pflanzungen haben sich von den 70er-Jahren bis heute dementsprechend rückläufig entwickelt. Die Zahl der benötigten Pflanzen ging deutlich zurück, der Anteil der Laubbäume stieg gleichzeitig stark an.

Bei der Wiederaufforstung der Kahlflächen aus den katastrophalen Sturmwürfen von 1990 stand der Umbau gefährdeter Fichtenreinbestände zu Mischwäldern aus wurzelaktiven und sturmstabilen Baumarten im Vordergrund. Es wurden Stieleichen-Mischwälder, Tannen-Mischwälder und Buntlaubbaum-Wälder (Ahorn, Esche, Kirsche und andere) angepflanzt. Der Fichtenanteil an den Kulturen betrug nur noch 19 Prozent. Versuchsweise begnügte man sich auch mit der auf den Sturmflächen vorhandenen natürlichen Verjüngung, den ankommenden Pionierbäumen und der Seitenbesamung. Nach den verheerenden Schäden durch den Sturm Lothar 1999 überließ man dann einen großen Anteil der Sturmflächen der natürlichen Wiederbewaldung. Das Ergebnis kann man an vielen Orten, zum Beispiel auf dem »Lotharpfad« an der Schwarzwaldhochstraße beim Schliffkopf, besichtigen.

Der Vorbau von Tanne und Buche (Pflanzung unter dem Schirm des Altbestandes) erlangte von 1970 an immer mehr Bedeutung, insbesondere zum Umbau labiler Fichtenbestände und, wie bereits erwähnt, in den »Waldsterbensgebieten« der Hochlagen.

Die Rationalisierung der Kulturarbeiten hatte bereits in den 60er-Jahren große Fortschritte gemacht: Maschineneinsatz zur Bodenbearbeitung und Pflanzung, die Einführung der einfachen und billigen Winkelpflanzung nach Reissinger, die Verwendung von Fichtengroßpflanzen und die Erweiterung der Pflanzverbände seien besonders genannt.

MODERNE DURCHFORSTUNG UND JUNGBESTANDSPFLEGE

Die Durchforstung war, nach ihrer zwangsweisen Vernachlässigung in der Kriegs- und ersten Nachkriegszeit, in den 60er-Jahren erfolgreich wieder angelaufen. Dann wendete sich das Blatt: Der Brennholzbedarf ging mit der Einführung anderer Energiequellen auch auf dem Lande zurück, die hohen Holzpreise führten zur Verdrängung des Holzes, zum Beispiel als Eisenbahnschwelle, und die weltweite Konkurrenz zum Erliegen des Papierholzmarktes. Die Stürme von 1967 belasteten den Holzmarkt zusätzlich und ließen die Schwachholzpreise in den Keller rutschen. Notwendige Pflegehiebe unterblieben, wie schon in früheren Perioden, weil der Absatz des anfallenden Holzes fehlte und die Kosten der Pflege die Erlöse überstiegen.

Der gut gepflegte und stabile Buchenbestand ist das Ergebnis stetiger Durchforstungen.

Die Antwort der waldbaulichen und ertragskundlichen Forschung (Peter Abetz, Eduard Altherr) war sehr hilfreich. Sie entwickelte für die wichtigsten Baumarten Durchforstungsverfahren, denen die Ausrichtung auf den künftigen Erntebestand (Auslesedurchforstung), auf die Stabilisierung der Bestände und auf die Vermeidung unerwünschter Schwachholzanfälle durch frühzeitige Eingriffe gemeinsam war.

Der Holzmarkt half bei der nun energisch in Angriff genommenen Beseitigung der Durchforstungsrückstände glücklicherweise mit. Die Nachfrage nach Industrieholz und schwachem Stammholz stieg seit Beginn der 70er-Jahre deutlich an. Brennholz war nach der ersten Energiekrise (1973) wieder gefragt. So wurde allgemein bis zum Beginn der 80er-Jahre ein guter Pflegezustand erreicht.

Die Sturmwürfe mit nachfolgenden Einschlagsbeschränkungen, die wechselnde Nachfrage auf dem Industrieholzsektor und die enorm steigenden Kosten für die Erzeugung schwacher Sortimente führten in der Folge erneut zu Rückständen in der Durchforstung. Heute können auch diese weitgehend als aufgeholt gelten.

Schwächere Hiebe wurden zunehmend durch Unternehmer und Selbstwerber (die ihr Brennholz im Wald selbst schlagen) erledigt. Die letzte entscheidende Neuerung war die Erzeugung von Hackschnitzeln oder Pellets aus den schwachen Bäumen zur Heizung und Energiegewinnung.

Wer das nächste Mal Waldarbeiter oder Selbstwerber bei der Arbeit in einem jüngeren Bestand sieht, weiß: »Holz sägen heißt Wald pflegen!« Durchforstungen sind unabdingbar für einen stabilen und ertragreichen Nutzwald. Ein weniger dichter Wald gefällt auch den Spaziergängern besser.

Bei der Pflege in den jüngeren Beständen, wo noch kein verwertbares Holz anfällt, setzt man heute bei den Laubbäumen weitgehend auf »biologische Automation« (Verringerung der Bäumchen und Absterben der unerwünschten Äste an den künftigen Erntebäumen in dichten Verjüngungen durch gegenseitige Konkurrenz); bei den Nadelbäumen auf frühe Eingriffe und Ästung der künftigen Erntebäume.

DER UMBAU DER MITTEL- UND NIEDERWÄLDER

Der Umbau des ehemaligen Mittel- und Niederwaldes wurde bis zum Ende des 20. Jahrhunderts abgeschlossen. Neben der Überführung gut veranlagter Bestände auf entsprechenden Standorten war die Umwandlung durch Kahlhieb und Anbau weit verbreitet. Die Baumartenwahl für die Umwandlung ist aus den früheren wirtschaftlichen Zielen heraus verständlich, führte aber nicht selten zu Misserfolgen (Pappel) oder zu labilen und für das Landschaftsbild nachteiligen Beständen (Kiefer, Douglasie), die in Richtung Naturnähe »zurückgebaut« werden müssen.

Besonders problematisch ist dabei das Trockengebiet am Oberrhein südlich von Breisach, das durch die Rheinkorrektur unter Tulla und den Bau des Rheinseitenkanals nach dem Ersten Weltkrieg entstand. Dort wurden nach dem Zweiten Weltkrieg mit hohem Aufwand Kiefernbestände begründet, die unter Schneedruck und allen möglichen Schädlingen schon sehr gelitten haben.

Die weitere Entwicklung der Wälder am Oberrhein ist von den Auswirkungen der geplanten Maßnahmen zur Hochwasserrückhaltung abhängig. Die heutigen Wälder am Ufer des Flusses wurden seinerzeit, nach der Bändigung des Flusses, überwiegend durch Pflanzung begründet, und zwar oft mit Baumarten, die eine längere Überflutung nicht vertragen.

Die Laubwälder am Oberrhein, hier bei Sasbach, entstanden nach der Rheinkorrektur und dem Umbau der früheren Niederwälder. Werden sie die künftige zeitweise Überflutung zur Hochwasserrückhaltung ertragen?

DIE ENTWICKLUNG DER BAUMARTENANTEILE

Die Nadelbäume haben im Öffentlichen Wald des Landes (Staats- und Gemeindewald) von 1900 bis 1980 nochmals auf 63 Prozent zugenommen (siehe dazu auch Tabelle Seite 165). Und zwar hat die Fichte von 31 auf 40 Prozent zugenommen und die Douglasie (sie erscheint erstmals 1965) hält 1980 drei Prozent. Dagegen hat die Tanne von 14 auf 8 Prozent abgenommen, Kiefer und Lärche sind fast gleich geblieben. Die neue Lärchenwelle nach dem Zweiten Weltkrieg hat sich in der landesweiten Statistik nicht niedergeschlagen. Die große Verliererin ist die Buche geblieben, die von 28 auf 22 Prozent weiter abgenommen hat. Die Eiche hält sich mit sechs Prozent, ebenso wie die sonstigen Laubbäume mit acht Prozent.

Diese im Ganzen negativ zu bewertende Entwicklung konnte von 1980 bis 2000 erstmals zum Stillstand gebracht werden. Die Nadelbäume nahmen insgesamt auf 58 Prozent ab, und zwar ganz überwiegend, weil die Fichte auf 36 Prozent abnahm. Die Tanne hat seit 1980 ihren Anteil gehalten. Die Douglasie hat einen Anteil von drei Prozent und Kiefer und Lärche haben zusammen auf elf Prozent leicht abgenommen. Die Buche und die Eiche nahmen seit 1980 wieder etwas zu, die sonstigen Laubbäume sogar noch etwas stärker.

Im Gesamtwald (einschließlich der Privatwälder) liegen die Baumartenanteile nach der Bundeswaldinventur 2002 ähnlich; es gibt etwas mehr Fichte und etwas weniger Buche als im Öffentlichen Wald.

Die Zielvorstellung (maßgeblich erarbeitet von Hans Ulrich Moosmayer) verschob sich im Laufe der Zeit immer mehr in Richtung des Laubholzes, weil die Planung sich zunehmend an den natürlichen Waldgesellschaften orientierte, die katastrophalen Schäden durch Sturm und Schnee stabilere Mischbestands- und Laubbaumbestockungen zwingend nahelegten und weil wertvolle Laubhölzer auf dem Holzmarkt zunehmend nachgefragt und gut bezahlt wurden.

1985 rechnete man mit einer anzustrebenden Baumartenverteilung von 60 Prozent Nadelbäumen gegenüber 40 Prozent Laubbäumen. Die Sturmkatastrophe von 1990 veranlasste ein umfangreiches »Umbauprogramm für labile Fichtenwälder«. Die Planung der 90er-Jahre orientiert sich an einem langfristigen Anteil der Nadelbäume und der Laubbäume von je 50 Prozent. Diese Baumartenplanung soll der vorhergesagten globalen Erwärmung infolge von Stoffeinträgen (Kohlendioxyd) in der Atmosphäre entgegenkommen.

Baden-Württemberg ist kein Land großflächiger Reinbestände. Nach der Bundeswaldinventur 2002 sind zwei Drittel des gesamten Waldes in unserem Land Mischbestände mit mehr als drei Baumarten. Labile Fichtenbestände stocken nur noch auf etwa acht Prozent der Fläche des Öffentlichen Waldes. Im Privatwald, vor allem im kleineren Besitz, ist ihr Anteil etwas höher.

Bis zu der angestrebten naturnäheren Zusammensetzung der Wälder ist vielerorts trotzdem noch ein weiter Weg zurückzulegen. Der Rückbau labiler Nadelbaum-Reinbestände im Anhalt an die Natürlichen Waldgesellschaften ist die vordringliche Zukunftsaufgabe für den Waldbau.

Auch für die Bewältigung dieser Aufgabe lassen sich in der Vergangenheit zahlreiche gute Ansätze und erfolgreiche Beispiele benennen (zum Beispiel die Arbeit Viktor Moosmayers in Zeil bei Leutkirch in der ersten Nachkriegszeit).

Zwei Drittel der Wälder unseres Bundeslandes sind Mischwälder.

SCHLUSSBETRACHTUNG

Gegenüberliegende Seite: Holz ist ein nachhaltig und umweltfreundlich erzeugter Rohstoff, der vielfältig verwertbar ist.

Es war ein weiter Weg, den wir mit der baden-württembergischen Wald- und Forstgeschichte zurückgelegt haben. Er führte von den ersten Siedlern in der Jungsteinzeit bis zum Naturnahen Waldbau am Ende des 20. Jahrhunderts. Zunächst war der Wald ein Hindernis für die Kultur und wurde gerodet. Gleichzeitig war er Lebensgrundlage für Mensch und Vieh. In der Neueren Zeit wurde er ausgeplündert und verwüstet. Die Menschen hatten Angst vor der Holznot. Das Gebot der Nachhaltigkeit wurde formuliert und schließlich wurde der heruntergewirtschaftete Wald wieder aufgebaut. Dem Versuch, seinen Zins zu berechnen, entzog sich der Wald ebenso wie dem Diktat autoritärer waldbaulicher Verfahren. Der Zweite Weltkrieg und die Nachkriegszeit schlugen ihm schwere Wunden, der Borkenkäfer setzte ihm zu. Sturmkatastrophen und das befürchtete »Waldsterben« schärften das ökologische Bewusstsein. Es entstand das Konzept des Naturnahen Waldbaus. Erste Ansätze dazu finden sich bereits im 19. Jahrhundert.

Viele Einflüsse außerhalb des Waldes bestimmten sein Geschick. Denken wir nur an den Bergbau, an den Beginn einer modernen Landwirtschaft, an die Eisenbahn, an Kohle und Stahl, an die Umweltverschmutzung, an die Globalisierung. Mit der Jagd war der Wald von alters her verbunden. Die Jagd war ein Grund den Wald zu schützen, zu viel Wild schadete seiner Verjüngung.

Die Entwicklungen in der Politik, in der Technik, in der Wirtschaft, in den Naturwissenschaften und sogar in der Philosophie werden für den Kundigen hinter der Geschichte des Waldes sichtbar.

Von Anfang an hat der Mensch den Wald verändert. Das gilt buchstäblich für jeden Quadratmeter unseres Waldes. Es gibt keinen unberührten Urwald mehr in unserem Land.

Der Wald, wie wir ihn kennen, ist ein Produkt der Landeskultur, eine zivilisatorische Leistung ersten Ranges. Der Mensch hat den Wald genutzt, zerstört, wieder aufgebaut, geschützt und gepflegt.

Der Wald ist mit 1,36 Millionen Hektar und 39 Prozent der gesamten Landesfläche wesentlicher Bestandteil unseres Landes. Die Menschen empfinden im Wald mehr Naturnähe als in den meisten anderen Landschaftsteilen. Zu Recht, denn nahezu zwei Drittel unseres Waldes sind stabile Mischbestände. Es gab noch nie so viel Naturverjüngung, und die Einzelstammwirtschaft löst den Kahlschlag immer mehr ab.

LOB DES HOLZES

Holz ist ein wunderbarer Rohstoff. Es wird auf natürlichem Weg erzeugt. Bei der Holznutzung entsteht kein zusätzliches Kohlendioxid, die Holznutzung ist klimaneutral. Holz wächst immer wieder nach. Bei nachhaltiger Nutzung ist sein Vorrat unerschöpflich. Heimische Hölzer sind von großer Vielfalt: Es gibt weiche und harte, leichte und schwere, schlichte und bunte Hölzer. Als Naturprodukt ist es das Gegenteil eines genormten Industrieproduktes, kein Stück Holz gleicht dem anderen.

Holz findet eine Vielzahl von Verwendungen, vom Brennholz bis zum Bauholz, von Pellets für moderne Heizungen bis zum Holz für Drechsler und Schnitzer. Dementsprechend reicht sein Preis von wenigen Euro für die Selbstwerbung von Brennholz bis zu 10 000 Euro je Festmeter für Furnierholz, das zur dünnen Deckschicht hochwertiger Möbel verarbeitet wird. Im Hochbau bietet Holz vielfältige Möglichkeiten moderner Gestaltung. Im Innenausbau schafft es ein warmes, heimeliges Wohngefühl. Es ließe sich noch so viel zum Lob des Holzes, zu seinen verschiedenen Eigenschaften und Verwendungen sagen, aber das wäre ein eigenes Buch.

Gegenüberliegende Seite: Der Nachbau eines historischen Floßes auf der Kinzig bei Wolfach.

Der Wald in unserem Land ist heute so leistungsfähig wie nie zuvor. Im Gesamtwald beträgt der durchschnittliche Vorrat je Hektar fast 370 Festmeter (nur in Bayern ist er höher), insgesamt sind das fast 490 Millionen Festmeter. Der jährliche Zuwachs beläuft sich auf stolze 13,8 Festmeter (das ist der höchste Wert unter allen Bundesländern). Wir brauchen das Holz als vielseitigen, nachwachsenden Rohstoff und Energieträger.

Der Wald gibt vielen Menschen direkt und über seine Produkte Arbeit und Verdienst. Für die Eigentümer wirft der Wald in der Regel durchaus auch einen finanziellen Überschuss ab. Der Wald bestimmt das Bild unserer Landschaft und schützt Wasser, Boden, Klima und Luft. In ihm leben seltene Pflanzen und wilde Tiere. Im Wald können wir nach Herzenslust spazieren gehen, wandern und Sport treiben, und zwar auf gepflegten und gekennzeichneten Wegen, Trails und Loipen. Wir Deutschen lieben den Wald seit der Romantik heiß und innig. Im Wald spielen die Märchen, von ihm berichtet unsere Dichtung, von ihm künden Musik und Malerei. Und zwar vom Wald, wie er eben jeweils aussah. Den Urwald kannten die Künstler zu keiner Zeit.

Das alles leistet der vom Menschen, durch sein Denken und Arbeiten, aufgebaute, gepflegte und genutzte Wald. Was wir als besonders schön empfinden: ein geschlossener alter Eichen- oder Buchenwald aus einem früheren Schirmhieb, der Auewald am Fluss aus ehemaligem Mittel- oder Niederwald, der Tannenplenterwald im Mittelgebirge, der Wechsel von dichtem Wald und Blicken über die Landschaft – das alles wäre ohne das Wirken des Menschen gar nicht möglich. Richtiger Urwald wäre dicht geschlossen, oft gar nicht zugänglich, voller Hindernisse und Gefahren.

Natürlich macht es Sinn, da und dort versuchsweise wieder auf einen vom Menschen unberührten Urwald hinzuarbeiten. Schon weil wir mehr als je zuvor von der Natur lernen wollen. Deshalb gibt es in Baden-Württemberg bereits, über das ganze Land verteilt, eine beachtliche Fläche von Bannwäldern.

Auf was es aber wirklich ankommt, ist der Wald, den wir von unseren Vorfahren übernommen haben. Ihn müssen wir pflegen, schützen und weiterentwickeln. In Dankbarkeit für ihre Leistung. Und mit Verständnis für ihre Irrtümer, die wir aus der jeweiligen Zeit verstehen müssen. Fehlentwicklungen, wie sie vor allem die labilen Reinbestände von Fichte und Kiefer darstellen, müssen wir korrigieren.

Das Konzept des Naturnahen Waldbaus wird allen Ansprüchen an den Wald gerecht und ist zukunftsträchtig. Allerdings erfordert es eine passende Organisation, eine ausreichende Zahl von im Walde tätigen Fachleuten und, trotz aller biologischen Automation, auch den Einsatz von genügend Arbeitskraft und Geld, um die gesteckten Ziele zu erreichen.

Wenn dieses Buch etwas zum Verständnis des geschichtlichen Werdens unseres Waldes und seiner aktuellen Bedürfnisse beiträgt, dann hat es seinen Zweck erfüllt.

ANHANG

FLÖSSER-, WALDMUSEEN UND WALDLEHRPFADE

Heimat- und Flößermuseum Bad Wildbad-Calmbach: Bergstraße 1, 75323 Bad Wildbad-Calmbach, Telefon (0 70 81) 93 01 11. Geöffnet Sonntag 14 bis 17 Uhr und nach Vereinbarung.
www.bad-wildbad.de

Waldmuseum Bräunlingen: Im Alten Schützenhaus am Triberg, Kirchstraße 3, 78199 Bräunlingen, Telefon (07 71) 6 03-1 44. Von April bis Oktober Führung für Gruppen ab zehn Personen auf Anfrage.
www.braeunlingen.de

Schönbuchmuseum Dettenhausen: Ringstraße 3, 72135 Dettenhausen, Telefon (0 71 57) 1 26-32. Geöffnet Sonn- und Feiertag 14 bis 18 Uhr und nach Vereinbarung.
www.dettenhausen.de

Alte Waldgewerbe im Enztal, Enzklösterle: Weg von der Rußhütte zum kleinen Freilichtmuseum bei der Ahornhütte. Ausgangspunkt bei Tourist-Information Enzklösterle, 75337 Enzklösterle, Telefon (0 70 85) 75 16.
www.enzkloesterle.de

Waldgeschichtspfad Freudenstadt: Historische Waldgewerbe und Lebensweise der »Waldleute«, Start am Marktplatz. Touristinfo Freudenstadt, Marktplatz 64, 72250 Freudenstadt, Telefon (0 74 41) 8 64-0.
www.freudenstadt.de

Museum Haus Kast Gaggenau-Hörden: Landstraße 43, 76571 Gaggenau-Hörden, Telefon (0 72 24) 65 63 02. Geöffnet Sonntag 14 bis 17 Uhr und nach Vereinbarung.

Flößerei- und Verkehrsmuseum Gengenbach: Im ehemaligen Bahnwärterhaus, Grünstraße 1, 77723 Gengenbach, Telefon (0 78 03) 37 64. Geöffnet April bis Oktober Samstag 14 bis 17 Uhr, Sonntag 10 bis 12 Uhr und 14 bis 17 Uhr, sonst Gruppen nach Anmeldung.
www.floesserei-museum.de

Freilichtmuseum Vogtsbauernhof, Gutach: Dauerausstellung der ehemaligen Forstdirektion Freiburg zur Waldnutzung im Lauf der Geschichte, im Lorenzenhof des Schwarzwälder Freilichtmuseums Vogtsbauernhof, 77793 Gutach (Schwarzwaldbahn), Telefon (0 78 31) 9 35 60. Öffnungszeiten März bis November (saisonal abweichend) täglich 9 bis 18 Uhr (letzter Einlass 17 Uhr), im August täglich 9 bis 19 Uhr (letzter Einlass 18 Uhr).
www.vogtsbauernhof.de

Museum Münstertal: Wasen 47, 79244 Münstertal, Telefon (0 76 36) 7 07 30. Wiedereröffnung September 2014. www.muenstertal.de

Gemeinde- und Forstmuseum Oftersheim: Mannheimer Straße 61, 68723 Oftersheim, Telefon (0 62 02) 59 71 01. Geöffnet jeden zweiten und vierten Sonntag im Monat 10.30 Uhr bis 12.30 Uhr sowie nach Vereinbarung.
www.oftersheim.de

Waldmuseum Reichental: In der alten Sägemühle, Kaltenbronnerstraße 35, 76593 Gernsbach-Reichental, Telefon (0 72 24) 4 02 19. Geöffnet Mai bis Oktober Sonntag 14 bis 18 Uhr.
www.murgtal.org

Ehemalige Schüttesäge Schiltach: Gerbergasse, 77761 Schiltach, Telefon (0 78 36) 58 50. Geöffnet April bis Oktober täglich 11 bis 17 Uhr, November und Dezember Samstag und Sonntag 11 bis 17 Uhr.
www.schiltach.de

Lotharpfad, Seebach: Sturmschäden und Regeneration des Waldes, an der Schwarzwaldhochstraße südlich des Schliffkopfhotels. Informationen durch Nationalpark Nordschwarzwald, Schwarzwaldhochstraße 2, 77889 Seebach, Telefon (0 74 49) 9 10 20.
www.nordschwarzwald-nationalpark.de

Haus des Waldes, Stuttgart: Königsträßle 74, 70597 Stuttgart, Telefon (07 11) 9 76 72-0. Geöffnet Dienstag bis Freitag 9 bis 17 Uhr, Sonntag, Feiertag 10 bis 17 Uhr (Winterzeit) bzw. 10 bis 18 Uhr (Sommerzeit).
www.hausdeswaldes.de

Flößermuseum Unterreichenbach: Tannenbergschule, Calwer Straße 56, 75399 Unterreichenbach, Telefon (0 72 35) 93 33-11. Öffnung nach Vereinbarung.
www.unterreichenbach.de

Forstmuseum im Hochwildpark Weikersheim-Karlsberg: Hochwildpark Karlsberg 2, 97990 Weikersheim-Karlsberg, Telefon (0 79 34) 12 09. Öffnung nach Vereinbarung.

Heimat- und Flößermuseum Wolfach: Im Fürstenbergischen Schloss, Hauptstraße 40, 77709 Wolfach, Telefon (0 78 34) 83 53-0, Geöffnet Mai bis Oktober Dienstag, Donnerstag, Samstag 14 bis 17 Uhr, Sonntag 10 bis 12 Uhr, 14 bis 17 Uhr, November bis April Donnerstag 14 bis 17 Uhr, 1. Sonntag im Monat 14 bis 17 Uhr und nach Vereinbarung.
www.wolfach.de

VERZEICHNIS DER VERWENDETEN LITERATUR

Bauer, Friedrich Wilhelm: Waldbau als Wissenschaft, Bd. 2 BLV, München, Basel und Wien 1968.

Brandl, Helmut: Der Stadtwald von Freiburg. Freiburg 1970.

Brandl, Helmut: Leipzig 1713: »Sylvicultura Oeconomica« von Hans Carl von Carlowitz erscheint. FVA-einblick Jg. 17, Nr. 1. Freiburg 2013.

Bülow, Kurd von: Geologie für Jedermann. Stuttgart 1961.

Burschel, Peter und Huss, Jürgen: Grundriss des Waldbaus. Ein Leitfaden für Studium und Praxis. Berlin 1997.

Fischer, Hermann: Die geographische Verbreitung der Holzindustrie und Holzverwertenden Industrie des Schwarzwaldes. Veröff. des Alemannischen Instituts Freiburg, ohne Jahresangabe.

Gürth, Peter: Der Korker Waldbrief. Eine forstgeschichtliche Studie aus Mittelbaden. AFJZ (Allgemeine Forst- und Jagdzeitung), Jg. 146, Nr. 2, S. 25–28, 1975.

Gürth, Peter: Der Sulzburger Wald. In: Sulzburg, Stadtgeschichte, Band 1. Freiburg 1993.

Gürth, Peter: Geschichte des Waldbaus in Baden-Württemberg im 19. und 20. Jahrhundert. Berichte Freiburger Forstliche Forschung, Heft 46, 2003.

Hansjakob, Heinrich: Waldleute. Freiburg 1968.

Hansjakob, Heinrich: Erzbauern. Freiburg 1971.

Harrison, Robert Pogue: Forests. The Shadow of Civilization. Chicago und London 1992.

Hasel, Karl: Forstgeschichte. Ein Grundriss für Studium und Praxis. Hamburg und Berlin 1985.

Hausrath, Hans: Geschichte des deutschen Waldbaus. Von seinen Anfängen bis 1850. Freiburg 1982.

Hohenlohe-Waldenburg, Friedrich Karl von: Vom Wandel des Waldes. Grundzüge einer Forstgeschichte des Hohenloher Landes. Schwäbische Heimat, Heft 2, 1967.

Hornstein, Felix von: Wald und Mensch. Waldgeschichte des Alpenvorlandes Deutschlands, Österreichs und der Schweiz. Ravensburg 1951.

Köstler, Josef: Waldbau. Berlin und Hamburg 1950.

Küster, Hansjörg: Geschichte des Waldes von der Urzeit bis zur Gegenwart. München 1998.

Leiber, Lukas: Ausschnitte aus dem waldbaulichen Geschehen in Deutschland seit der Jahrhundertwende. Aus den Erinnerungen eines alten Forstmannes. AFJZ, Jg. 137, Heft 8, S. 169, 1966.

Lorenz, Sönke (Hrsg.): Der Nordschwarzwald. Von der Wildnis zur Wachstumsregion. Filderstadt 2001.

Mantel, Kurt: Wald und Forst in der Geschichte. Ein Lehr- und Handbuch. Hannover 1990.

Ott, Wilfried: Die Entwicklung der Forstorganisation in Württemberg seit 1803. Schriftenreihe der Landesforstverwaltung Baden-Württemberg, Bd. 54, 1979.

Ott, Wilfried: Die besiegte Wildnis. Wie Bär, Wolf, Luchs und Steinadler aus unserer Heimat verschwanden. Leinfelden-Echterdingen. Düsseldorf, Wien 2004.

Pörtner, Rudolf: Bevor die Römer kamen. Düsseldorf, Wien 1961.

Pörtner, Rudolf: Mit dem Fahrstuhl in die Römerzeit. Düsseldorf, Wien 1959.

Pörtner, Rudolf: Die Erben Roms. Düsseldorf, Wien 1964.

Rottmann, Michael: Wind- und Sturmschäden im Wald. Frankfurt 1986.

Scheifele, Max: Die Forstorganisation in Baden. Schriftenreihe der Landesforstverwaltung Baden-Württemberg, Bd. 1. 1957.

Scheifele, Max: Als die Wälder auf Reisen gingen. Schriftenreihe der Landesforstverwaltung Baden-Württemberg, Bd. 77, 1996.

Scheifele, Max: Aus der Waldgeschichte des Schwarzwaldes. Die Trift von Brenn- und Kohlholz. Schriftenreihe der Landesforstverwaltung Baden-Württemberg, Bd. 82, 2004.

Scheifele, Max; Katz, Casimir und Wolf, Eckart: Die Murgschifferschaft. Schriftenreihe der Landesforstverwaltung Baden-Württemberg, Bd. 66, 1995.

Schmidt, Uwe Eduard: Entwicklung der Bodennutzung im mittleren und südlichen Schwarzwald seit 1780. Mitt. Forstl. Versuchsanstalt Freiburg, Heft 146 (zwei Bände). Freiburg 1989.

Schoch, Oswald: Mehrere Aufsätze in: Schwäbische Heimat, Jg. 34 und 35, 1983 und 1984.

Verschiedene Autoren: Biographie bedeutender Forstleute aus Baden-Württemberg. Schriftenreihe der Landesforstverwaltung Baden-Württemberg, Bd. 55, 1980.

Verschiedene Autoren: Schrifttumsverzeichnis zur Wald- und Forstgeschichte von Baden-Württemberg, Teil I und II. Schriftenreihe der Landesforstverwaltung Baden-Württemberg, Bd. 60, 1984.

Verschiedene Autoren: Forstverwaltung und Forstwirtschaft im Gebiet des späteren Landes Baden-Württemberg 1945–1952. Schriftenreihe der Landesforstverwaltung Baden-Württemberg, Bd. 62, 1985.

Verschiedene Autoren: 30 Jahre Landesforstverwaltung Baden-Württemberg, 1952–1982. Schriftenreihe der Landesforstverwaltung Baden-Württemberg, Bd. 63, 1985.

Verschiedene Autoren: Dokumentation neuartiger Waldschäden. Schriftenreihe der Landesforstverwaltung Baden-Württemberg, Bd. 73, 1993.

Verschiedene Autoren: Sturmdokumentation 1990. Schriftenreihe der Landesforstverwaltung Baden-Württemberg, Bd. 75, 1994.

Verschiedene Autoren: Regionale Waldbaurichtlinien. Unveröffentlicht.

Volk, Helmut: Untersuchungen zur Ausbreitung und künstlichen Einbringung der Fichte im Schwarzwald. Schriftenreihe der Landesforstverwaltung Baden-Württemberg, Bd. 28, 1969.

Volk, Helmut: Die Rheinauen. Eine Karlsruher Landschaft als Kulturerbe. Karlsruhe 2014.

Weidenbach, Peter: Waldbauliche Ziele im Wandel. Der deutsche Wald, Heft 1, 2001.

Weidenbach, Peter: Herzog Karl Eugen von Württemberg visitiert 1778 seine Wälder im Schwarzwald. Mitt. Ver. Forstl. Standortskunde, Nr. 44, S. 99–105, 2006.

Weidenbach, Peter und Schmidt, Jürgen und Karius, Kay: Waldbauliche Ziele. Forsteinrichtungsergebnisse im Öffentlichen Wald in Baden-Württemberg. Schriftenreihe der Landesforstverwaltung Baden-Württemberg, Bd. 69, 1989.

Weis, Roland und Riesterer, Harald: Der Hochschwarzwald. Von der Eiszeit bis heute. Ostfildern 2009.

Wilmanns, Otti: Frühe Siedler im Schwarzwald. Mitt. Ver. Forstliche Standortskunde 43, 2012.

REGISTER

Allgemeine Begriffe wie Baden, Württemberg, Baden-Württemberg, die Wuchsgebiete Odenwald, Schwarzwald, Schwäbische Alb usw. oder Baumarten wie Fichte, Tanne, Buche usw. wurden nicht in das Register aufgenommen.

Abetz, Karl *159, 116*
Abetz, Peter *218*
Abfallholz *56, 183*
Abnoba, keltische Göttin des Schwarzwaldes *41*
Abschuss *212, 214*
Absolutismus *88*
Ackerbau und Viehzucht, Beginn *29–36*
Adelegg *13, 93, 160*
Alamannen *40–46*
Alexanderschanze *89*
Allmende *55, 67, 69*
Altglashütten und Neuglashütten *92, 94*
Altherr, Eduard *218*
Altsiedelland *48, 55, 61, 67*
Altsteinzeit *20, 27–29*
Ameisenhege *210*
Arbeitsgemeinschaft Naturgemäße Waldwirtschaft *209*
Arboretum *189*
Artenschutz *198, 209, 210*
Aschenbrenner *75, 92, 93, 106*
Ästung *111, 218*
Auerwild *209*
Ausbildung von Forstleuten *133, 134, 181, 187*
Bad Rippoldsau/Rippoldsau *75, 92, 154, 158*
Baden nach Napoleon *131*
Baden-Baden *45, 48, 168, 179*
Baden-Baden, Markgraf von *62, 92*
Baden-Durlach *120*
Baden-Rötteln-Sausenburg, Markgraf von *90*
Badenweiler *45, 96, 151*

Badenweiler, Markgrafen von *102, 103, 105, 111*
Badischer Femelschlag (siehe auch Femelwirtschaft) *143, 151, 153, 176*
Baiersbronn *33, 76, 92, 123, 134*
Bannwald *173, 196, 210, 224*
Bärlappgewächse *16*
Bauer, Friedrich Wilhelm *145*
Bauern, freie *59*
Bauernkrieg *90*
Bauholz, Bauholzwälder *104, 111, 118, 128, 129, 165, 223*
Baumarten, Anbau fremdländischer *120, 168*
Baumarten, schattenertragende *19, 32, 80, 119, 151, 167*
Baumartenanteil *127, 165* (Tabelle), *168, 220*
Baumartenwahl *175, 179, 195, 204, 205, 206, 209, 219*
Baumartenwandel *107, 119, 168*
Beckmann, Johann Gottlieb *121*
Berechtigungen *121, 134, 135, 147*
Bergbau *9, 33, 39, 62, 63* (Karte), *64, 94–98, 127, 222*
Beringer, Hans *121*
Besatzungszonen *186*
Bestandespflege *188, 201, 204*
Bestandesumbau *195, 201, 204, 205, 215, 216, 220*
Betriebssicherheit *185, 206*
Betriebszieltypen *206*
biologische Automation *211, 218*
Biotopschutz *198, 210*
Birken-, Weiden- und Kiefern-Phase *19, 20, 21, 26, 29*
Bistum Speyer *59, 65, 68, 71, 78, 81, 82, 112, 113, 118, 131*
Blendersaumschlag *176–178*
Bock, Hans, Maler aus Basel *90*

Bodenreinertrag, Bodenreinertragslehre 148–149, 167, 175
Bonifatius 49, 83
Borkenkäfer 183–185, 200, 222
Brandkatastrophen, im Mittelalter 76
Brandsteig bei Schenkenzell 45
Braunbär 114
Bronzezeit 20, 26, 33–35
Bruderhöfe 59
Bruderhof bei Singen 119
Buchdrucker siehe Borkenkäfer
Bundesjagdgesetz von 1952 212
Bundeswaldinventur 2002 220
Buntmischungen 194
Burckhardt, Heinrich Christian 149
Carlowitz, Hans Carl von 97
Christentum 59
Christophstal bei Freudenstadt 96
Cotta, Heinrich von 134
Crocoll, Adolf 176
Cromagnon-Mensch 26
Dannecker, Karl 177, 210
Dauerwald 172, 178, 179
Deichel 78
Dickung 164
Diesslin, Adolf 151, 210
Dieterich, Viktor 177
Donar, Donareiche 49, 83
Douglasienanbau 16, 165, 169, 180, 194, 195, 216, 219, 220
Drais, Friedrich Heinrich Georg von 134, 137
Dreißigjähriger Krieg 90
Düngung 72, 156, 188, 194, 204, 205
Durchforstung 111, 120, 153, 163, 164, 175, 217, 218
Eberbach am Neckar 118
Eberbach, Otto 150, 151, 210
Eberfingen an der Wutach 96, 107
Eberhard, Herzog von Württemberg 112
Eberhard, Julius Friedrich 153, 177, 210
Eckerich 71, 72, 90, 121, 165
Eichendorff, Joseph von 9, 149
Eichenhochwald 116–118
Eichenmischwald 20, 21, 24, 31, 32, 51 (Karte)
Eichenniederwald, Eichenschälwald 118, 161
Eifert, Richard 153
Einheitsverwaltung 186

Einmannmotorsäge 191
Einzelhofsiedlung 55, 61, 67
Eisenbahn 106, 109, 132, 146, 147, 154, 155, 222
Eisenbahnschwellen 147, 217
Eisenhämmer 76, 88, 94, 127
Eiszeit 13, 17, 18, 21, 26, 29
Ellwangen 60, 62, 65, 93, 96, 112
Enderlin, Joseph Friedrich 123
Energiekrise 190, 218
Enz 55, 62, 77, 80, 99, 100, 101, 103, 105, 106, 108, 109
Enzklösterle 76, 77, 105
Eppinger Linien 89
Erdriese 77, 100, 154
Erholungsfunktion 149, 196, 198, 208
Erstaufforstung 167, 188, 198
Erwärmung, globale 204, 220
Erzschmelzen 94, 127
Fachhochschule 134, 187
Fachwerk (Forsteinrichtung) 136, 141–143, 145, 151, 153
Fachwerkbauten 76
Fahrwege 155
Falkau 97
Farne 16, 24, 73
Faschinen 112, 161, 166
Federsee 30, 31, 34, 47
Feldberg im Schwarzwald 25, 71, 96, 158, 159, 160, 167
Femelwirtschaft (siehe auch Plenterwirtschaft, Badischer Femelschlag) 142, 143, 145
Feucht, Otto 172
Fieser, Emil 150
Flora-Fauna-Habitat-Programm der EU 210
Flößer 54, 100, 103, 105, 106
Flößerei 80, 89, 92, 94, 99–109, 127, 128, 130, 147, 154, 165, 166
Forst (ursprüngliche Bedeutung) 56, 65–67, 70, 83, 89, 109, 112, 121, 123, 128, 131
Forstamt 123, 133, 169, 182, 186
Forstamtsgebäude 182
Forstästhetik 149
Forstberuf 181, 182
Forstdirektionen 173, 174, 186
Forsteinrichtung 121, 126, 134, 136, 143, 145, 151, 174, 175, 176, 187, 198, 206

Förster *68, 78, 94, 111, 113, 119, 130, 132, 134, 173, 181, 182, 186, 187*
Forstgesetze für Baden *133–135, 142, 145, 163, 186, 188*
Forstgesetze für Württemberg *133–135, 186, 188*
Forstkarten *121*
Forstkulturen *129, 156*
Forstlagerbücher *67, 121*
Forstliche Abteilung an der Freiburger Universität *181*
Forstliche Versuchs- und Forschungsanstalt Baden-Württemberg (FVA) *168, 187, 202*
Forstliches Gutachten *212*
Forstmeister *68, 90, 111, 113, 134, 151, 153, 169, 173, 174, 176, 182*
Forstordnungen *72, 82, 88, 91, 105, 110–113, 116, 117, 118, 120, 135, 142, 165*
Forstorganisation *133, 135, 142, 186*
Forstpflanzen *192*
Forstregal des Landesherrn *111, 112, 121*
Forstreservefonds *150*
Forstschäden-Ausgleichsgesetz *188*
Forstschulen *134, 187*
Forststudenten *134, 181*
Forstverein *178, 179, 205*
Forstverwaltung *12, 113, 132–134, 142, 150, 175, 177, 186*
Forstwart *134, 173, 182, 187*
Forstwirtschaft *9, 98, 105, 132, 150, 172, 175, 190, 191, 196*
Forstwirtschaftliche Zusammenschlüsse *188*
Forstwissenschaft *134, 141, 148, 187*
Franken *48, 49*
Franzosen- und Exporthiebe (F- und E-Hiebe) *183, 185, 192*
Freiburg *11, 46, 65, 78, 81, 83, 84, 108, 148, 149, 169, 178, 179, 181, 186, 187*
Freie Pürsch *67*
Freier Stil des Waldbaus *178, 205, 206, 208*
Freudenstadt *92, 94, 96, 108, 118, 134, 135, 153*
Friedrich, Caspar David *89, 149, 150*
Friedrichstal bei Freudenstadt *96*
Gadner, Georg *67, 121*
Gaildorf *176*
Gaisberg, Carl Ludwig Albrecht Freiherr von *137*

Ganter, Hubert *140*
Gayer, Karl *148, 149, 153, 210*
Gebhard, Carl, Leiter der Fürstenbergischen Forstverwaltung *151*
Gebrüder Grimm *68, 149*
General-Forstwirtschaftsetat (Württemberg) *123, 130*
Gerbrinde *118*
Gerechtigkeiten, Ablösung der *70, 134, 135, 159*
Germanen *40–42, 83*
Gernsbach *49, 102, 103, 134*
Gerwig, Friedrich *151, 155, 210*
Gestör *99, 101, 104*
Glashütten *9, 76, 88, 92–94, 107, 127, 166*
Glasträger *94*
Göttliche Komödie von Dante *85*
Grafschaft Eberstein *102*
Grafschaft Zollern *67, 91*
Grammel, Albert *153*
Großkahlflächen *183, 195, 215*
Grubenholz *147, 164*
Grundherren *57, 59, 68, 78, 93*
Güglingen *169*
Hackschnitzel *218*
Hackwald *73, 126*
Hagenschieß *118, 120, 127, 201*
Hansjakob, Heinrich *105, 106, 158*
Harter, Andreas, Bauernfürst *105, 158*
Hartig, Georg Ludwig *133, 134, 141, 142, 143, 163*
Harznutzung *75–78, 80, 92, 111, 129, 167*
Hasel, Hasel-Phase *20, 21, 24, 29, 33, 81, 127*
Haufendorf *55*
Hauff, Wilhelm *76, 94, 149*
Herkunft des Saatgutes *156, 204*
Herrenwies *92, 94, 105*
Herzog Eberhard d. Ä. von Württemberg *112*
Herzog Friedrich I. *96*
Herzog Karl Eugen *121, 123*
Herzog Ludwig *96*
Heuneburg *37*
Hiebszug *117*
Hinterzarten *35, 158, 159*
Hochdurchforstung *164*
Hochwald *82, 118, 142, 156, 161, 175*
Hochwasserrückhaltung *219*
Hohenlohe *39, 59, 60, 61, 72, 112, 118, 119, 132*

Höhlen der Schwäbischen Alb *27, 29*
Holländerstamm *104, 106*
Holländermichel *94*
Hollandhandel *102–109, 123, 127, 145*
Holz anzeichnen *111*
Holzgarten *107, 108*
Holzhandel im Mittelalter *78*
Holzhandelsgesellschaften *104–107*
Holzhauer, Holzhauerei *77, 83, 94, 96, 105, 154*
Holzimport *147, 191*
Holzkohle *39, 45, 75, 93, 94, 96, 97, 98, 103, 128, 185*
Holznot *9, 88, 110, 112, 126, 150, 222, 272*
Holzrutsche *109*
Holzvorrat *90, 93, 97, 108, 123, 146, 149, 150, 172, 175, 176, 223, 224*
Homo heidelbergensis *26*
Homo sapiens *26*
Hörnle I/Höri *32*
Höslin, Pfarrer *130*
Huber, Eugen *206*
Huchenfeld (bei Pforzheim) *176*
Hudewälder *55, 89, 149, 150*
Huzenbacher Maschine *100, 101*
Huzenbacher See *23*
Iller *42, 46, 103*
Industrieholz *206, 218*
Industrie, Industrielles Zeitalter *132, 146, 147, 189, 196, 203, 223*
Interstadiale *18*
Irminsul *83*
Jäger *29, 33, 110, 113, 114, 134, 136, 194, 212, 214*
Jäger, hirsch- und holzgerechter *113, 133*
Jäger, steinzeitliche *29, 33*
Jagd *26, 31, 67, 70, 90, 112–114, 128, 130, 132, 154, 156, 157, 172, 173, 182, 194, 209, 212–214, 222*
Jagdgesetz *172, 212*
Jagdmethoden *172, 212*
Jagdrecht *67, 121, 157*
Jung-Stilling, Johann Heinrich *134*
Junge Forstliche Schule *150, 175*
Jungsteinzeit *29–34*
Kahlflächen *96, 97, 106, 107, 109, 117–119, 123, 126–128, 139, 140, 167, 183, 185, 192, 195, 200, 212, 215, 216*

Kahlhieb *82, 94, 107, 117, 127, 138, 142, 143, 148, 151, 153, 162, 166, 176–178, 188, 205–207, 209, 211, 219, 222*
Kähner *100, 154*
Kaiserstuhl *16, 39, 123, 167*
Karbon *16, 24*
Karl der Große *56, 63, 83*
Kartierung der Waldbiotope *198, 208*
Kartierung der Waldfunktionen *196, 208*
Kast, Jacob *102, 103*
Keilschirmschlag *175–178*
Kelten *36–42, 62, 98*
Keudell, von *178, 179*
Kielwassertheorie *196*
Kieser, Andreas, Kieser'sches Forstlagerbuch *67, 121–123*
Kießling, Friedrich Jacob *97, 123*
Kinzigtal *45, 103, 105, 106, 118, 143, 145, 151*
Kirschfeld, Paul *205*
Klenge *140, 156, 196*
Kling, Johann Peter *127*
Klopstock, Friedrich Gottfried *149*
Klöster *48, 49, 55, 56, 59–65, 68, 78, 92, 131, 132*
Köhlerei *45, 75, 111, 166*
Köhlgarten *75, 96, 97, 123, 138, 203*
Königsforste *56, 65, 66*
Königshöfe *56, 57, 62*
Kork bei Kehl *69*
Krauss, Gustav Adolf *179*
Kreidezeit *16*
Kulturpflege *194*
Kurmainz *112, 137, 138*
Lamerdin, Fritz *196*
Landesforstverwaltung *186, 196, 204*
Landesherren *9, 58, 67, 68, 88, 90, 92, 94, 98, 103, 105, 110–113, 128, 131*
Landesjagdgesetz von 1954 *212*
Landesnaturschutzgesetz vom 1.1.1976 *198*
Landespflanzschule und Staatsklenge *192*
Landeswaldgesetz vom 12.12.1976 *135, 186, 188, 196, 198, 210*
Landnahme der Alamannen *48*
Landtafeln von Gadner und Öttinger *67, 121*
Landwirtschafts- und Landeskulturgesetz vom 14.3.1972 *188*

Landwirtschaftswandel im 19. Jahrhundert *132,*
146, 147, 156, 158, 222
Langenbrand *94, 153*
Lärchenanbau *118–120, 137, 138, 168, 169, 180,*
194, 195, 220
Läuterung *164*
Leibeigene *58*
Leiber, Lukas *176, 178–180, 210*
Leonhard, Hermann *176*
Liliental bei Ihringen *169*
Limes *42, 43, 46, 91*
Link, Otto *172*
Litschgi, Johann *108*
Lohrmann, Richard *172*
Lotharpfad am Schliffkopf *216*
Luchs *114, 213*
Mahler, Otto Hermann *179, 180*
Maier, Max *194*
Märchen *68, 76, 83, 94, 224*
Markgenossenschaft *67–69, 90*
Markgraf Karl von Baden *123*
Markgraf Ludwig Wilhelm, der
»Türkenlouis« *89*
Markgraf Rudolf *103*
Markgrafen von Baden (verschiedene Linien)
62, 90, 92, 96, 97, 102, 105, 112
Markgrafschaft, Markgräflerland *48, 107, 111,*
112, 117, 118, 123, 153
Mastnutzung *69, 71, 72, 74, 80, 81, 111*
Mehreinschläge im Zweiten Weltkrieg *178*
Meliorationsdüngung (Kalkung) *204*
Merkantilismus *88*
Metzingen *169*
Meyer, Pierre *183*
Mischbestand *159, 175, 176, 192, 194, 195, 201,*
204, 207, 209, 215, 220, 221
Mischsaat, Odenwälder *118, 138*
Missionare *49, 59, 83*
Mitscherlich, Alexander *147*
Mittelwald *82, 111, 118, 121, 128, 129, 136,*
161, 168
Mittelsteinzeit *20, 26*
Moosmayer, Hans Ulrich *202, 220, 221*
Moosmayer, Viktor *215*
Moreau des Jonnès, Alexandre *149*
Mörmann, Paul *176*
Motorsäge *174, 191*

Müllheim *116, 117, 128*
Münster, Sebastian *103*
Murg *33, 39, 40, 56, 60, 62, 78, 96, 99, 100, 102,*
108, 127
Murgschifferschaft *81, 102, 103, 106, 127*
Nachhaltigkeit *9, 88, 97, 98, 222*
Nachwärmezeit *20, 24, 25, 46*
Nadelbäume, amerikanische *120*
Näher, Christian, Bezirksförster *149*
Nationalsozialismus und Wald *172, 178*
Naturpark *210*
Naturschutz *172, 173, 182, 196, 198, 209–211*
Neandertaler *26, 29*
Neuenbürg *39, 55, 62, 94, 96, 108, 109, 112, 121*
Nibelungenlied *84*
Niederwald *73, 81, 82, 104, 117, 118, 126–129,*
154, 159, 161, 162, 166, 167, 188, 195,
219, 224
Notschrei *155*
Nüssle, Karl *150*
Nutzholz *104, 109, 132, 145–147, 161,*
165–168, 196
Nutzungsrechte am Wald *68, 75, 121*
Oberförstersystem *133*
Obermärker *68, 111, 112*
Oberrhein, Trockengebiet *195, 219*
Ökosystem Wald *204*
Ott, Wilfried *114, 196*
Öttinger, Johannes *67, 121*
Paläobotanik *20*
Palmer, Siegfried *209*
Papierholz *147, 164, 217*
Pappelanbau *120, 166, 194, 195, 219*
Parzival *84*
Pfeil, Wilhelm *134, 140*
Pfeilsticker, Karl *210*
Pflanzenschutzmittel *209*
Pflanzschulen, Saatschulen *116, 139, 140,*
156, 192
Pflanzung, allgemein *82, 140, 141, 151, 156,*
192, 206, 213, 216
Pflanzung von Laubbäumen *82, 116, 118, 120,*
165, 166, 219
Pflanzung von Nadelbäumen *138, 140, 153,*
162, 176, 215
Pflanzverfahren *156*
Philipp, Karl *150, 153, 175–178*

Pionierbaumarten *19*
Planwirtschaft *190*
Plenterwirtschaft (siehe auch Femelwirtschaft) *151, 209–211, 224*
Pollenanalyse *21, 24, 25, 33*
Polytechnikum in Karlsruhe *134*
Pottasche *75, 93, 128, 166*
Preisbindung für Rohholz *191*
Pressler, Max *148*
Produktivität, Steigerung der *195*
Prozessschutz *209, 211*
Rationalisierung *206, 211, 216*
Rau, Ferdinand *212*
Raubtiere *88, 114*
Regiejagd, staatliche *212*
Regionale waldbauliche Übersichten und Richtlinien *208*
Regionalwald *13*
Rehwild *173, 212, 213*
Rehwildrichtlinie von *1979 212*
Reichsforstamt *173, 178–180*
Reichsjagdgesetz *172, 212*
Reinbestand (siehe auch labile Reinbestände) *126, 167, 178, 180, 204, 207, 221, 224*
Reinbestände der Buche *195*
Reinbestände der Fichte *167, 201, 215, 216, 224*
Reinbestände der Kiefer *167, 168, 224*
Reinbestände, labile *168, 204, 215, 216, 219, 220, 221, 224*
Reut- und Weidfelder *73, 127, 138, 159*
Revierdienst *186*
Revierförstersystem *133*
Rheinauen *166*
Rheinebene *29, 59, 61, 162, 194*
Richter, Ludwig *149*
Robinie *120, 169*
Rodung in den Forstordnungen *111*
Rodungs- und Siedlungsperiode, große mittelalterliche *9, 50, 54–57, 59, 62, 64, 65, 67, 73*
Römer *39, 40, 42–46, 64, 80, 100*
Römische Verträge von 1958 (EWG) *191*
Röschenschanze bei der Zuflucht *89*
Rotliegendes *16*
Rottenburg am Neckar *45, 187*
Rotwild *157, 194, 212, 213*
Rotwildrichtlinie von 1982 *212*

Rückwanderung der Bäume nach der Eiszeit *21, 24*
Rupf, Hubert *196*
Rußhütte *75, 77*
Rütte (siehe auch Reut- und Weidfelder) *73*
Saat, allgemein *82, 141, 156*
Saat von Laubbäumen *82, 118, 138, 165*
Saat von Nadelbäumen *82, 118, 119, 138, 165, 167, 168*
Saatgut *137, 140, 156, 169, 192, 204*
Sägewerke, erste *78*
Salbeofen *75, 77*
Salinen *75, 76, 88, 92, 98, 107*
Salisch, Heinrich von *149*
Saurer Regen *203*
Schachtelhalme *16, 17*
Schälschaden durch Rotwild *212*
Schanzen *89, 91*
Schätzle, Joseph *151*
Scheifele, Max *99, 107, 196*
Schiller, Friedrich *136*
Schirmschlag *141–143, 151*
schlagweise Wirtschaft *81, 94, 111, 112, 116–119, 123, 129, 134, 136, 142, 143, 145, 154, 177*
Schneebruch *111, 146, 160, 167, 168, 199, 200*
Schönbuch *82, 89, 114, 118, 119, 121, 128, 129, 138, 148, 157, 171, 200*
Schonwald *148, 196, 210*
Schuberg, Karl *151*
Schumacher, Werner *196*
Schutz- und Erholungsfunktion des Waldes *10, 196, 198, 205, 208, 224*
Schwäbisch Hall *39, 54, 98*
Schwallung *100, 109*
Schwedenschanze an der Oppenauer Straße *89*
Schwetzinger Hardt *126*
Selbstwerber *218*
Seutter von Lötzen, Johann Georg Freiherr *142*
Siedler *32, 47, 56–59, 62, 67, 68, 222*
Siefert, Xaver *151*
silvae communes, Wälder der Siedlungen *67*
Sonderverwaltung *186*
Spannstatt *101*
Speidel, Hugo von *153, 178, 210*
Sponeck, Carl Friedrich von *137*
St. Märgen *60, 64, 92, 153*

St. Peter 56, 59, 60, 64, 92, 138
Staatsklenge und Landespflanzschule 192
Stammriese 100, 154
Standort 31, 50, 59, 123, 138, 148, 153, 156, 159, 162, 166, 167, 175, 176, 178–180, 194, 195, 199–201, 205–208, 211, 212, 219
Standortseinheiten 206
Standortskartierung 179, 206, 208
Stapelrecht 103
Starkholz 32, 81, 94, 102, 104, 107, 116, 118, 123, 127, 143, 151, 206
Steingrabhügel 35
Steinheimer Urmensch (Homo steinheimensis) 26
Steinkohle 16, 17, 24, 98, 132
Streunutzung 111, 128, 129, 131, 132, 135, 148, 161, 167
Stromer, Peter 82
Sturmschäden und Sturmkatastrophen 10, 76, 117, 136, 137, 143, 145, 146, 148, 153, 164, 167, 188, 195, 199–201, 211, 216–218, 220, 222
Stuttgart 47, 67, 105, 109, 114, 123, 128, 129, 134, 169, 173, 186, 205
Südbaden 185, 186, 192, 200
Südwestdeutsches Alpenvorland 13, 33, 200
Südwürttemberg-Hohenzollern 37, 183, 185, 186, 192, 194
Sulzburg 90, 91, 150, 153, 154
Sulzburger Waldgenossenschaft 90, 91
Tannenverjüngung 176, 177, 214, 215
Taubergrund 33, 61, 119, 160
Tertiär 16, 17
Todtmoos 153
tote Hand 158
Totholz 184, 209, 210
Träger der Rodung und Besiedlung 56, 57, 62, 64
Transport des Holzes 80, 94, 96–98, 100–106, 109, 111, 132, 147, 153–155, 174, 189, 191
Trennung von Wald und Weide 72, 134, 159
Trift 100, 107–109, 154
Trunck, Johann Jacob 134
Tundra 18, 20, 21, 29
Überführung von Mittelwald 161, 219
Umbauprogramm für labile Fichtenwälder 215
Umtriebszeit 123, 128, 148, 175, 179, 206

Umwandlung ertragsschwacher Bestände 195, 199
Umwandlung von Laub- in Nadelwald 120
Umwandlung von Niederwald und Mittelwald 139, 159, 162, 167, 188, 219
Umwandlung von Wald in eine andere Nutzungsart 188
ungeregelte Plenterung 81, 116, 129, 143
Uniform 181, 182
Universitäten 134, 169, 176, 177, 181, 187
Unternehmer 108, 191, 218
Urwald 11, 32, 61, 65, 200, 213, 222, 224
Uxkull, Albert von 153
Verbot der Plenterwirtschaft in Baden 116, 135, 142, 144
Verbrauch an Holz je Kopf im Mittelalter 75, 78
Verbreitung von Fichte, künstliche 9, 75, 107, 119, 120, 140, 159, 162, 167, 168, 180, 194, 216, 224
Verbreitung von Kiefer, künstliche 9, 107, 119, 120, 140, 162, 167, 195, 224
Vereinödung 62, 160
Verjüngung, natürliche 10, 82, 94, 114, 116–119, 127, 141–143, 150, 153, 162, 168, 175, 177–179, 204–207, 213–216, 222
Verjüngungszeitraum 207
Vermarkung und Vermessung der Wälder 121, 134
Verwaltungsreform (1998 und 2004) 186
Vierdörferwald 69
Villingen 39, 48, 75, 108, 151
Virngrund 62, 65, 75, 78, 109, 118, 119, 129
Vivian und Wiebke 200
Vogelschutz, Vogelschutzrichtlinie der EU 210
Volk, Helmut 198
Vollernter 191
Vollumbruch 194
Vorbau und Untersaat 139, 156, 204, 215, 216
Vorratsabbau 176
Vorwald 140, 160, 194
Wagner, Christoph 175–178
Waldarbeit 133, 154, 160, 174, 183, 191, 209, 218
Waldarbeiterlohn 191
Waldbau, naturgemäßer/naturnaher 10, 70, 149, 180, 195, 205, 208–212, 219, 221, 222, 224

Waldbau, regional ausgerichteter *179*
Waldbewirtschaftung, Kritik an der *198*
Waldbrände *21, 188*
Waldbrand (4. bis 21. August 1800 im Murgtal) *106, 138*
Wälder, erste nacheiszeitliche *16, 17*
Wälder, vor der mittelalterlichen Rodungsperiode *50, 51*
Waldentwicklung, nacheiszeitliche *20–25*
Waldentwicklung, frühe menschliche Eingriffe in die *33*
Walderschließung, Waldwegebau *188, 198, 206*
Waldfeldbau *74, 118, 130, 139, 167*
Waldfunktionenkartierung siehe Kartierung
Waldgesellschaft, natürliche *13, 50, 128, 165, 166, 208, 209, 220, 221*
Waldgesellschaften der Rheinauen *166*
Waldgrenze am Feldberg *71*
Waldhufendorf *55*
Waldhüter, Waldschützen *68, 111, 133, 173*
Waldimkerei, Zeidelweide *72, 73*
Waldkolonien *105*
Waldordnungen *68, 70, 72, 78, 81, 110*
Waldpflege *120* (siehe auch Durchforstung, Läuterung)
Waldreinertrag *148*
Waldschutzgebiete *194, 210*
Waldsterben *202–204, 216, 222*
Waldtrauf *201*
Waldweide, Viehweide im Wald *50, 62, 67, 68, 71, 72, 73, 78, 111, 116, 121, 126, 129, 130, 132, 135, 142, 167*
Waldwirtschaft, finanzielle Erträge *148, 172, 191, 195, 196, 224*
Waldzustandsermittlung *202*
Wärmezeit (Frühe, Mittlere, Späte) *20, 21, 24*
Wärmezeiten, interglaziale *18*
Weber, Carl Maria von *149*
Weidberge (siehe auch Reut- und Weidfelder) *156, 158, 159, 195*
Weidenbach, Peter *206, 209, 212*
Weihnachtsbaum *84*
Weinheim *169*
Weistümer *68, 70, 78, 81, 110*
Weißtanne, Erlass zum Schutz der *180*
Wellenstein, Gustav *183*
Wieden *76, 77, 101, 104*

Wiederaufbau der Wälder *9, 121, 127, 132, 137, 167*
Wiederaufforstung nach dem 2. Weltkrieg *192, 194, 195, 212, 215*
Wiederbewaldung von Sturmflächen, natürliche *216*
Wild, Wildbestand *67, 90, 111, 114, 129, 130, 143, 156, 157, 164, 168, 172, 173, 180, 194, 206, 208, 209, 212–215, 222, 224*
Wildbann *65–67*
Wildlinge *119, 138, 192*
Wildschaden, Wildverbiss *119, 139, 140, 153, 157, 167, 168, 176, 178, 212, 213*
Winkelpflanzung nach Reissinger *216*
Wohlfahrtswirkungen des Waldes *149, 196*
Wolf *83, 114, 115, 213*
Wolfach *94, 103, 106, 138, 151*
Wörnle, Paul *178*
Wuchsstoffe (Tormona) *195*
Württemberg-Baden *186*
Wüstungen *55, 62*
Zastlertal *160, 183*
Zäune, allgemein *35, 43, 46–48*
Zäune zum Schutz gegen das Wild *71, 81, 89, 94, 111, 117, 119, 129, 180, 194, 212–215*
Zeil bei Leutkirch *215, 221*
Zeitaufwand, produktiver *191*
Ziele der Waldwirtschaft *82, 114, 143, 145–148, 161, 172, 187, 196, 206, 209, 210, 219, 224*
Zielstärke *145*
Zufällige Ergebnisse in der Holzwirtschaft *200*
Zuwachs *9, 128, 134, 146, 172, 203, 224*

BILDNACHWEIS

Christine Gürth: Titelbild, Seite 17, 22/23, 31, 34, 37, 38, 43, 47, 61, 79, 82, 95, 109, 117, 121, 124/125, 137, 144, 152, 163, 168, 173, 177, 184, 185, 193, 199, 203, 205, 208, 209, 210, 215, 217, 219, 221.
Peter Sandbiller: Seite 2/3, 10/11, 12, 48, 99, 102, 104, 197, 213, 225.
Werner Schaal: Seite 14/15, 148, 157, 170/171.

Agnete: Seite 161.
AnRo0002: Seite 139.
Beentree: Seite 141.
Baiersbronn Touristik: Seite 76.
Karl Blumenthal: Seite 101.
Daimler AG: Seite 174.
Didier Descourens: Seite 24.
Simon A. Eugster: Seite 179.
Forstliche Versuchs- und Forschungsanstalt Baden-Württemberg: Seite 207.
Fotolia/kartos: Seite 223.
Franzfoto: Seite 28, 60.
Freudenstadt Tourismus: Seite 135.
Karin Gessler: Seite 73.
Hannes Grobe: Seite 18.
Manfred Gut: Seite 169.
Hauptstaatsarchiv Stuttgart: Seite 66.
Jens Jäpel: Seite 119.
Bettina Kimpel: Seite 44.
Günter Künkele: Seite 52/53.
Stefan Lefnaer: Seite 41.
Gerrit Müller: Seite 159.
Robin Müller: Seite 115.
LMZ/Armin Weischer: Seite 57.
PhiCo: Seite 69.
Presse03: Seite 190.

Danny S.: Seite 19.
Schwarzwald Tourismus/Heike Budig: Seite 77.
Silberburg-Verlag: Seite 63.
Stadt Alpirsbach: Seite 129.
Stadt Sulzburg: Seite 90.
Erich Tomschi: Seite 86/87.
Universität Göttingen/Chr. Ammer: Seite 214.
Universität Tübingen/H. Jensen: Seite 27.
Georg Waßmuth: Seite 201.
Jürgen Woll: Seite 89.
Jogo.obb: Seite 133.

Landschaften erleben

In Ihrer Buchhandlung

Markus Zehnder · Angela Hammer
Andrea Letsch

Im Schwäbischen Streuobstparadies

Menschen, Landschaft, himmlische Genüsse

Die einzigartige Kulturlandschaft der Streuobstwiesen fängt dieses Buch in traumhaft schönen Bildern ein. Man lernt Menschen kennen, die sich dem Erhalt und der Pflege dieser Paradiese mit viel Engagement widmen. Ihre pfiffigen Ideen rund um Saft, Most und Schnaps werden vorgestellt. Verlockende Rezepte machen Lust, das Obst zu leckeren Speisen zu verarbeiten. Hinweise auf Lehrpfade, Museen, Wanderwege, Feste und Märkte regen zu eigenen Entdeckungstouren an.

160 Seiten, 129 Farbfotografien, fester Einband.
ISBN 978-3-8425-1331-0

Silvia Huth

Wie der Schwarzwald erfunden wurde

Das Buch zur SWR-Dokureihe Schwarzwaldgeschichten

Warum ist der »Mythos Schwarzwald« so unverwüstlich, wie wurden Bollenhut und Kuckucksuhr weltweit zum Markenzeichen und welche Wirklichkeit steckt hinter den Symbolen? Antworten darauf werden in der Zeit- und Alltagsgeschichte gefunden. Die Welt der mittelalterlichen Klöster und leibeigenen Bauern, der Köhler, Flößer und Glasbläser lebt dabei ebenso wieder auf wie die Zeit von Umbruch, Revolution und Industrialisierung. Moderne Menschen aus dem Schwarzwald erzählen, welche Rolle Mythos und Wirklichkeit für sie spielen.

208 Seiten, 200 Abbildungen, fester Einband.
ISBN 978-3-8425-1193-4

Silberburg·Verlag

www.silberburg.de